建筑安全与防灾减灾

李 风 编著

中国建筑工业出版社

图书在版编目(CIP)数据

建筑安全与防灾减灾/李风编著. —北京：中国建筑
工业出版社，2012.3 (2021.8重印)
ISBN 978-7-112-14034-3

Ⅰ. ①建… Ⅱ. ①李… Ⅲ. ①建筑工程-安全管理
②建筑物-防灾 Ⅳ. ①TU714②TU89

中国版本图书馆 CIP 数据核字(2012)第 020551 号

本书内容包括城市消防与建筑火灾、建筑火灾消防对策、高层建筑防火
设计、建筑室内装修设计防火、工业建筑防火设计、地震灾害与防灾减灾、
风灾及防风减灾对策、建筑防爆减灾、城市人民防空工程建设、城市无障碍
设计等。全书图文并茂，理论与实践结合，重点介绍了国内外的一些灾害实
例和研究成果，具有相当的可读性。

本书可供广大建筑师、城市规划师、城市管理人员学习参考。

* * *

责任编辑：吴宇江
责任设计：张　虹
责任校对：肖　剑　陈晶晶

建筑安全与防灾减灾
李风　编著

*

中国建筑工业出版社出版、发行(北京海淀三里河路 9 号)
各地新华书店、建筑书店经销
北京红光制版公司制版
北京建筑工业印刷厂印刷

*

开本：787×1092 毫米　1/16　印张：16　字数：388 千字
2012 年 6 月第一版　　2021 年 8 月第五次印刷
定价：50.00 元
ISBN 978-7-112-14034-3
(33329)

前　言

我国地域辽阔，处在多种地形、地质、气候条件下，从总体上属于灾害多发国家，许多城市坐落在灾害多发地带。加上人口众多分布广泛，每年各种灾害造成的损失约占全球灾害总损失的 1/4 左右，占我国国内生产总值(GDP)的 3％～6％，而发达国家灾害损失仅占国内生产总值的 0.3％～0.5％。而且，随着社会经济的发展和人类活动的增强，自然灾害的损失还在以更快的速度增长。同时，随着科学技术的发展和社会生活方式的改变，在人和建筑环境的共同作用下，越来越多新的灾害不断出现(如电磁辐射、城市噪声等)，而对于有些新的灾害，建筑上还没有相应的安全防护措施。

进入 21 世纪以来，我国的灾害损失已达到每年数千亿元的水平，给人民生命财产带来了巨大损失。这无疑是影响我国经济发展和社会稳定的重要因素。因而，同灾害作长期不懈的斗争，防灾、减灾、抗灾与救灾是全人类的共同使命，是维护人类自身生存和持续发展的必然选择。

从总体上看，我国城市与建筑的安全工作已取得了重大进展，形成了按灾种划分的一套科研、工程建设和管理体系，奠定了城市与建筑防灾的基础。但是仍然有许多问题还处于探索阶段，有待于进一步研究。尤其是近几年我国建筑灾害事故频频发生，造成了重大的人员伤亡，这在一定程度上表明，我们的建筑设计和建筑系统对保障使用者和居住者的健康甚至生命还存在着很多的薄弱环节。

新中国建立以来，针对各种灾害造成的巨大人员和财产损失，我国的城市建筑和工程建设的防灾设计标准、规范从无到有，从单一到成系列的发展，到目前为止，已编制和公布实施的此类国家级标准已有数十本，此外尚有相关的行业标准和地方标准上百本，并且这些标准、规范还在不断被修正。这些法规对我国的建设工程综合防灾起着十分重要的作用。本书中用到的有《中华人民共和国消防法》、《中华人民共和国防震减灾法》、《建筑抗震设计规范》、《建筑抗震鉴定标准》、《建筑结构荷载规范》、《建筑设计防火规范》、《高层民用建筑设计防火规范》、《岩土工程勘察规范》、《建筑物防雷设计规范》、《人民防空地下室设计规范》、《城市与建筑物无障碍设计规范》等等，涉及建设工程的防火、抗震、抗风、建筑防爆、人防、城市无障碍设计等设计问题。本书主要结合已实施的各种规范，从灾害的特点、防灾的基本知识和影响建设工程的灾害防治措施等方面，重点介绍了作为城市和建筑工程的设计者、建造者必须了解的内容。书中介绍了国内外的一些灾害实例和研究成果，使其更具有可读性。本书可用于与城市和建筑工程相关专业的教学和工作实践，也可供其他相关专业阅读参考。

华中科技大学建筑与城市规划学院　李风
2011 年 8 月

目　　录

第一章 绪 论

第一节 概 述

在人类历史中，伴随人类社会的，不仅仅只有人类文明、科学技术的进步，还有各种各样的灾难，它们为人类历史留下的是一页页触目惊心的篇章。从这种意义上讲，防灾减灾是人类成长过程付出的代价。随着人类社会工业化和城市化程度的提高，事故与灾害发生的概率与规模也随之增大，在过去的一个世纪里，自然的或人为的灾害给全球人类造成了不可估量的损失，灾害对于人类经济、社会发展的影响不断加剧，已成为可持续发展的隐患。

各种灾难一次次给人类敲响了警钟，唤起世人对它的重视，防灾减灾是人类社会发展的永恒主题。加强防灾减灾研究和防灾减灾建设是实现社会经济可持续发展的战略问题，是 21 世纪人类必须面对的重大挑战。据统计 2010 年全世界各种自然灾害造成了 26 万人死亡，财产损失更是无法估量。各种灾害还将直接威胁着人类未来的安全。

据统计，我国 70％以上的人口，80％以上的工农业，80％以上的城市承受着多种灾害的威胁。日益严峻的灾害和安全事故不容忽视，建立健全防灾减灾体系势在必行。经国务院批准，从 2009 年起，每年 5 月 12 日为全国"防灾减灾日"。我国是世界上自然灾害最为严重的国家之一，灾害种类多，分布地域广，发生频率高，造成损失重。在全球气候变暖和我国经济社会快速发展的背景下，我国面临的自然灾害形势严峻复杂，灾害风险进一步加剧，灾害损失日趋严重。"防灾减灾日"的设立，有利于唤起社会各界对防灾减灾工作的高度关注，有利于全社会防灾减灾意识的普遍增强，有利于推动全民防灾减灾知识和避灾自救技能的普及推广，有利于各级综合减灾能力的普遍提高，能最大限度地减轻自然灾害的损失。

一、基本概念

（一）安全

安全通常指各种事物(自然的和人为的)对人不产生危险，不导致危害，不产生事故，不造成损失，运行正常，进展顺利，平安祥和，国泰民安。

当代广义的安全指人们在从事生产、生活、生存活动的一切领域内，没有任何危险和伤害，可以身心安全、健康，能舒适、高效地从事活动。

安全的科学概念：安全是人的身心免受外界不利因素影响的存在状态及保障条件。

（二）灾害

灾害是指自然发生的或人为造成的，对人类和人类社会具有危害性后果的事件与现象。

从哲学上讲，灾害是自然生态因子和社会经济因子变异的一种价值判断与评价，是相对于一定的主体而言的。从经济学的角度看，灾害具有危害性与意外性，区域性与延滞性，可预测性与可预防性，后果害利双重性等经济特征。

（三）防灾

防灾是指尽量防止灾害的发生以及防止区域内发生的灾害对人和人类社会造成不良影响。但这不仅指防御或防止灾害的发生，实际上还包括对灾害的监测、预报、防护、抗御、救援和灾后恢复重建等。

（四）减灾

减灾包含两重意义：一是指采取措施减少灾害发生的次数和频率，二是指要减少或减轻灾害所造成的损失。

二、防灾减灾目标

自从人类社会诞生以来，各种灾害就形影不离地、时强时弱地不断威胁着人类的生存与发展。全世界每年由于各种灾害造成的经济损失约占当年国民生产总值的 10％～20％。灾害，特别是自然灾害所带来的一系列问题，严重地影响和制约着人类社会经济的发展。面对各种灾害的威胁，人类从来就没有被灾害所吓倒而显得束手无策。相反，在灾害发生时，人类总是冷静思考，努力抗争，把握生机，争取生存，保持和平。

为了避免或减少各种灾害对人类的威胁，世界各国都根据各自的能力制定了法律法规和防灾减灾目标。1989 年 12 月 22 日联合国大会第 44/236 号决议宣告 20 世纪最后十年为"国际减轻自然灾害十年"（IDNDR）。其目标是到 2000 年每个国家都做到在其发展规划中列入防灾的内容，包括灾害评估，国家和地区性防御计划，建立警报系统和紧急措施，使 21 世纪因自然灾害导致生命损失减少 50％，经济损失减少 10％～40％。为了实现这一目标，我国政府减灾委已针对重大灾害成立了调研组，规划了"减轻自然灾害系统工程"，提出 2000 年达到减灾 30％，2020 年前达到减灾 50％的奋斗目标，平均每年给国家减少 100～250 亿元的直接经济损失。

三、防灾减灾基本原则

中国人民在长期与灾害的斗争中积累了丰富的经验，制定了"预防为主，防治结合"，"防救结合"等一系列方针政策。防灾减灾的基本原则有：

1）尽可能预防——运用技术预防措施和相应的法律法规提高防灾抗灾能力。

2）控制损失——加强新技术开发应用，提高承灾能力。

3）控制诱因——使用高技术性能材料，提高监控调控技术水平。

4）消除隐患——改善技术环境，提高防灾意识。

5）应急反应——提高装备水平和救灾能力。

第二节　灾害的类型

在全球范围内每年要产生各种各样的灾害。联合国公布了 20 世纪全球十项最具危害性的战争外灾难，分别是：地震灾害、风灾、水灾、火灾、火山喷发、海洋灾难、生物灾难、地质灾难、交通灾难、环境污染。

对灾害进行分类的方法有很多种，一般按发生原因、发生过程等来分可概括为自然灾害和人为灾害两大类；对于自然灾害，还可按灾害特征和成因分。

一、按灾害发生的原因

纵观人类的历史可以看出，灾害的发生原因主要有两种：一是自然变异，二是人为影响。而其表现形式也有两种，即自然态灾害和人为态灾害。灾害可按发生原因和表现形式分。

1. 自然灾害：以自然变异为主因产生的并表现为自然态的灾害，如地震、风暴潮。

2. 人为灾害：以人为影响为主因产生的而且表现为人为态的灾害，如人为引起的火灾和交通事故。

3. 自然人为灾害：由自然变异所引起的但却表现为人为态的灾害，如太阳活动峰年发生的传染病大流行。

4. 人为自然灾害：由人为影响所产生的但却表现为自然态的灾害，如过量采伐森林引起的水土流失，过量开采地下水引起的地面沉陷等。

当然，灾害的过程往往是很复杂的，有时候一种灾害可由几种灾因引起，或者一种灾因会同时引起好几种不同的灾害。这时，灾害类型的确定就要根据起主导作用的灾因和其主要的表现形式而定。

人为灾害的发生可以是一些人有意识地、有目的地、有计划地制造出来的，如战争中的灾害就常常带有这种性质。在第二次世界大战中美国用一颗原子弹轰炸日本广岛，就是一个制造大规模灾害的例子。抗日战争初期，国民党军队为阻滞日本侵略军的进攻，不顾广大居民的死活，在河南郑州附近的花园口掘开黄河堤坝使黄河决口，造成大量的人员财产损失，也是一个显著的例子。另外如人为纵火，常造成严重的人员和财产损失。但是大多数人为的灾害，并不是有意识、有目的、有计划地制造出来的，而是出于近视，出于无知，出于疏忽，有时出于没有按照预先已经制定的防止灾害的规章制度办事，结果造成灾害。许多由于环境破坏造成的灾害就是出于近视与无知。很多的煤矿事故，就是由于疏忽和违反防止灾害的规章制度而造成了重大责任事故。频频发生的建筑事故，大多因为当事人违反法律法规而酿成了严重后果。如2010年上海的高层住宅楼大火，就是操作人员失误造成的(图1-1)。还有像大气污染、水污染、城市噪声、光污染、电磁波污染、臭氧层被破坏、核泄露、飞机失事、易燃易爆物爆炸、战争等，都是人类有意或无意造成的(图1-2、图1-3)。

图 1-1　2010 年 11 月上海高层住宅火灾

图 1-2　2002 年 5 月 7 日大连空难，112 人遇难

图 1-3　1986 年 4 月 26 日切尔诺贝利核电站发生核泄漏

　　我们的灾难大多是人为的因素。我国是道路交通事故死亡人数最高的国家，我国交通事故的致死率也是世界最高的，为 27.3%，而美国为 1.3%，日本只有 0.9%。同级地震，我们的伤亡也要比日本多得多（图 1-4）。美国的煤炭百万吨死亡率仅为 0.03，一年死亡仅 30 多人；而我国煤矿事故死亡人数远远超过其他产煤国家事故死亡的总和，仅 2004 年上半年就死亡 2644 人，每生产百万吨煤炭，就有近 3 名矿工遇难。

图 1-4　2008 年 5 月 12 日发生在四川汶川的 8 级地震

　　所谓自然灾害是指由于自然现象的变动使人类生存环境恶化的事实。而未影响到人类生存环境时，则不称为灾害。例如，在没有人类生存的沙漠中发生大地震而又没有影响到人类生存环境的话，这种地震就不成为自然灾害。但是在同样场合下发生火山爆发的话就可能对人类生存环境的气候、农业、交通等造成不良影响，这时火山爆发就成为自然灾害。

　　二、按灾害形成的过程

　　灾害形成的过程有长有短，有缓有急。有些灾害，当致灾因子的变化超过一定强度时，就会在几天、几小时甚至几分、几秒钟内表现为灾害行为，像火灾、爆炸、地震、洪水、飓风、风暴潮、冰雹等，这类灾害称为突发性灾害。旱灾、农作物和森林的病、虫、草害，流行性传染病等，虽然一般要在几个月的时间内成灾，但灾害的形成和结束仍然比较快速、明显，直接影响到国家的经济和人民的安全，所以也把它们列入突发性灾害。另外还有一些灾害是在致灾因素长期发展的情况下，逐渐显现成灾的，如电线老化未及时更换而引发火灾，以及土地沙漠化、水土流失、环境恶化等，这类灾害通常要几年或更长时间的发展，故称为缓发性灾害。一般说来，突发性灾害容易使人类猝不及防，因而常能造成死亡事件和很大的经济损失。缓发性灾害则影响面积比较大，持续时间比较长，虽然发展比较缓慢，但若不及时防治，同样也能造成十分巨大的经济损失。

三、按自然灾害的类型特征和成因

自然灾害的分类是一个很复杂的问题，根据不同的考虑因素可以有许多不同的分类方法(图1-5～图1-8)。

图1-5　意大利西西里岛的埃特纳火山爆发

图1-6　1960年智利海啸，1万人遇难

图1-7　1945年缅甸的鳄鱼一天吞吃900人

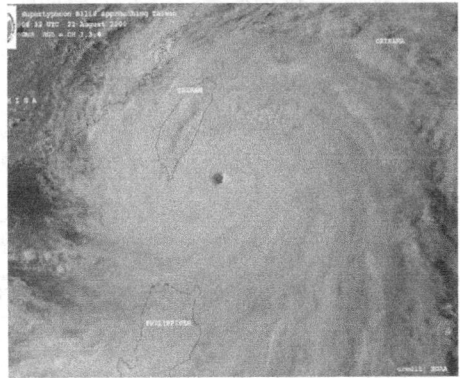

图1-8　2000年8月22日在台湾
登陆的台风"碧丽斯"

(一)按灾害特点、灾害管理及减灾系统

在中国发生的重要的自然灾害，考虑其特点和灾害管理及减灾系统的不同可归纳为七大类，每类又包括若干灾种：

1)气象灾害：包括热带风暴、龙卷风、雷暴大风、干热风、干风、黑风、暴风雪、暴雨、寒潮、冷害、霜冻、雹灾及旱灾等。

2)海洋灾害：包括风暴潮、海啸、潮灾、海浪、赤潮、海冰、海水入侵、海平面上升和海水回灌等。

3）洪水灾害：包括洪涝灾害、江河泛滥等。

4）地质灾害：包括崩塌、滑坡、泥石流、地裂缝、塌陷、火山、矿井突水突瓦斯、冻融、地面沉降、土地沙漠化、水土流失、土地盐碱化等。

5）地震灾害：包括由地震引起的各种灾害以及由地震诱发的各种次生灾害，如沙土液化、喷沙冒水、城市大火、河流与水库决堤等。

6）生物灾害：包括农作物病虫害、鼠害、农业气象灾害、农业环境灾害、流行性传染病等。

7）森林灾害：包括森林病虫害、鼠害、森林火灾等。

（二）按自然灾害形成原因

人类赖以生存的地球表层，包括岩石圈、水圈、气圈和生物圈，不仅受着地球自身运动和变化的影响，而且也直接受太阳和其他天体的作用和影响。实际上，人类就是在不断地取之于自然又受制于自然的条件下生存和发展起来的。但是，自然界是在不断变化的，太阳对地球辐射能的变化，地球运动状态的改变，地球各圈层物质的运动和变异以及人类和生物的活动等因素，时常能破坏人类生存的和谐条件，导致自然灾害发生。

1）若以自然灾害发生的原因划分，中国的自然灾害大致可分以下几类：

（1）气象灾害和洪水：由大气圈变异活动引起；

（2）海洋灾害与海岸带灾害：由水圈变异活动所引起；

（3）地质灾害与地震：由岩石圈活动所引起；

（4）农、林病虫草鼠害：由生物圈变异活动所引起；

（5）人为自然灾害：由人类活动所引起。

2）若以地球所处宇宙环境和地球表面海陆分布来划分有：

（1）天文灾害，如宇宙射线等；

（2）陆地灾害，如地震、火山、台风等；

（3）海洋灾害，如海平面升高、厄尔尼诺现象等。

3）若以地球四大圈层及成灾原因来划分有：

（1）大气圈灾害，如龙卷风、暴雨、寒潮等；

（2）水圈灾害，如洪涝、风暴潮、海啸等；

（3）岩石圈灾害，如山崩、泥石流、荒漠化等；

（4）生物圈灾害，如虫灾、鼠灾等。

4）若以自然灾害波及范围分类有：

（1）全球性灾害，如磁暴等；

（2）区域性灾害，如洪涝、沙漠化等；

（3）微域性灾害，如地裂缝、地面下陷等。

5）若以自然灾害出现时间的先后划分有：

（1）原生灾害：如地震引起破坏；

（2）次生灾害：如地震引发火灾；

（3）衍生灾害：如灾害引起的社会动荡。

可以按图1-9的分法对灾害进行综合分类。

图 1-9 的层次结构：

- 人类灾害系统
  - 自然灾害
    - 天文灾害：引力变化、辐射能变化、电磁异常、陨石冲击、臭氧层破坏
    - 地球灾害
      - 气象灾害：洪涝、旱灾、风灾、冰雹、雪灾、霜冻、雷电、酸雨
      - 水灾害：雪崩、冰崩、海啸、潮汐、地下海浪潜流、建筑基失稳
      - 地质灾害：地震、火山爆发、山崩、滑坡、泥石流、地面沉降、地表塌陷
    - 生态环境灾害：病虫害、森林火灾、尘暴、大气污染、水体污染、噪声污染、土壤盐渍、物种灭绝、气候异常、烟雾事件
  - 人为灾害
    - 行为过失灾害：核泄漏、车祸事故、海难、空难、生产事故、工程爆炸、火灾
    - 认识灾害：决策失误、观念守旧、生态平衡破坏、科技负效应
    - 社会失控灾害：人口膨胀、经济失控、城市膨胀、治安失控、金融风暴、社会犯罪
    - 政治灾害：政治动乱、社会腐败、道德沦丧、战争

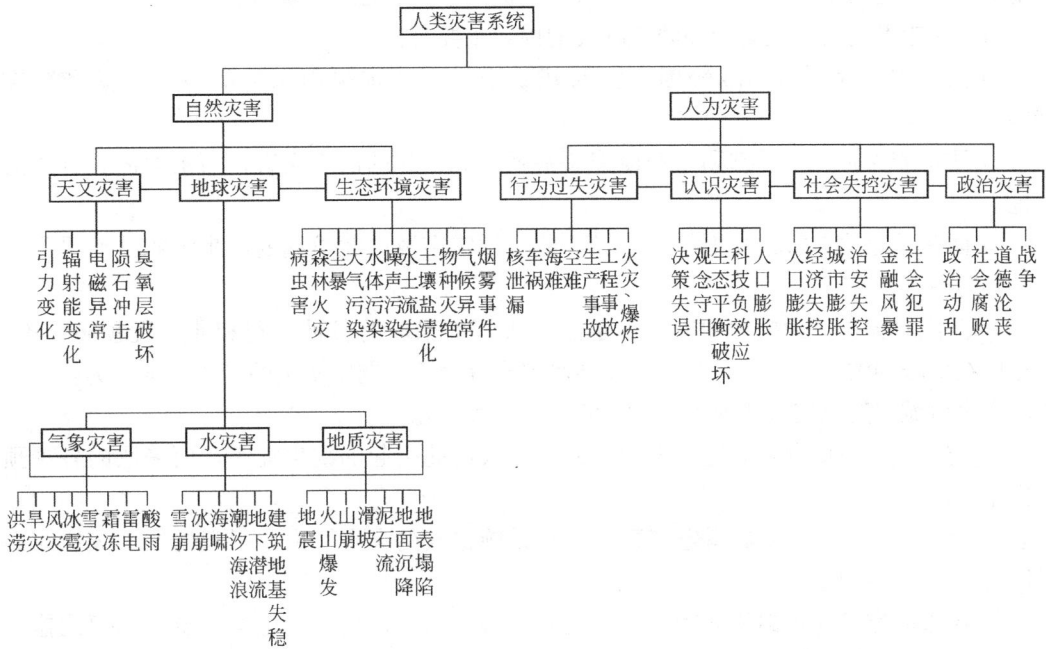

图 1-9 灾害的类型

第三节 城市及建设工程安全和防灾减灾内容

中国是世界上自然灾害最严重的国家之一。中国自然灾害的多发性与严重性是由其特有的自然地理环境决定的，并与社会、经济发展状况密切相关。中国大陆东濒太平洋，面临世界上最大的台风源，西部为世界地势最高的青藏高原，陆海大气系统相互作用，关系复杂，天气形势异常多变，各种气象与海洋灾害时有发生；中国地势西高东低，降雨时空分布不均，易形成大范围的洪、涝、旱灾害；中国位于环太平洋与欧亚两大地震带之间，地壳活动剧烈，是世界上大陆地震最多和地质灾害严重的地区；西北是塔克拉玛干等大沙漠，风沙已危及东部大城市；西北部的黄土高原，泥沙冲刷而下，淤塞江河水库，造成一系列直接潜伏的洪涝灾害。中国约有 70% 以上的大城市，半数以上的人口和 75% 以上的工农业产值分布在气象灾害、海洋灾害、洪水灾害和地震灾害都十分严重的沿海及东部平原丘陵地区，所以灾害的损失程度较大；中国具有多种病、虫、鼠、草害滋生和繁殖的条件，随着近期气候温暖化与环境污染加重，生物灾害亦相当严重。其他灾害还有：大气污染、水污染、城市噪声、光污染、电磁波污染、臭氧层被破坏、核泄露、易燃易爆物爆炸、雷电灾害、战争危险等。另外，近代大规模的开发活动，更加重了各种灾害的风险度。

我们的城市和遍布城乡的建设工程是我国经济发展水平的主要标志之一，国民收入的 50%，工业产值的 70%，工业利税的 80% 和绝大部分科技力量都集中在城市；我国政府用于建设项目的投资数额巨大，每年达数万亿人民币。随着经济的发展，我国城市化进程加快，21 世纪中叶，我国城市人口估计将达到全国总人口的 50% 以上。城市由于人口和

财富集中，一旦发生灾害或突发事件，可能造成的损失和社会影响极大。

对于城市及建设工程安全和防灾减灾的内容主要有：

1）防火灾：为预防和减轻因火灾对建筑设施造成损失而采取的各种预防和减灾措施。

2）防地震灾害：为抵御和减轻地震灾害及由此引起的次生灾害，而采取的各种预防措施。

3）防其他地质灾害：为抵御和减轻一些地质灾害及由此引起的次生灾害，而采取的各种预防措施。

4）防洪水灾害：为抵御和减轻洪水造成灾害而采取的各种工程和非工程预防措施，根据所在地域的洪灾类型，以及历史性洪水灾害等因素，制定防洪的设防标准。为抵御和减轻洪水对城市造成灾害性损失而兴建的各种工程设施。

5）防风灾：为抵御和减轻狂风造成的灾害及由此引起的次生灾害，而采取的各种预防措施。

6）防雷电灾害：为防御雷电灾害对工程设施造成的灾害及由此引起的次生灾害，而采取的各种预防措施。

7）城市防空：为防御和减轻城市因遭受常规武器、核武器、化学武器和细菌武器等空袭而造成危害和损失所采取的各种防御和减灾措施。

8）城市无障碍设施建设：为使残疾人能像正常人一样参加社会活动，享受现代文明和各种福利而设置的各种设施。

第四节　防灾减灾对策

现代科学观点认为各种灾害就个别而言有其偶然性和地区局限制，但从总体上看，它们有着明显的相关性和规律性。随着科学的发展，人类在长期与自然灾害的斗争中积累了丰富的经验。目前普遍的做法是，采用先进技术，在满足各类建（构）筑物使用功能的同时，提高其综合防灾能力。我国制定了"预防为主，防治结合"，"防救结合"等一系列方针政策和防灾减灾的法律法规，为城市和工程建设提供了依据。

一、防灾减灾基本原理

灾害的形成有三个重要的条件，即灾害源、灾害载体和承（受）灾体，因此，若要防止和减轻灾害的损失，就必须改善这三个条件，其主要措施是：

（一）消除灾害源或降低灾害源的强度

这一措施对减轻人为自然灾害的损失是有效的，如限制过量地开采地下水，控制地面下沉和海水回灌；控制烟尘和二氧化碳的排放量，防止全球气温上升等。但是，面对自然变异所导致的自然灾害，特别是强度很大的自然灾害，如地震、海啸、飓风、暴雨等，现在人类还没有能力来减轻这些灾害源的强度，更不用说消除这些灾害载体了。

（二）改变灾害载体的能量和流通渠道

在与灾害长期斗争的实践中，我国人民在这方面已积累了一定的经验，如用人工放炮的方法减小雹灾，用分洪滞洪的方法减少洪水的流量和流向以减轻洪灾等，但面对巨大的灾害载体，在现代科学发展水平的条件下，人类仍然束手无策。

（三）对受灾体采取避防与保护性措施

这是目前为了减轻灾害损失所采取的最主要的措施，如对建筑工程进行抗震设计和防火设计，以减少地震和火灾造成的损失；对山体边坡进行加固，以减少滑坡发生等。但是，面对突如其来的各种灾害，人类对于灾害发生的时间、强弱、损失大小的准确预测并采取非常有效的防护措施却不是很容易。

二、防灾减灾的总目标

1）建立与社会、经济发展相适应的自然灾害综合防治体系，综合运用工程技术与法律、行政、经济、管理、教育等手段，提高减灾能力，为社会安定与经济可持续发展提供更可靠的安全保障；

2）加强灾害科学的研究，提高对各种自然灾害孕育、发生、发展、演变及时空分布规律的认识，促进现代化技术在防灾体系建设中的应用，因地制宜实施减灾对策和协调灾害对发展的约束；

3）在重大灾害发生的情况下，努力减轻自然灾害的损失，防止灾情扩展，避免因不合理的开发行为导致的灾难性后果，保护有限而脆弱的生存条件，增强全社会承受自然灾害的能力。

三、防灾减灾战略措施

自然灾害对社会和经济发展已构成严重影响，它们已成为可持续发展的隐患。因此，加强减灾研究和减灾建设是实现社会和经济可持续发展的一个不可忽视的战略问题。为此提出如下几点减灾战略意见：

1）加强减灾教育，提高减灾意识。减灾教育应是全民教育，有必要列入中小学课程内容，提高全民的防灾减灾意识，更重要的是要提高各级领导对减灾意义的认识，加强防灾减灾的投入，改变目前在这方面重抗灾轻防灾和重工程减灾轻非工程减灾的倾向。我们知道，科学技术对经济发展的重要作用主要体现在两方面：一是优化生产过程，提高生产效率，增加经济效益；二是防御灾害，减轻灾害的损失，从而获得相对的经济增值，从这个意义上说，减灾也是增产，也有重大经济效益。目前我国每年因自然灾害造成的直接经济损失是1700亿元，如按国家减灾委提出的减轻灾害损失30％的目标，则每年可获得510亿元的相对增值，可见其经济效益是相当可观的。

2）加强减灾研究，加快发展高技术减灾。就目前的科学水平而言，我们对自然灾害形成规律的认识还是有限的，特别是对特大灾害和突发性的极端天气灾害的形成更缺乏了解，例如对特大暴雨和强风暴的形成、台风移速和强度突变的原因等还不清楚，预测更加困难，对异常气候事件的预测也缺乏有效办法，为此有必要鼓励这方面的创新研究。近年来，我国对灾害监测、预警的手段已有很大改善，但还是比较落后，一些先进技术如飞机和卫星遥感监测、地理信息系统、全球定位系统、计算机网络和现代通信信息技术尚未广泛应用于减灾，需要加速发展高技术减灾，充分利用现代科学技术，迅速准确地获取灾害信息，及时、全面掌握重大自然灾害演变规律，提高国家综合减灾能力，最大限度地减轻自然灾害损失。

3）进一步明确防灾重点，提高城市防灾能力。经济发达、人口密集的经济开发区和城市一旦遭遇重大自然灾害，其损失将会比其他地区大得多，因此一般都视为防灾重点地区，应该特别注意这些地区的防灾工程和非工程建设，强化防灾教育和减灾法制教育，提高城市综合防灾减灾能力，特别是防灾技术和科学管理水平。

4）把减灾建设纳入经济建设规划。减轻自然灾害损失是经济持续发展的必然要求，减灾建设既是经济发展也是社会发展的急需，有必要把减灾建设作为经济发展规划的一个组成部分，从而保证减灾建设的经费和技术投入。在经济建设中，必须把自然资源开发与减灾建设结合起来，注意加强资源、环境的管理和保护，合理开发利用自然资源，尽可能消除灾害隐患，确保社会和经济的可持续发展。

5）加强减灾规划，提高减灾管理水平。制订减灾规划，加强灾害监测与预测，建立灾害预警系统与信息系统，开展风险评估与灾害区划，建立防灾减灾管理法规，使防灾、减灾管理规范化、科学化。

四、防灾减灾技术措施

考虑到目前的灾害形式，要有效地防灾减灾必须做到以下几点：

1）灾害监测，包括灾害前兆监测、灾害发展趋势监测等。随时监测各种灾害，特别是洪水、干旱、地震等重大灾害发生情况。这些措施的减灾效果是很显著的，如1970年孟加拉国风暴潮死亡了50万人，后来由于建立了大风警报系统，1985年遭受了同样规模的风暴潮，只死亡了1万人。

2）灾害预报，对潜在灾害，包括发生时间、范围、规模等进行预测，为有效防灾作准备；这也是一项极其重要的减灾措施，如1975年我国地震工作者成功地预报了海城地震，结果拯救了数万人的生命，并减少了数十亿元的经济损失。

3）防灾，即对自然灾害采取避防性措施，这是代价最小的且成效显著的减灾措施。

4）抗灾，指对灾害所采取的工程性措施，如新中国成立后我国修建了8万多个水库，数十万公里的堤坝，为减轻洪灾起了巨大的作用。

5）救灾，这是灾情已经开始或者遭灾之后最紧迫的减灾措施。当重大灾害发生时，快速准确提供灾情信息，是紧急救援所必须掌握的资料。必须制定有效的救灾预案并且常备不懈，方能取得明显的减灾效果。

6）灾后重建，准确的灾情评估是灾后重建最主要的依据之一，而灾区生产和社会生活的恢复，也是重要的减灾措施。

第二章 城市消防与建筑火灾

第一节 概　述

　　火灾是在时间和空间上失去控制的燃烧所造成的灾害。火灾是严重危害人民生命财产，直接影响经济发展和社会稳定的最常见的一种灾害。随着社会经济发展和人口的增长，火灾已成为一个日趋严峻的社会问题。20 世纪 80 年代初，全国每年火灾造成的直接经济损失为 3 亿元左右，到 90 年代末，每年的火灾经济损失达到 10 亿元之多。近年来，火灾规模、次数与损失持续上升。1999 年全国共发生火灾 179955 起，死亡 2744 人，伤 4572 人，直接经济损失达 14.3 亿元。据公安部消防局编写的《中国火灾统计年鉴》火灾统计数据表明，1950～2000 年 51 年间，我国共发生火灾约 344.7 万起，死亡约 16.8 万人，伤约 31.9 万人，直接经济损失 180.4 亿元。而 1991～2000 年的十年间，发生火灾就有 88.8 万起，造成死亡 24564 人，受伤 43422 人，直接财产损失约 116.6 亿元。后十年火灾造成的财产损失几乎是前 40 年火灾造成财产损失的 2 倍。2000～2004 年的 5 年间全国共发生火灾 117.092 万起，死亡 1.2788 万人，伤 1.7655 万人，损失 77.3 亿元，平均每天 800 多起，伤亡 20 多人、损失 500 万元。2010 年全国共发生火灾 13.2 万起(指统计月，不含森林、草原、军队、矿井地下部分)，死亡 1108 人，受伤 573 人，直接财产损失 17.7 亿元。火灾给人类带来的灾难和教训是惨痛的。

　　城市是社会经济发展的载体，经济全球化的活动中心仍在城市。就我国而言，随着城市现代化程度的提高，火灾发生的概率也在升高。这是由城市生产集中、人口集中、建筑集中、财富集中的特点所造成的。城市化战略决策的实施和城市化的推进，给城市消防安全提出了新的更高要求。改善城市消防安全环境，确保城市健康发展和城市化战略目标实现，是一项不容忽视并应尽快加以解决的城市课题。要减轻火灾对城市的危害，主要应该根据国家的法律法规，依靠科学技术，形成完整的消防系统，同时，要提高城市的管理水平，加强人民群众的防火意识教育。

　　具体而言，完整的城市消防系统构成如图 2-1 所示。

　　当前，世界各国都在努力探索预防火灾发生的有效途径，积极研究推动和保证消防适应社会、经济发展和人们日益增长的消防安全需求。近年来，由各类火灾造成的经济损失已占 GDP 的相当比重，火灾损失已成为我国 GDP 不能快速增长的一个重要因素。消防发展是社会发展不可分割的一部分，消防发展必须与社会、经济、科技同步发展，这是一个不以人们意志为转移的客观规律。

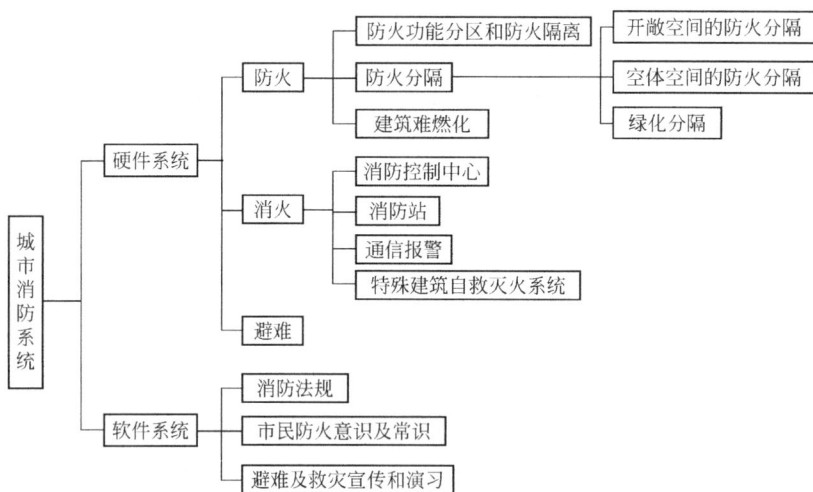

图 2-1　城市消防系统构成

第二节　建筑火灾的发生和发展

一、火灾的分类和分级

（一）火灾的分类

火灾分为 A、B、C、D 四类（GB 4968—2008）

1）A 类火灾：指固体物质火灾。这种物质往往具有有机物性质，一般在燃烧时能产生灼热的余烬，如木材、棉、毛、麻、纸张火灾等。

2）B 类火灾：指液体火灾和可熔化的固体火灾，如汽油、煤油、原油、甲醇、乙醇、沥青、石蜡火灾等。

3）C 类火灾：指气体火灾，如煤气、天然气、甲烷、乙烷、丙烷、氢气火灾等。

4）D 类火灾：指金属火灾，如钾、钠、镁、钛、锆、锂、铝镁合金火灾等。

（二）火灾的分级

按照一次火灾事故所造成的人员伤亡、受灾户数和直接财产损失，火灾分为特别重大、重大、较大和一般火灾四个等级

1）特别重大火灾是指造成 30 人以上死亡，或者 100 人以上重伤，或者 1 亿元以上直接财产损失的火灾；

2）重大火灾是指造成 10 人以上 30 人以下死亡，或者 50 人以上 100 人以下重伤，或者 5000 万元以上 1 亿元以下直接财产损失的火灾；

3）较大火灾是指造成 3 人以上 10 人以下死亡，或者 10 人以上 50 人以下重伤，或者 1000 万元以上 5000 万元以下直接财产损失的火灾；

4）一般火灾是指造成 3 人以下死亡，或者 10 人以下重伤，或者 1000 万元以下直接财产损失的火灾。❶

---

❶　"以上"包括本数，"以下"不包括本数。

二、建筑火灾的发生和发展

（一）火灾的发生

火灾发生必须具备的条件（燃烧三要素）：

1）有火源或达到燃点的热源；

2）有可燃物质；

3）有助燃的空气（或氯、溴等强氧化剂）。

三者若按一定比例结合便会发生燃烧，当燃烧失去控制时，便会发生火灾。一般建筑物中都存在着可燃物质，如木质门窗、家具、吊顶、室内装饰材料、衣物、被褥、纸张、塑料制品等。而火源则比比皆是，如厨房用火、烟头、火柴、打火机等。对于现代建筑物，特别是高层建筑，主体结构虽不可燃，但由于功能日趋复杂，故火灾时有发生，并造成巨大损失。

引起火灾的原因，主要有以下几方面因素：

1）人为因素：如在建筑物内扔下未熄灭的烟头、火柴，小孩玩火（烧纸、爆竹），焚烧废纸、垃圾，纵火等。

2）设备原因：设备高热，产生电火花，锅炉中煤火，电焊。

3）自然原因：雷击放电、地震、自燃。

（二）火灾的发展过程

建筑火灾，除地震、电路起火、纵火等特殊情况可能会多处起火外，通常由某一局部起火而逐渐蔓延至整个建筑物。一般火灾发展过程都经过初起、发展、猛烈及衰减熄灭等四个阶段，或称初始期、成长期、极盛期和衰减期四个时期。在图 2-2 所示的火灾温度—时间曲线中：

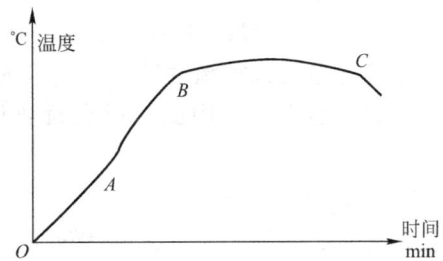

图 2-2　火灾温度曲线

1）OA 段为初起阶段（初始期），由阴燃变明火。

2）AB 段为发展阶段（成长期），从小火到爆燃，爆燃点是人员安全疏散的极限点。

3）BC 段为猛烈阶段（极盛期），火盛、炙热，室温达 600～900℃，最高达 1000℃。

4）C 以后为衰减阶段（衰减期），可燃物燃尽，室温下降至 200～300℃，并持续几小时。

三、影响建筑室内火灾发展的因素

（一）火灾温度

火灾温度是指建筑物着火后室内温度的平均值。

1. 影响火灾温度变化的因素

1）可燃物荷载。室内可燃物荷载越大，着火后，火灾温度上升就越快，燃烧持续时间就越长。表 2-1 所示为部分民用建筑室内火灾荷载密度，表 2-2 所示为火灾荷载密度与燃烧持续时间的关系。

2）建筑空间。建筑空间大，着火后，空气供给量充分，一般火灾温度上升快，但若建筑物开口面积很大，大量空气进入，对流加剧，则火灾温度的上升相对较慢。

部分民用建筑室内火灾荷载密度   表 2-1

建筑名称	火灾荷载密度(kg/m²)	建筑名称	火灾荷载密度(kg/m²)
居住建筑	35～60	教室	30～45
医院	15～30	图书室	150～500
单身宿舍	25～40	阅览室	100～250
会议室	20～35	仓库	200～1000
办公室	30～150		

火灾荷载密度与燃烧持续时间的关系   表 2-2

火灾荷载密度(kg/m²)	25	37.5	50	75	100	150	200	250
燃烧持续时间(h)	0.5	0.7	1.0	1.5	2.0	3.0	4.5	6.0

3）燃烧物热值。燃烧物热值大，火焰温度高，不但室内温度上升快，而且会延长火灾温度的持续时间。

4）建筑物导热性能。着火建筑物的导热性能强，如钢筋混凝土结构、钢结构建筑等，由于可以吸收和传导热量，火灾温度上升速度较慢（如钢筋混凝土结构建筑发生火灾，火灾温度会长时间地保持在 500～700℃）。

5）物质燃烧速度。物质燃烧速度越快，火灾温度上升也就越快。

建筑物室内火灾温度越高，持续时间越长，火势发展变化就越大，建筑物被破坏的程度也就越严重。因此，灭火时要设法制止火灾温度的上升，并缩短高温的持续时间。

2. 火灾温度曲线

火灾温度曲线表示火灾温度随时间变化的关系，一般用直角坐标法绘制。不同的燃烧对象有着不同的火灾温度曲线，研究其对灭火工作有着重要的指导作用。

1）通过火灾温度曲线，可以清楚地看出火灾温度和时间变化的相互关系，判断出火灾发展的阶段，预先制定有针对性的灭火措施。

2）通过火灾温度曲线，可以判断出燃烧物质的性态。气态物质燃烧，升温速度最快；液态物质燃烧，升温速度次之；固态物质燃烧，升温速度最慢。

3）在火灾温度曲线上，通过对升温速度突然发生变化的转折点的分析，可以判断出火场上会发生哪些影响较大的情况。

一个国家的标准火灾温度曲线，代表着本国一般建筑火灾的特点和发展规律。我国的标准火灾温度曲线如图 2-3 所示，温度随时间变化见表 2-3 所列。

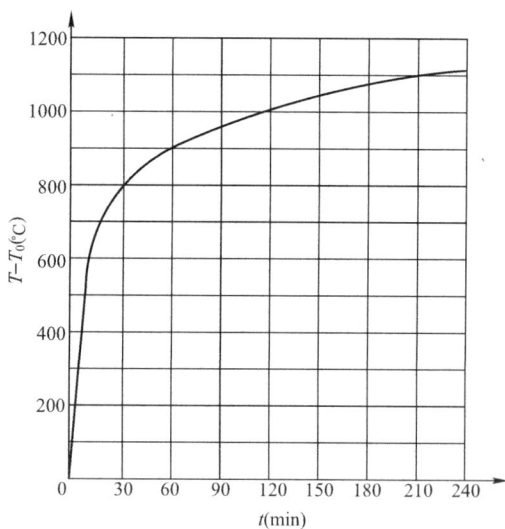

图 2-3　时间—温度标准曲线

随时间变化的升温表　　　　　　　　　　　　表 2-3

时间 t(min)	炉内温度 $T-T_0$(℃)	时间 t(min)	炉内温度 $T-T_0$(℃)
5	556	90	986
10	659	120	1029
15	718	180	1090
30	821	240	1133
60	925	360	1193

（二）燃烧速度

燃烧速度是表示建筑物室内可燃物质燃烧时火焰传播的快慢，或指可燃物燃烧在单位时间内失重的数量。影响燃烧速度的主要因素有以下两个方面：

1）物质的燃点、闪点、爆炸下限低，燃烧速度快。

2）物质燃烧时，空气供给充分，燃烧速度快。另外，可燃物与空气接触面积越大，物质燃烧速度越快；着火房间门窗的总面积越大，燃烧速度越快。

燃烧速度是决定室内火灾发展变化的主要因素，灭火中，如尽快释放或喷射灭火剂，封堵着火房间通风口等，可避免燃烧加剧。同时，火场上不要随意破拆或开启建筑物的门窗，特别是高层建筑、仓库建筑等，防止因空气的大量进入，而造成火势蔓延发展。

（三）建筑物的空间布局

建筑物的平面布置和竖向布置的形式对建筑物室内火灾的发展影响很大。

1. 平面布置

建筑物平面布置形式不同，特别是带有闷顶的建筑物，着火后，火势沿水平方向发展蔓延的情况也不同。

1）一字形、拐角形、凹字形、口字形、三角形和环形建筑一般有 1～2 个蔓延方向。

2）丁字形、工字形、山字形和星形建筑一般有 1～3 个蔓延方向。

3）王字形、土字形和圆形建筑一般有 1～4 个或更多的蔓延方向。

2. 竖向布置

建筑物的高度越高，结构体系就越复杂，内部的竖井管道就越多，火势向上发展蔓延的速度就越快。这是由于烟囱效应的作用加快了建筑物内空气和热烟气的流动。

四、火灾蔓延的途径

建筑物起火后，烟火会由起火房间向外扩散，这个过程主要是靠可燃构件的直接燃烧、热的传导、热的辐射和热的对流进行扩大蔓延的。建筑物内火灾蔓延的形式与起火点位置、建筑材料、物质的燃烧性能和可燃物的数量有关。研究火灾的蔓延途径，主要是为了在建筑设计中采取有效的防火措施。根据建筑火灾实际情况可以发现，建筑物的火灾主要可以通过以下几个途径蔓延。

（一）内墙门

火灾开始是在建筑物内一个房间燃烧，而火灾最后蔓延到整个建筑物，其原因大多都是内墙的门没能把火挡住，内墙门大多为木门(实木或胶合板)，火焰以辐射的方式烧穿内门，经走道窜到相邻开敞的房间内继续燃烧。如果相邻房间的门关闭很严，在走道内没有可燃物的条件下，火灾蔓延的速度就会大大减缓。所以内门的防火问题是很重要的。

（二）隔墙

当房间隔墙采用可燃材料制作，或采用不燃、难燃材料制作而耐火性能不好时，在火灾的高温作用下会被烧坏失去隔火能力，使火灾蔓延到相邻房间或区域。另外，当隔墙为厚度很小的不燃材料，隔壁紧靠墙堆放有易燃物质，可能会因为墙的导热和辐射而自燃起火，造成火灾蔓延。

（三）楼板的孔洞和各种竖井

由于热气流向上的特性，火总是要向上蔓延。而建筑物内往往设有各种竖井管道或竖向开口部位，如楼梯间、电梯井、管道井、通风井等，它们贯穿若干楼层甚至所有楼层，在建筑物发生火灾时，会产生"烟囱效应"，造成火势迅速向上面楼层蔓延。而火自上而下使木地板起火的可能性很小，只有在热辐射很强或正在燃烧的可燃物落下很多时，才可能使木地板起火燃烧。

（四）空心结构

空心结构是指板条抹灰木筋的空间、木楼板搁栅间的空间、屋盖空心保温层等结构封闭空间火灾时热气流把火烟从起火点带到连通的全部空间，在内部燃烧时不易被发现，当人们察觉时火灾已难以扑救了。真正的起火点难以找到，给灭火带来很多困难易使建筑物遭到损失和破坏。

（五）外墙窗口

房间起火时室内温度升高，窗玻璃会破碎，火焰窜出窗口向外蔓延，一方面火焰的热辐射穿过窗口烤燃对面建筑物，另一方面火舌窜出窗口烧向上层窗口再到室内，这样逐层向上蔓延，会使整个建筑物起火。所以为了防止火势蔓延，上下层窗口的距离应尽可能大些。可利用窗过梁挑檐、不燃材料的雨棚、阳台等设施，阻止火势向上蔓延。

建筑物外墙门窗洞口的形状、大小、建筑物之间的距离以及附近的可燃物都能影响燃烧和蔓延。

第三节　建筑火灾实例及经验教训

一、新疆克拉玛依友谊馆"12·8"火灾

1994年12月8日，新疆油城克拉玛依市友谊馆发生特大火灾。这起火灾共烧死325人，烧伤130人，其中重伤68人。死者中有288人是学生，其中独生子女占98％。直接经济损失210.9万元。

（一）事故原因

这座建筑面积3500m² 的友谊馆，是一座能容纳800人的一层影剧院，它的历史和克拉玛依城市的历史几乎一样长。

新疆维吾尔自治区教委组织义务教育和扫盲教育检查验收团一行25人，到克拉玛依市检查工作。12月8日16时，克拉玛依市组织15所中、小学校的15个规范班及教师、家长等796人，在友谊馆进行文艺汇报演出。16时20分由于舞台正中偏后北侧上方倒数第二道光柱灯(100W)与纱幕距离过近，高温灯具烤燃纱幕。

（二）火灾教训

1) 安全门锁闭，疏散通道堵塞，是造成人员伤亡的主要原因。该友谊馆共有7个向室外疏散的出口，演出时两侧和舞台左侧5个出口都被关闭锁死，还安装着铁栅栏；人们正在向场外疏散时，场内突然断电，前厅有3个安装铝合金卷帘门的出口，只有一个开启。观众厅内两侧通道因装修被堵塞，南侧大厅通道堆放杂物变成仓库，观众厅有6个内门，南侧两个内门关闭上锁，后来发现，上百个死难学生就堆积在门口周围。

2）火灾隐患久拖不改，致使养患成灾。友谊馆是克拉玛市最大的公共娱乐场所，1992年改造装修，未经消防部门审核检查验收。当地公安消防部门在三次安全检查中向该馆提出疏散门被锁，楼梯口堆放可燃物，没有应急照明装置和疏散指示标志，室内消火栓被堵、吊顶电气线路没有穿阻燃管，电气开关用铜丝代替保险丝等问题，特别提出照明灯距幕布太近，约为25cm，不符合安全规定(灯具距幕布不应小于50cm)。该馆负责人虽然在检查意见书上签字认可，但没有认真采取整改措施。该馆1993年和1994年曾两次发生灯具烤着幕布的事故，幸被电工及时处置。这次演出前，该馆负责人又把电工派去出差，临时找人操纵电气设备。

3）室内装饰、装修及舞台用品大量采用易燃可燃材料及高分子材料，燃烧时产生大量有毒气体，使现场人员短时间内便中毒窒息，丧失逃生能力。

4）火灾初起时处置不当，舞台上方纱幕着火时，馆内工作人员无人在场，在场人员惊慌失措，活动组织单位也没有及时有效地组织人员疏散。

5）克拉玛依市消防基础设施十分薄弱。克拉玛依市的公安消防设施没有纳入城市建设总体规划。市区只有5个消火栓，还被埋压2处。这次救火，消防车要到5km外去加水。市内许多建筑项目和装修工程都不按规定送交公安消防部门进行消防设计审核，也不经公安消防部门消防验收就投入使用。

二、辽宁阜新市艺苑歌舞厅火灾

1994年11月27日辽宁阜新市艺苑歌舞厅发生火灾，共死亡233人(其中男性133人，女性100人)，伤20人，直接经济损失30万元。

(一)事故原因

艺苑歌舞厅建筑为一层，木屋架砖混结构，总建筑面积303.1m²。该舞厅建筑由三部分组成，均为单层砖木结构，耐火等级为三级。共有出入口2个，南北各1个，北门为正常入场门，外门宽0.87m，通过6级台阶至路面，内门宽0.8m，通过5级台阶至舞池。南门双开，宽1.8m，火灾前该门上栓挂锁。1994年11月27日13时28分左右舞厅雅间西南角沙发靠背上的舞客将点燃的报纸塞入脚下沙发破损洞内，引燃沙发起火。

(二)火灾教训

1）大量使用易燃材料装修。该舞厅于1990年5月和1994年5月进行内部装修，均未按规定到消防监督机关办理建筑防火审核手续。门边框用宝丽板装修。大厅吊顶采用木龙骨、胶合板贴壁纸，墙壁为棉丙胶织布装饰。3个雅间吊顶采用木龙骨、纤维板，墙壁为涤纶化纤布装饰，该化纤装饰布属"棉丙胶织布"，燃烧速度快，燃烧时产生大量有毒烟雾，并形成带火的熔滴，致使起火后火势迅速蔓延。

2）出入口狭窄，疏散安全门上栓挂锁。该舞厅出入口仅0.8m宽，其内外门口各有一个5步和6步的台阶；疏散安全门宽1.8m，门前用布帘遮挡；南北墙上方距地面3.5m高处有12个窗户全被封在吊顶之上。在起火时，疏散安全门上栓挂锁，加之无应急照明指示灯，断电后厅内漆黑一团，致使大量人员难以迅速逃生。

3）严重超员。该舞厅审批定员为 140 人，起火时厅内人员多达 300 余人，无人组织疏散，纷纷涌向入场口，相互拥挤踩压造成人员窒息死亡。

三、洛阳东都商厦

2000 年 12 月 25 日洛阳东都商厦发生火灾，死亡 309 人。

（一）起火原因

洛阳东都商厦位于洛阳市老城区，地下有两层，地上有四层。顶层歌舞厅面积为 1800m²。25 日晚上 9 时 35 分左右，由于装修工在东都商厦地下二层电焊时，电火花溅到装修废品上引起大火。大火虽然只烧到地上一层的延伸处，地上二层、三层并没起火，但是滚滚的烟雾却顺着楼梯迅猛地涌上四楼。

（二）火灾教训

1）违章操作。没有焊工作业证的工人违章作业，导致电焊火花从地下一层落入地下二层的沙发上，引起大火。工人发现着火后，用消防水龙头通过方孔向地下二层浇水灭火，因为当时地下一、二层之间的所有通道都已锁住，现场工人没有能够控制住火势，便很快撤离现场，并且没有及时报警。地下二层火势迅速蔓延，浓烟以每分钟 240m 左右的速度，沿着东都商厦大楼东北、西北两个楼梯上升，在顶层四楼东都歌舞厅聚集大量高温有毒气体，造成正在参加圣诞狂欢的几百人在极短的时间内昏迷，其中 309 人死亡。

2）消防通道不畅。由于当晚是圣诞节，在商厦四楼东都歌舞厅的人很多，而由于歌舞厅缺乏消防设施和逃生通道，大多数人便因窒息而死。

当晚商厦二三楼都有装修民工在赶工，还有个体商户在往货架上货，为数共约有 100 多人。加上歌舞厅当晚赠送和售出门票 500 多张，整栋大厦里至少有 600 人。

3）缺乏报警灭火系统。大楼内没有防火分区，自动报警系统损坏，自动喷淋喷头数量少。虽装有自动报警系统、自动喷水灭火系统，但由于年久失修，报警系统失灵，灭火系统水泵不能启动。

四、美国米高梅旅馆火灾

1980 年 11 月 21 日，美国内华达州拉斯韦加斯市的米高梅大旅馆发生火灾，死亡 84 人，伤 679 人。

米高梅旅馆投资 1 亿美元，于 1973 年建成，同年 12 月营业。该旅馆大楼为 26 层，占地面积 3000m²，客房 2076 套，拥有 4600m² 的大赌场，有 1200 个座位的剧场，有可供 11000 人同时就餐的 80 个餐厅以及百货商场等。旅馆设备豪华、装饰精致，是一个富丽堂皇的现代化旅馆。

（一）起火原因

1980 年 11 月 21 日上午 7 时 10 分左右，"戴丽"餐厅（与一楼赌场邻接）吊顶上部空间的电线短路，阴燃了数小时之后才被发现。发生火灾，使用水枪扑救，未能成功。由于餐厅内有大量可燃塑料、纸制品和装饰品等，火势迅速蔓延，不久餐厅变成火海。因未设置防火分隔，火势很快发展到邻接的赌场。7 时 25 分，整个赌场也变成火海。大量易燃装饰物、胶合板、泡沫塑料坐垫等，在燃烧中放出有毒烟气。着火后，旅馆内空调系统没有关闭，烟气通过空调管道扩散。火和烟气通过楼梯井、电梯井和各种竖向孔洞及缝隙向上蔓延。在很短时间内，烟雾充满了整个旅馆大楼。

发生火灾时，旅馆内有 5000 余人。由于没有报警，客房没有及时发现火灾。许多人闻到焦臭味，见到浓烟或听到敲门声、玻璃破碎声和直升机声后才知道旅馆发生了火灾。一部分人员及时疏散出大楼，一部分人员被困在楼内，许多人穿着睡衣，带着财物涌向楼顶，等待直升机营救。有些旅客因楼梯间门反锁，未能及时逃出而丧命。

（二）火灾教训

1）室内装修、陈设均用木质、纸质及塑料制品(壁纸、地毯)，不仅加大了火灾荷载，而且燃烧速度快，产生大量有毒气体，加之火灾时，没有关闭空调设备，有毒烟气经空调设备迅速吹到各个房间。在清理火场时发现，全部死亡 84 人中，就有 67 人是被烟熏窒息死亡的。

2）大楼未采取防火分隔措施，其至 4600m² 的大赌场也没有采取任何防火分隔和挡烟措施。防火墙上开了许多大孔洞，穿过楼板的各种管道缝隙也未堵塞，电梯和楼梯井也没有防火分隔。因而给火灾蔓延形成了条件，烟火通过这些竖井迅速向上蔓延，使得在很短时间内，浓烟笼罩整个大楼，浓烟烈焰翻滚冲上，高出大楼顶约 150m。

3）全大楼内的消防设施很不完善，仅安装了手动火灾报警装置和消火栓给水系统，只有赌场、地下室、26 层安装了自动喷水灭火设备。起火部位的"戴丽"餐厅没有安装自动喷水灭火设备，烧损最为严重。拥有 1200 座位的剧场没有设置消火栓系统。死人最多的 20～25 层均未安装自动喷水灭火设备。

五、韩国首尔大然阁旅馆火灾

1971 年 12 月 25 日，大然阁旅馆二楼咖啡厅液化气瓶爆炸起火，死亡 163 人，伤 60 人，损失十分严重。

大然阁旅馆于 1970 年 6 月建成，标准层平面为"L"形(图 2-4)，大楼为地上 21 层，地下 1 层。南北向长 49m，东立面长 43m。内设一道厚 20cm 混凝上墙将其分隔成两个部分。第 2 层两区门厅相邻，西部层是贸易公司的办公楼，东部是旅馆，共有 223 个客房。每层面积近 1500m²。西部是公司办公用房，地下层是汽车库，1 层是设备层，2 层是大厅，3～20 层是办公室。东部是旅馆，第 21 层是公共娱乐用房。每层的公司办公用房和旅馆部分是相互连通的，各设有一座楼梯，共设 8 台电梯。

图 2-4　大然阁饭店标准层平面

1—客房；2—办公楼；3—邻近建筑；4—4 层建筑；5—2 层建筑；6—7 层建筑；7—5 层建筑；8—消火栓

（一）起火原因

1971 年 12 月 24 日上午 10 时许，楼内有 200 名旅客，70 名旅馆工作人员，15 名公司工作人员。旅馆部分二层咖啡厅，因瓶装液化石油气泄漏引起火灾。猛烈的火焰使咖啡厅内 3 名员工，毫无反应地烧死在工作岗位上。店主严重烧伤后和其他 6 名员工逃出火场。火焰很快将咖啡厅和旅馆大厅烧毁，并沿 2～4 层的敞开楼梯延烧到餐馆和宴会厅。浓烟火焰充满了楼梯间，封住了上部旅客和工作人员疏散的途径。管道井也向上传播着火焰。二层旅馆大厅和公司办公大厅的连接处，设置普通玻璃门，阻止不了火势的蔓延，导

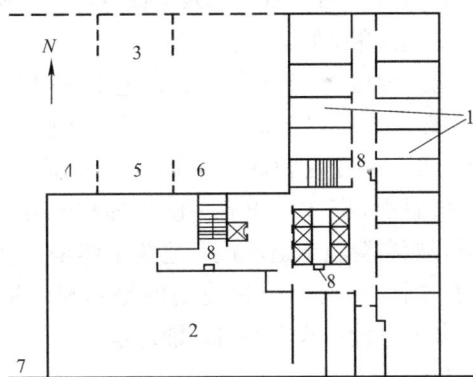

致公司办公部分也成为火海。本来东、西部之间有一道厚 20cm 的钢筋混凝土墙，但每层相通的门洞未设防火门，成了火灾水平蔓延通道，使整幢大楼犹如一座火笼，建筑全部烧毁，仅 62 人逃离火场。

（二）火灾教训

1）关键部位未设防火门。如上所述，该大楼的旅馆区与办公区之间虽然用 20cm 厚的钢筋混凝土板墙分隔，但相邻的两个门厅分界处未用防火门分隔，而采用了玻璃门，起不到阻火作用，却成了火灾蔓延的主要途径。

2）开敞竖井。大楼内的空调竖井及其他管道竖井都是开敞式的，并未在每层采取分隔措施，以致烟火通过这些管井迅速蔓延到顶层。目击者看到 21 层的公共娱乐中心很早就被火焰笼罩，全大楼很快形成一座火笼。

3）楼梯间设计不合理。楼梯间的平面设计是一般多层建筑所使用的形式，加快了竖向的火灾蔓延。旅馆部分 2～4 层是敞开楼梯，5 层以上是封闭楼梯。公司办公部分的楼梯也是一座敞开楼梯。旅馆部分 5 层以上虽然是封闭楼梯，但由于没有采用防火门，在阻止烟火能力方面与敞开式楼梯基本相同。楼梯间没有按高层建筑防火要求设计，既加速了火灾的传播，又使起火层以上的人员失去了安全疏散的垂直通道。

4）不应使用瓶装液化石油气。本次火灾是使用液化石油气瓶爆炸燃烧引起的，足见在高层建筑中使用瓶装液化石油气的危险性。瓶装液化石油气爆炸燃烧不仅引起了火灾，而且其爆炸压力波以及高温气流还促使火灾迅猛蔓延。

六、巴西焦玛大楼火灾

1974 年 2 月 1 日，巴西圣保罗焦玛大楼发生火灾，12～25 层烧毁，死亡 179 人，伤 300 人，经济损失 300 余万美元。

焦玛大楼于 1973 年建成，地上 25 层，地下 1 层(图 2-5)。首层和地下 1 层是办公档案及文件储存室。2～10 层是汽车库，11～25 层是办公用房。标准层面积 585m²。设有一座楼梯和四台电梯，全部敞开地布置在走道两边。建筑主体是钢筋混凝土结构，隔墙和房间吊顶使用的是木材、铝合金门窗。办公室设窗式空调器，铺地毯。

（一）起火原因

1974 年 2 月 1 日上午 8 时 50 分，第 12 层北侧办公室的窗式空调器起火。窗帘引燃房间吊顶和隔断墙，房间在十多分钟就达到轰燃。9 时 10 分消防队到达现场时，火焰已窜出窗外沿外墙向上蔓延，起火楼层的火势在水平方向传播开来。烟、火充满了惟一的开敞楼梯间，并使上部各楼层燃烧起来。外墙上的火焰也逐层向上燃烧。消防队到达现场后

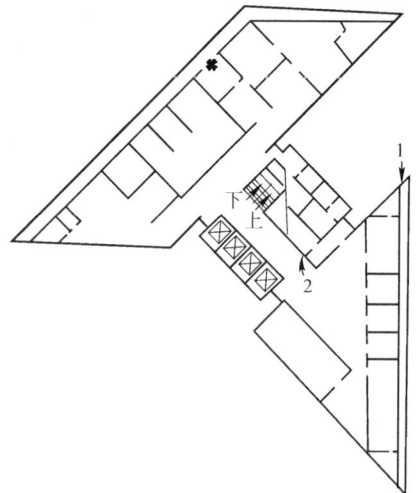

图 2-5　焦玛大楼第 20 层平面示意图
1—窗户位置；2—消防竖管

仅半个小时，大火就烧到 25 层。虽然消防局出动了大批登高车、水泵车和其他救险车辆，但消防队员无法到达起火层进行扑救。10 时 30 分，12～25 层的可燃物烧尽之后，火势才开始减弱。

（二）火灾教训

1）焦玛大楼火灾造成惨重人员伤亡的一个主要原因，是总高度约70m，集办公和车库为一体的综合性高层建筑，从标准层平面看，楼梯和电梯敞开在连接东、西两部分的走道上，是极其错误的。根据高层建筑的火灾规律，楼梯间的作用是保证起火层及起火层以上人员疏散的安全，阻止起火层的烟、火向其他楼层传播。为此，设计时要采取技术措施，使之成为防烟楼梯间。

2）焦玛大楼火灾失去控制的重要原因，在于消防队员无法到达起火层进行火灾扑救。因为建筑设计中，没有设置火灾时能保证消防队员迅速到达起火层的消防电梯。消防电梯可保证发生火灾情况下正常运行而不受到火灾的威胁，电梯厅门外有一个可阻止烟火侵袭的安全地区，即前室，并以此为据点可开展火灾扑救。由于设计时没有这样考虑，消防队员到达现场后，只能望火兴叹。

3）焦玛大楼是钢筋混凝土结构的高层建筑，但隔墙和室内吊顶使用的木材是可燃物。当初期火灾不能及时扑灭，可燃材料容易失去控制而酿成大灾。可见选材不当所造成的严重后果。这是建筑设计中应该认真吸取的经验教训。

4）火灾时因消防设备不足，缺少消防水源，导致火灾蔓延扩大。焦玛大楼未设自动和手动火灾报警装置、自动喷水灭火设备，无火灾事故照明和疏散指示标志；虽然设有消火栓给水系统，但未设消防水泵，也无消防水泵接合器。

5）狭小的屋顶面积，不能满足直升机救人的要求，是这次火灾暴露的又一个问题。为抢救屋顶上的人员，有关部门虽出动了民用和军用直升机，但在浓烟烈火的燎烤下，直升机无法安全接近和停降在狭小的屋顶上救人，以致疏散到屋顶的人员不能安全脱险，有90人死于屋顶。在火灾平息后，直升机从北部较大的屋顶降落，救出幸存的81人。

七、上海高层住宅火灾

2010年11月15日14时许，上海市中心胶州路靠近余姚路附近的一座高85m的28层公寓楼发生火灾。死亡58人，伤100人。

（一）事故原因

事故原因是由无证电焊工违章操作引起的。起火建筑正在进行外墙增加保温层改造，四周搭满了脚手架，包围着大量的易燃尼龙网，踏脚板则为可燃的竹片板，电焊工焊接火花触碰了尼龙网，尼龙网着火后再引燃了可燃的竹片板（踏脚板），而因为防护网和脚手架环抱了整座大楼，以致火势迅速向垂直方向和周边蔓延，并引起外墙保温材料聚氨酯燃烧，在极短时间形成大面积密集火情。加之由于现场施工工地较大，风助火势，加速了火灾蔓延。最终导致楼内人员自救困难和消防人外围救助受阻。

（二）经验教训

1）无证电焊工没有清除旁边的可燃物即进行电焊操作，以至于着火后火灾迅速蔓延。当时施工使用的是聚氨酯泡沫材料，本身就是可燃材料，加上当天又有大风，所以火势蔓延非常迅速。这种边住人边施工是非常危险的。应该说施工单位对施工中的消防安全重视不够，教训非常深刻。

2）缺乏大型消防救火设备，尤其是高层的救火设备，真正能发挥救火功能的云梯车太少，而且姗姗来迟3h之久。无专业救援队伍，同时大楼中的消防设施没有被有效利用或根本配备不足，导致伤亡惨重。

3）火灾中大楼外立面包裹的大量聚氨酯泡沫保温材料，是造成重大人员伤亡的重要元凶。这种材料燃烧速度非常快，而且一旦燃烧就会产生剧毒气体，在建筑物发生火灾时严重威胁人员生命安全。

八、俄罗斯"瘸腿马"夜总会火灾

2009年12月5日2时15分，俄罗斯彼尔姆边疆区首府彼尔姆市一家名为"瘸腿马"的夜总会发生严重火灾，造成152人死亡，100余人受伤。该夜总会坐落在市中心繁华地段，是一栋只有一层楼的建筑。

（一）火灾原因

当时这家俱乐部正在庆祝成立8周年，有200多人参加了俱乐部的派对活动，这其中多数人是俱乐部的员工和亲属，年轻人居多。由于舞台本身与顶棚较近，在燃放烟花时，顶棚上的塑料被点燃，随后还传出了噼里啪啦的爆炸声。加上门窗开启后通风力剧增，一会儿的工夫，室内就浓烟呛人，热浪滚滚，火势越来越猛。此时电灯熄灭，现场随即一片混乱，人们四处逃生。现场虽有人大声提醒要排着队按先后次序离开。然而，这道命令根本没有任何人采纳。惊慌失措的人们挤着向外逃生，由于整个夜总会只有一处狭窄的通道出口，导致人们在出口处发生踩踏，现场非常混乱。而浓烟仍在不断加剧，人们不停地咳嗽着，有人迅速倒地身亡。

虽在接到火情报警不到1min，消防队员就已赶到现场，并在不到1h的时间内迅速扑灭了大火，然而，火灾却导致了惨重的伤亡。

（二）经验教训

1）违规燃放烟花，店主在未经消防主管部门批准的情况下，擅自在舞台上装设、使用了法令严禁使用的所谓的冷烟花装置，终酿大祸。

2）当火灾发生时，夜总会的工作人员从位于大厅一角的紧急通道迅速逃生，但绝大多数客人根本不知道这一"救生之门"的存在。因为建筑为一层，如果火灾发生后人们跳窗逃生，摔伤的危险性很小，将有可能避免重大伤亡，但遗憾的是，这家夜总会的窗户很小，不足以让一个成年人从中通过，且窗户离室内地面约有2m高，人们在混乱中很难爬上去。人多门小，窗户少，缺少紧急出口是俄夜总会的共同特征，这样设计的建筑本身就为火灾埋下了隐患。

3）由于房屋内装潢材料大多是易燃物，低矮的舞台顶棚着火后，火舌迅速窜遍整个顶棚。现场灯光熄灭，加上过道狭窄，现场人员无法及时逃生，继而发生烧伤和人员踩踏事故。而燃烧产生的浓烟含有毒气体，一些人尽管从现场逃出，但因之前吸入过多有毒烟雾也不幸身亡。

第三章　建筑火灾消防对策

第一节　建筑防火设计基本概念

一、建筑防火设计的内容

建筑防火设计属于建筑设计的一个范畴，如同建筑设计有建筑、结构、给水排水、采暖通风和空气调节以及电气等专业一样，特别是大型建筑，它是一个不可或缺的设计专业，由有关专业人员负责设计，并要送当地公安消防监督部门审查。

各种建筑物的重要性、规模、投资等不同，对防火设计的要求也就不同，但一般应包括以下内容：

(1) 总平面设计；

(2) 建筑物的耐火等级；

(3) 防火分隔和建筑构造；

(4) 安全疏散设计；

(5) 消防电梯设计；

(6) 室外消防给水设计；

(7) 室内消防给水设计；

(8) 自动喷水灭火系统设计；

(9) 卤代烷或其他气体灭火系统设计；

(10) 通风和空调系统防火设计；

(11) 防烟、排烟设计；

(12) 室内装修防火设计；

(13) 火灾自动报警装置。

对于这些设计，国家有相应规范，进行建筑工程设计时，应按规范要求进行操作。

二、建筑耐火极限

建筑物的耐火能力取决于建筑构件的耐火性能，它由两个因素决定，即组成房屋构件的耐火极限和材料的燃烧性能。

构件的耐火极限是指，当建筑构件按规定的时间—温度曲线进行耐火试验时，从受到火的作用起，到失去支持能力或发生穿透性裂缝，或背火一面温度达到220℃为止这段时间，单位为小时。

判定建筑构件达到耐火极限的条件有三个，即失去稳定性，失去完整性，失去隔热性。

三、建筑耐火等级

确定耐火等级主要是使不同性质和用途的建筑具有与之相适应的耐火性能，从而实现安全与经济的统一。建筑物耐火等级定得越高，发生火灾时烧坏的可能性越小，但建筑造价越高，反之，等级定得低，造价低，火灾时损失就大。选定耐火等级主要应考虑建筑物的性质、建筑的火灾危险性，建筑的高度，建筑的火灾荷载等。

我国规范将耐火等级划分为四级。高层建筑、性质重要、规模宏大或有代表性的建筑，应按一、二级耐火等级进行设计；大量性或一般性建筑，按二、三级耐火等级设计；不太重要或临时性建筑按四级设计。

四、建筑防火间距

建筑物之间必须留有必要的防火间距。因为从火灾实际情况发现，两幢相邻的建筑物，如果一幢发生火灾，火烟会从门窗洞口窜出，若相邻建筑物距离太小，又无防火措施，则火烟很快扩散到相邻的建筑物，引起连片火灾。确定防火间距一般应考虑以下几个因素：

1）防止火势蔓延：造成火势蔓延的因素较多，如"飞火"（与风力有关）、"热对流"、"热辐射"等。火灾实例和试验证明，在大风情况下，从火场飞出的"火团"可达数十米，数百米，甚至更远，但考虑这个因素势必占地太多，不合实际。而"热对流"，对相邻建筑蔓延威胁比"热辐射"要小些，因为热气流喷出门窗洞口后向上升腾（热气流密度小），对相邻建筑的影响比"热辐射"小，所以考虑这个因素实际意义不大。可见，按"热辐射"强度确定防火间距是较为可行的。

2）满足消防扑救的需要：扑救火灾需动用消防车，而扑救不同对象的火灾需要不同的消防车辆和器材。例如高层建筑火灾，除了使用功率较大的普通消防车外，还必须使用曲臂车、云梯车，升降平台等。扑救大型石油化工装置火灾，需要使用大功率的高喷车、干粉车、水泡两用车等。所以，两幢建筑物之间或建筑与生产装置之间的防火间距要满足消防扑救的要求。

3）节约用地：我国是一个人多地少的国家，节约用地十分重要，确定防火间距要从既保障消防扑救、防止火势蔓延的要求出发，又要尽可能节约土地。

在《建筑设计防火规范》和《高层民用建筑设计防火规范》中对建筑物的防火间距都有明确的规定，见表3-1和表3-2所列，设计中应不小于表中规定。

民用建筑防火间距（m）　　　　　　　　　　　　　　　　　　　表 3-1

耐火等级	耐火等级		
	一、二级	三级	四级
	防火间距（m）		
一、二级	6	7	9
三级	7	8	10
四级	9	10	12

注：1. 两座建筑相邻较高的一面的外墙为防火墙时，其防火间距不限。

2. 相邻的两座建筑物，较低一座的耐火等级不低于二级，屋顶不设天窗，屋顶承重构件的耐火极限不低于1h，且相邻的较低一面外墙为防火墙时，其防火间距可适当减少，但不应小于3.5m。

3. 相邻的两座建筑物，较低一座的耐火等级不低于二级，当相邻较高一面外墙的开口部位设有防火门窗或防火卷帘和水幕时，其防火间距可适当减少，但不应小于3.5m。

4. 两座建筑相邻两面的外墙为不燃烧体，如无外露的燃烧体屋檐，当每面外墙上的门窗洞口面积之和不超过该外墙面积的5%，且门窗口不正对开设时，其防火间距可按本表减少25%。

5. 耐火等级低于四级的原有建筑物，其防火间距可按四级确定。

建筑类别	高层建筑	裙房	其他民用建筑		
			耐火等级		
			一、二级	三级	四级
高层建筑	13	9	9	11	14
裙房	9	6	6	7	9

注：防火间距应按相邻建筑外墙的最近距离计算，当外墙有突出物件时，应从其突出部分外缘算起。

一般情况下，在建筑总体布局时应严格按照规范规定的要求进行设计，但因场地狭窄、用地紧张、受地形限制等各种原因难以设置应有的防火间距时，可以根据具体情况采取一些应变措施加以补救。

1) 改变建筑物的生产或使用性质，尽量减少建筑物的火灾危险性；改变建筑的耐火性能，提高建筑物的耐火等级。

2) 将建筑物的普通外墙，改造为实体防火墙。如果建筑物的山墙对建筑物的通风采光影响小，设置的窗户少，可考虑将山墙改为实体防火墙。

3) 设置保护设施。在对原有建筑改造困难的情况下，可在建筑室外依据计算设置独立的防火墙、防爆堤；在建筑物相对的门窗孔洞上安装防火卷帘加水幕保护等技术措施，以阻止火势蔓延。

五、高层民用建筑的分类

为了便于针对不同类别的建筑物在耐火等级、防火间距、防火分区、安全疏散、消防给水、自动灭火、防烟排烟、火灾报警等方面分别提出不同要求，以达到既保障各类高层建筑的消防安全，又能节约投资的目的，我国对高层建筑进行分类。我国规范进行的分类主要从消防角度考虑，依据建筑物的使用性质、火灾危险性、疏散和扑救难度等进行划分(表3-3)。

高层民用建筑分类　　　　表 3-3

名称	一类	二类
居住建筑	高级住宅 19层及19层以上的普通住宅	10层至18层的普通住宅
公共建筑	1. 医院病房楼； 2. 高级旅馆； 3. 每层面积超过1000m²的商业楼、展览楼、综合楼； 4. 每层面积超过800m²的电信楼、财贸金融楼； 5. 省级(含计划单列市)的邮政楼防灾指挥调度楼； 6. 中央级、省级(含计划单列市)广播电视楼； 7. 局级和省级(含计划单列市)电力调度楼； 8. 每层面积超过1800m²的商住楼； 9. 藏书超过100万册的藏书楼； 10. 重要的办公楼、科研楼、档案楼； 11. 建筑高度超过50m的教学楼和普通旅馆、办公楼、科研楼、档案楼等	1. 除一类建筑以外的商业楼、展览楼、综合楼、商住楼、财贸金融楼、电信楼、藏书楼； 2. 高度不超过50m的教学楼和普通旅馆、办公楼、科研楼； 3. 省级以下的邮政楼； 4. 市级、县级广播电视楼； 5. 地、市级电力调度楼； 6. 地市级防灾指挥调度楼

高层建筑分为一、二两个耐火等级。一类高层建筑的耐火等级为一级，二类高层建筑则不低于二级。

六、防火分区

防火分区是在建筑物中，用隔断措施使建筑物分隔成能阻止火烟扩散的独立区域。在建筑防火设计中，划分防火分区十分重要，如商场、展览馆、综合楼、旅馆、藏书楼等，可燃物量大，一旦发生火灾，火势蔓延快，温度高，辐射热强，烟气浓，散发出的有毒气体扩散迅速，容易造成重大经济损失和人员伤亡事故。因此，除了尽可能减少建筑物内部的可燃物量，同时设置自动灭火设备之外，行之有效的方法是划分防火分区。例如：某医院病房楼，平面为门形，建筑面积为 $3800m^2$，划分 4 个防火分区，即每个防火分区面积 930 多平方米，发生火灾时，大火烧了 3 个多小时，由于防火墙的作用，仅烧毁了一个防火分区，其余两个防火分区，安然无恙。

美国芝加哥的汉考克(John Hancock)大厦，高 300m，为塔式建筑，该楼上部楼层套房内先后发生了 20 多起火灾事故。由于有了较好的防火分隔和较完善的消防设备，没有一次火灾蔓延到套房以外的。

相反，一些建筑没有按规定设置防火墙等防火分隔措施，发生火灾后，蔓延快，扑救困难，往往造成很大损失。例如：某综合楼，工字形平面，每层建筑面积为 $2800m^2$，没有划分防火分区，发生火灾时，全层基本被烧毁，造成很大的损失。

（一）多层民用建筑防火分区

根据《建筑设计防火规范》，民用建筑的防火分区要求见表3-4所列。

建筑物内如设有上下层相连通的走廊、自动扶梯等开口部位时，应按上下连通层作为一个防火分区，其建筑面积之和不宜超过表3-3中的要求。但是，多层建筑的中庭空间，如房间与共享空间连接的开口部位设有防火门窗并装有水幕，以及封闭屋盖装有自动排烟设施时，可不受此限制。

民用建筑的耐火等级、层数、长度、面积　　　　　　　　　　表 3-4

耐火等级	最多允许层数或高度	防火分区		备注
		最大长度(m)	每层最大面积(m²)	
一、二级	住宅不超过9层 其他民用建筑不超过24m 单层公共建筑大于24m	150	2500	1. 体育馆、影剧院长度面积可放宽些； 2. 托幼建筑的儿童用房不应在 4 层及以上
三级	5层	100	1200	1. 托幼用房不应在 3 层及以上； 2. 影剧院、食堂不应在 2 层以上； 3. 医院、疗养院不应超过 3 层
四级	2层	60	600	学校、食堂、菜市场、托儿所、幼儿园、医院等不应超过 1 层

建筑物的地下室在发生火灾时，疏散、扑救难度大，因为除了开设窗洞的地下室外，都是无窗房间，其出入口既是疏散口，又是烟、热排出口和消防队员扑救时的进入口，容易形成交叉混乱，造成疏散、扑救困难，而且威胁地上建筑物的安全。因此，供人员使用的地下室，应采用防火墙分隔成面积不超过 $500m^2$ 的防火分区。

（二）高层民用建筑防火分区

高层建筑火灾隐患多，烟火蔓延快，扑救困难，疏散困难，容易造成重大损失和伤亡事故。因此，高层建筑防火分区面积要小些（表3-5）。

高层建筑防火分区最大允许建筑面积 表3-5

建筑类别		每防火分区建筑面积(m²)	有自动灭火系统的建筑面积(m²)
一类建筑	一般建筑	1000	2000
	电信楼	1500	3000
二类建筑		1500	3000
地下室		500	1000
高层建筑内的营业厅、展厅	地面		4000
	地下		2000

其他国家建筑防火分区见表3-6所列。

防火分区面积及长度规定 表3-6

	层数或高度要求	防火墙之间的最大长度(m)	防火分区的最大面积(m²)	备注
法国 内务部 1967.11.15 （第 67~1063）号法令	居住建筑高于50m，其他建筑高于28m	75	2500	此面积可分为二层或三层
德国 （高层住宅设计规范）	最高层地面高度22m以上	30m， 其他建筑40m		防火墙应符合 DIN4102 标准（砖墙至少 24cm，混凝土至少15cm）
苏联 《10 层以上居住建筑设计防火要求暂行规范》 （CN295-85）	不超过 16 层（50m 以下）			地下室应按单元划分
	16 层以上的非单元式住宅		500	
日本 《建筑基本法》	11 层以上部分		100	耐火构造楼板、墙并装甲种防火门
			200	顶棚及墙面（地面以上 1.2m起）的面层和底层为准不燃材料并装甲种防火门
			500	顶棚及墙面（地面以上 1.2m起）的面层和底层为准不燃材料并装甲种防火门
			200 400 1000	以上三种情况没有自动灭火及报警设备时
	10 层以下部分		1500	耐火构造楼板、墙并装甲种防火门
			3000	上述情况中没有自动灭火及报警设备时

（三）防火分隔物

对于水平方向防火分区所用的防火分隔物有：防火墙、防火隔墙、防火门、防火卷帘等。有时根据防火需要也辅以其他防火措施或加做防火带（主要用于厂房、仓库）等。

对于垂直方向防火分区，则用 1～1.5h 耐火极限的楼板、窗间墙、窗下墙（上下窗之间的距离不小于 1.2m），将上下楼层完全隔开。

分隔物应耐火极限高，能隔绝火势、热气流。防火墙等须相对有独立性、稳定性以便充分发挥作用。

第二节　建筑防火、灭火基本原理

为了保障生命财产安全及城市建设顺利进行，在建筑设计时应切实贯彻"以防为主，防消结合"的消防工作方针，结合实际情况，积极采用先进的防火技术，消除和减少起火因素，一旦起火，能够及时有效地进行扑救，将火灾损失减少到最低限度。图 3-1 是为了研究建筑物的安全系统而绘制的流程图。

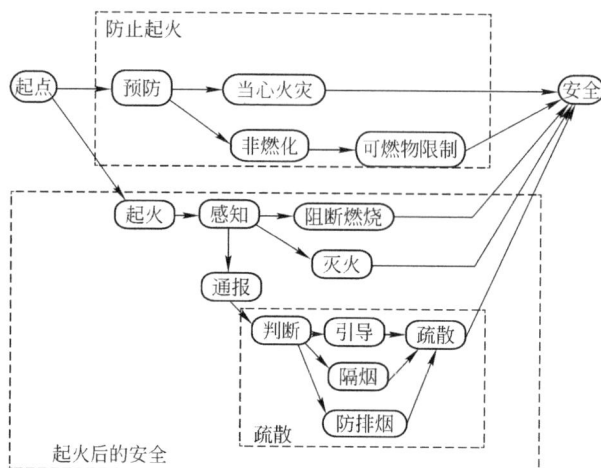

图 3-1　防火防烟安全流程图

一、防火

在进行建筑的方案设计时，应同时考虑各方面的防火要求，如建筑物与其他建筑保持必要的防火间距，增强建筑结构，提高装饰的耐火能力，尽量控制可燃物的数量，合理划分防火分区，分隔起火危险大的部位，制订详细的防火管理计划及严格进行防火监督等等。

当然，仅由设计者对建筑本身进行防火设计还不能满足要求，为保证防火设计得到真正实施，还必须有一个全面的防火计划，其中包括规划、设计、审核、施工、验收、使用、管理及维修等多个环节。规划部门在考虑城市总体布局时，应从城市的功能分区、景观、交通、绿化以及防灾等角度出发，对高层建筑的布点进行统一安排，使其一开始就立足于不受火灾威胁的安全之地。防火设计是最重要的环节，应由专人根据规范切实考虑完整的防火设计计划，再分别由各工种进行具体的设计。

消防审核也十分重要，它是公安消防监督机构职权范围内的一项重要日常业务。由于他们掌握各种建筑规范、技术标准以及消防安全管理的有关规定，且熟悉城市的规划布局，因此能够保证各种新建、扩建、改建的工程项目都符合防火规范的规定。此外，通过防火审核，还可以为设计和建设单位提供各种设计依据；在选址和周围环境方面，又可以从防火安全角度考虑，提出合理的方案，在总体布置上，也能防止建筑物与相邻部分相互间的不利影响，有助于发现设计上尚未考虑到的不安全因素，帮助解决设计上存在的问题，尽可能把火险隐患消除在设计阶段。

施工单位必须严格按照设计图纸，对有关防火的各方面认真地组织施工，如因材料、设备等原因而变更防火设计时，应与建设单位、设计单位及消防部门等共同研究协商解决，高层建筑竣工验收时，必须同时进行消防验收。其防火门窗、排烟设备、报警灭火装置等设施的安装，以及某些竖向井道的分层填塞，墙体和楼板上施工孔洞的封堵等，都必须符合设计和规范的要求，检验不合格的工程不得交付使用。

对于交付使用后的建筑物，要定期进行防火检查，加强管理，这是防火设计能否真正实现的重要组成部分。

从使用来看，如果缺乏防火意识，则可能使防火设计流于形式。如对于经常推开楼梯间弹簧门感到不便，擅自用挂钩或楔子使门常开，那么当火灾发生时将因无人关闭而导致烟火袭入，使楼梯间无法疏散。又如平时利用楼梯或电梯间前室堆放杂物，则将造成紧急时人员不能在前室暂时避难。再如，有人缺乏消防知识而对某些消防设备好奇乱动，造成不应有的损坏，使其在火灾时失灵。

再从管理来看，若因专用的疏散通道不能及时启用，那么在火灾发生时将有可能失去逃生的机会。如1994年新疆克拉玛伊友谊馆火灾，起火时，7个门中只有一个开着，其余均被锁上，有的还加有防盗门，而管钥匙的人却在这之前离开了，结果使得在里面开会的学生、老师死亡325人。

就维修方面而言，它应与良好的管理相配合，对各种消防设施定期进行维护。如自动报警、自动灭火，防烟排烟设备及有关消防的联动装置等，因平时不用或人为因素有可能损坏，或锈蚀，就需要维修或更换，使之保持最佳戒备状态。如果维修房屋时在防火墙、楼板及楼梯间隔墙等处开凿洞孔后，必须及时进行封填，否则将人为地造成烟火蔓延的通路。此外还应对建筑的避雷装置、可燃气管道及各种电气设备等定期检查，使其保持完好无损。需要注意的是，由于维修常要动用明火作业，如电焊产生电火花等，由此而引起的火灾，国内外实例相当多。所以维修期间也要注意防火。

二、灭火

建筑设计时，除了按要求进行防火设计外，还应考虑失火时的灭火措施。通常，采取两方面的措施：一是能够有步骤地紧急疏散，主要包括划分阻止烟、火扩散的防烟防火分区，布置保证安全的疏散设施，以及配备防烟、排烟系统，探测火灾报警系统；二是进行初期灭火与正规灭火，主要包括启用各种自动灭火设备(如水、二氧化碳、泡沫自动灭火设备等)或由人员操纵的各种灭火器，利用室内消火栓，以及专门消防队灭火。当火灾一旦发生时，绝大多数情况下是不会很快自行熄灭的，必须依赖可靠的消防设备和灭火设施才能将其扑灭，从而保障楼内人员和建筑物的安全。

由于物质燃烧应同时具备三个条件，即要有可燃物、助燃物、着火源。假若不使三者同时具备并相互结合，就可以防止起火；一旦起火后设法破坏其中任一条件，火也就会熄灭。通常采取的灭火基本方法有以下几种：

（一）隔离法

将着火附近的可燃物隔离或移开，燃烧便会逐渐熄灭。常采用的方法有：

1）移走火源外未燃的可燃物、爆炸物；

2）拆除与燃烧建筑毗邻的建筑物；

3）关闭可燃气管总阀；

4）阻截流溢的可燃液体。

（二）冷却（降温）法

将灭火剂喷射于燃烧物上，通过吸热使其温度降低到燃点以下，火就会熄灭。当灭火剂作用于火源附近的可燃物时，还能起到保护作用而避免产生蔓延。这里所说的灭火剂常用的是水和二氧化碳。由于水价格低廉，取用方便，适用面较广且较有效，所以为世界各地广泛使用。

（三）窒息法

阻止空气流入燃烧区域，或用不燃物质隔绝、冲淡空气，即可使燃烧因缺氧而熄灭。常采用的方法有：

1）阻止用难燃、不燃物（如石棉物、浸水棉被覆盖燃烧物）；

2）密闭起火部位；

3）用灭火剂（如泡沫或二氧化碳）覆盖燃烧区；

4）用蒸汽、惰性气体充斥燃烧区。

（四）化学抑制法

这是使灭火剂参与燃烧过程，起到中断燃烧化学连锁反应，从而熄灭火势。常用的灭火剂有卤代烷：二氟一氯一溴甲烷（CF_2ClBr，简称 1211），三氟一溴甲烷（CF_3Br，简称 1301），以及干粉（小苏打）等。

第三节　建筑消防设施

建筑消防设施指建（构）筑物内设置的火灾自动报警系统、自动喷水灭火系统、消火栓系统等用于防范和扑救建（构）筑物火灾的设备设施的总称。常用的有火灾自动报警系统、自动喷水灭火系统、消火栓系统、气体灭火系统、泡沫灭火系统、干粉灭火系统、防烟排烟系统等。它是保证建筑物消防安全和人员疏散安全的重要设施，是现代建筑的重要组成部分。

按火灾的发展进程，建筑物的灭火分初期灭火和正规灭火两个部分。初期灭火是在火灾初起时，消防队未赶到之时，依靠建筑物的灭火设施进行灭火。正规灭火即是消防队赶到之后的灭火。初期灭火主要依赖于各种自动灭火设备（水、二氧化碳、泡沫自动灭火器）或人员操纵的各种灭火器及利用室内消火栓灭火。

一、消防给水设施

（一）消防给水设计原则

1）多层或低层建筑以外救为主，高层建筑应立足于室内消防给水设施自救。多层建筑消防车可直接扑救,高层建筑普通消防车不能直接灭火。

2)以水为主。水具有使用方便、灭火效果好、价格便宜、器材简单等优点。

3)以消火栓为主。消火栓工程造价低,节省投资,适合我国国情。

(二)消防给水水源

高层建筑消防给水水源按表3-7选用。

高层建筑消防给水水源 表3-7

序号	消防给水水源	选用条件	技术要求
1	给水管网	室外有生活、生产或消防给水管网,并能供给消防用水,一般情况下应优先采用	1. 室外消防给水管道为环状; 2. 进水管不宜少于两条,并宜从两条不同方向的市政给水管引入
2	消防水池	1. 市政给水管道和进水管或天然水源不能满足消防用水量; 2. 市政给水管道为枝状或只有一条进水管(二类建筑的住宅除外); 3. 建筑高度超过100m的超高层建筑; 4. 生活、生产和消防用水量达到最大时,室外低压消防给水管道的水压达不到100mH₂O; 5. 不允许消防水泵从室外给水管网直接吸水	1. 有足够的有效容积; 2. 便于消防车和消防水泵吸水; 3. 有确保消防用水量不被它用的技术措施; 4. 寒冷地区应有防冻措施
3	天然水源	1. 天然水源丰富; 2. 与建筑物距离较近	1. 确保枯水期最低水位时消防用水量; 2. 取水方便,在最低水位时能吸上水; 3. 水中不含易燃、可燃液体; 4. 悬浮物杂质不应堵塞喷头孔口; 5. 寒冷地区应有可靠防冻措施; 6. 取水设施有相应保护设施

(三)室外消防给水系统

1. 室外消防给水管网

室外消防管网按水压的情况分为高压管网、临时高压管网和低压管网。高压管网中经常保持足够的压力,火场上不需要使用消防车或其他移动式水泵加压,可直接由消火栓接出水带、水枪灭火。临时高压管网中平时水压不高,在泵站内设置高压消防泵,火灾时当泵开动后,管网内的压力即达到高压管网的要求。低压管网内平时水压较低,火场上水枪需要的压力由消防车或其他移动式消防泵取得。

2. 室外消火栓

室外消火栓是设置在建筑物外面消防给水管网上的供水设施,主要供消防车从市政给水管网或室外消防给水管网取水实施灭火,也可以直接连接水带、水枪出水灭火。所以,室外消火栓系统也是扑救火灾的重要消防设施之一。

室外消火栓根据其设置方式分为地上式和地下式两种。地上式大部分都露出地面,地下式则应埋置地下。消火栓应沿街道及消防车道设置,并应尽量靠近十字路口。

室外地上消火栓适用于气温较高地区,并有市政供水设施(自来水)的地方。安装在室外消防给水管网上,供消防车或消防泵取水扑救火灾;如城市管网中有高压水源的地区,可直接连接水带进行灭火。室外消火栓形式如图3-2和图3-3所示。

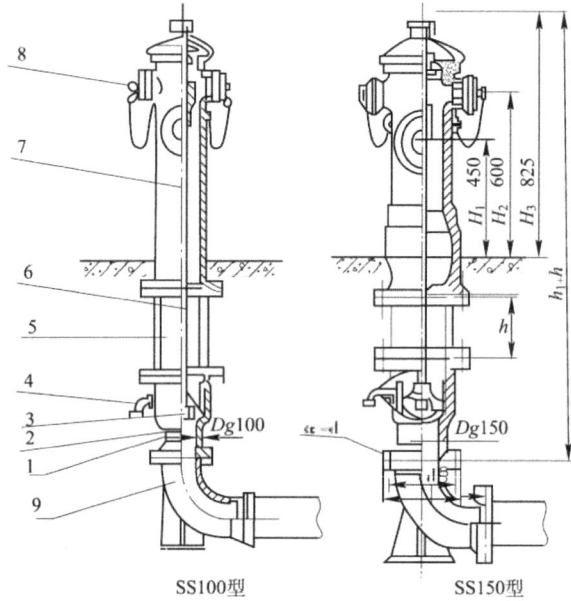

图 3-2　地上式室外消火栓

1—阀体；2—阀座；3—阀瓣；4—排水阀；5—法兰接管；6—阀杆；7—本体；8—KWS65 型接口；9—进水弯管

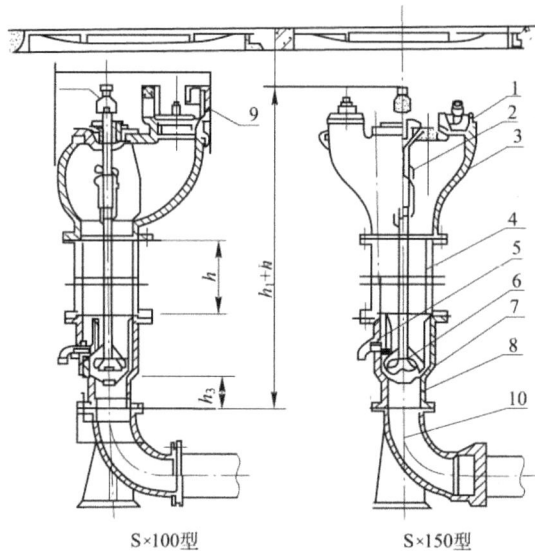

图 3-3　地下式室外消火栓

1—KWS65 型接口；2—阀杆；3—本体；4—法兰接管；5—排水阀；6—阀瓣；
7—阀座；8—阀体；9—边接器座；10—进水弯管

　　地下消火栓是一种室外地下消防供水设施，用于向消防车供水或直接与水带、水枪连接进行灭火。安装于地下，不影响市容、交通，不易冻结、损坏，适用于北方寒冷地区。但是，不便寻找，特别是雪天、雨天和夜间，故附近应设明显标志。

　　室外消火栓根据压力大小分为低压消火栓和高压消火栓。

　　1）低压消火栓：设在室外低压给水系统上，供应火场消防车用水，保护半径 150m，布置间距不超过 120m。

2）高压消火栓：设在高压或临时高压给水系统管网上，直接接水带水枪，保护半径 100m，间距 60m。

3. 消防水池

当室外消防给水管网不能满足消防用水要求时，应设置消防水池。其容量须满足火灾延续时间内消防用水量的要求。当消防用水与生产、生活用水合并储存时，应将其他用水的吸水口设在消防用水的水面以上，或分隔开来，如图 3-4 所示。消防水池周围须设消防车道，并与建筑物相连。

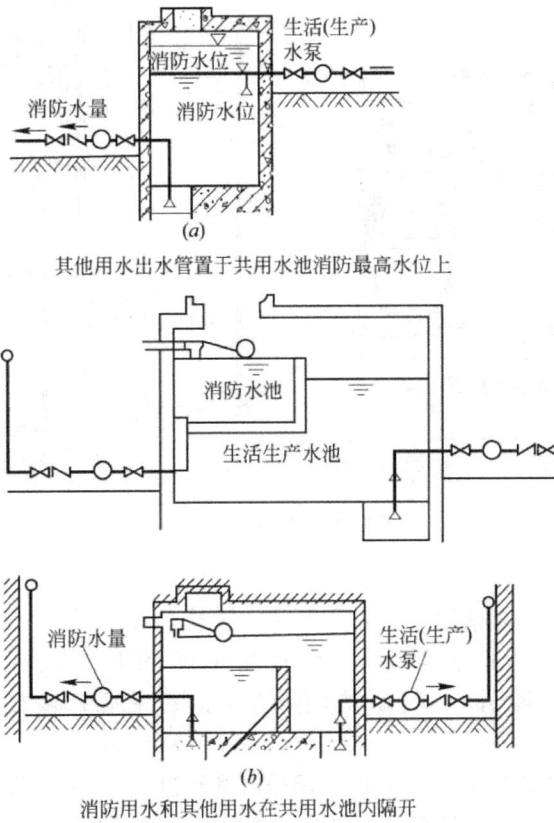

其他用水出水管置于共用水池消防最高水位上

(b)

消防用水和其他用水在共用水池内隔开

图 3-4　消防水池

也可将建筑物室外庭院内的水池或建筑附设的室外游泳池及附近的湖泊、河流兼作消防水池，当然必须满足最低水位时仍能满足消防用水量。

（四）室内消防给水系统

1. 室内消防给水管道

对于多层建筑，消防用水与其他用水合并的室内管道，当其他用水达到最大流量时，应仍能供给全部消防用水量。室内消火栓超过 10 个时，消防给水管宜布置成环状。

对于高层建筑，室内消防给水系统应与生产、生活给水系统分开独立设置。室内消防给水管道应布置成环状，管网的进水管不应少于两根，当其中一根发生故障时，其余进水管应能保证消防用水量和水压的要求。

33

2. 室内消火栓

建筑室内消火栓给水系统是把室外给水系统提供的水通过管道系统直接或经加压（外网压力不能满足需要时）输送到建筑物内，用于扑救火灾而设置的固定灭火设备（图3-5）。是建筑物中最基本的灭火设施之一。因此，该系统的设计与审核是建筑消防设计与审核工作中不可缺少的一项重要内容。下列建筑（或部位）应设室内消火栓给水系统：

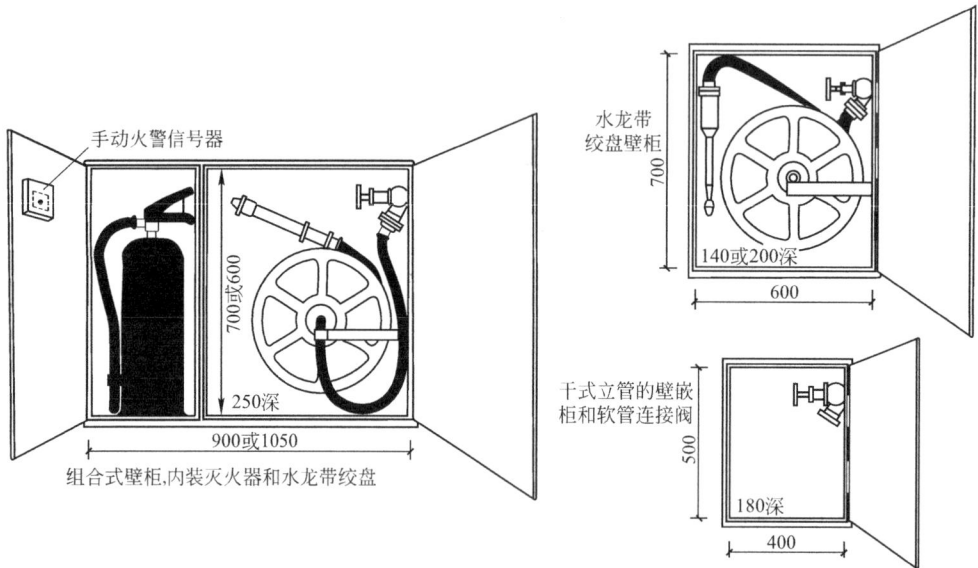

图3-5　室内消火栓

1）高层民用建筑；

2）厂房、库房（耐火等级为一、二级且可燃物较少的丁、戊类单、多层厂（库）房，耐火等级为三、四级且建筑面积不超过3000m² 的丁、戊类厂房和建筑面积不超过5000m² 的戊类厂房除外）、科研楼（存有与水接触能引起燃烧爆炸物品的房间除外）；

3）超过800个座位的剧院、电影院、俱乐部和超过1200个座位的礼堂、体育馆；

4）建筑体积超过5000m³ 的车站、码头、机场建筑物以及展览馆、商店、病房楼、门诊楼、图书馆、书库等公共建筑；

5）超过7层的单元式住宅，超过6层的塔式住宅、通廊式住宅，以及底层设有商业网点的单元式住宅；

6）超过5层或体积超过10000m³ 的教学楼等其他民用建筑（室内没有生产、生活管道，室外消防用水取自蓄水池且体积不超过5000m³ 的建筑除外）；

7）国家级文物保护单位的重点砖木或木结构的古建筑；

8）建筑面积超过300m² 的人防工程以及人防工程中的电影院、礼堂、消防电梯间前室、避难走道；

9）汽车库、修车库（耐火等级为一、二级且停车数不超过5辆的汽车库和Ⅳ类修车库除外）。车库防火分类见表3-8所列。

车库的防火分类 表3-8

类别 名称	Ⅰ	Ⅱ	Ⅲ	Ⅳ
停车库	>200辆	101~200辆	26~100辆	≤25辆
修车库	>15车位	6~15车位	3~5车位	≤2车位
停车场	>300辆	201~300辆	101~200辆	≤100辆

室内消火栓间距见表3-9所列。

各类建筑室内消火栓最大间距 表3-9

建筑类别		消火栓间距（m）
工业建筑	高层工业建筑，高架库房，甲、乙类厂房	≤30
	其他工业建筑	≤50
民用建筑	高层民用建筑	≤30
	高层建筑裙房及其他单层、多层民用建筑	≤50
人防工程	当保证同层相邻有2支水枪的充实水柱同时到达被保护对象范围内的任何部位时	≤30
	当保证有1支水枪的充实水柱到达室内任何部位时	≤50
汽车库、修车库	高层汽车库、地下汽车库	≤30
	其他汽车库、修车库	≤50

二、自动喷水灭火系统

自动喷水灭火系统是我国当前最常用的自动灭火设施，在公众集聚场所的建筑中设置数量很大，自动喷洒灭火系统对在无人情况下初期火灾的扑救，非常有效，极大地提升建筑物的安全性能。如：2000年7月2日凌晨，上海浦东国际机刚于6月份通过消防验收的7层高的某业务楼，6层一间40m²的办公室由于电气设备故障引起燃烧，火灾自动报警系统5时20分发出火灾报警信号，5昌24分时2个喷头开启即把火扑灭，2000年8月26日，上海浦东一建筑面积14万多平方米，高达99m的大型综合楼。下午15时15分火灾自动报警系统接到火灾信号，该综合楼8层小绍兴饭店厨房间，因操作工离岗，油锅熬油过热引起燃烧，且油锅油量较大，起火时浓烟滚滚，人员根本无法进入火灾现场。15时17分自动喷水灭火系统启动，5只喷头开启后火灾迅速被扑灭。可见自动喷水灭火装置灭火效果相当显著。自动喷水灭火设备的灭火成功率高达98%，我国规范明确规定了在某些高层建筑中应设自动喷水灭火系统。

（一）自动喷水灭火系统的主要组成

1. 洒水喷头

洒水喷头是整个系统中的重要部分，它担负着探测火灾、启动系统和喷水灭火的任务，它是系统中的关键组件。洒水喷头有多种不同形式的分类。

1) 按有无释放机构分为开放型和封闭型两大类。开放型平时处于开启状态，管网始终充水，火灾时控制阀由自动报警设备、闭式喷水头等联动而打开，水便流入管网内。它多用于外墙窗洞口、防火分区洞口、舞台出口、中庭空间四周及封闭电梯门洞口等的保护。封闭型平时封闭，其启动由感温部件控制。常用玻璃球阀式，动作温度分 8 个等级，以玻璃球中液体的不同颜色为标志。一般房间常采用 68℃ 级喷水头，每个喷头的保护面积为 10m² 左右。它主要用于厅堂、房间、走道、车库、可燃品库房等部位，也是主要采用的类型。还有易燃合金式喷水头，如图 3-6 所示。

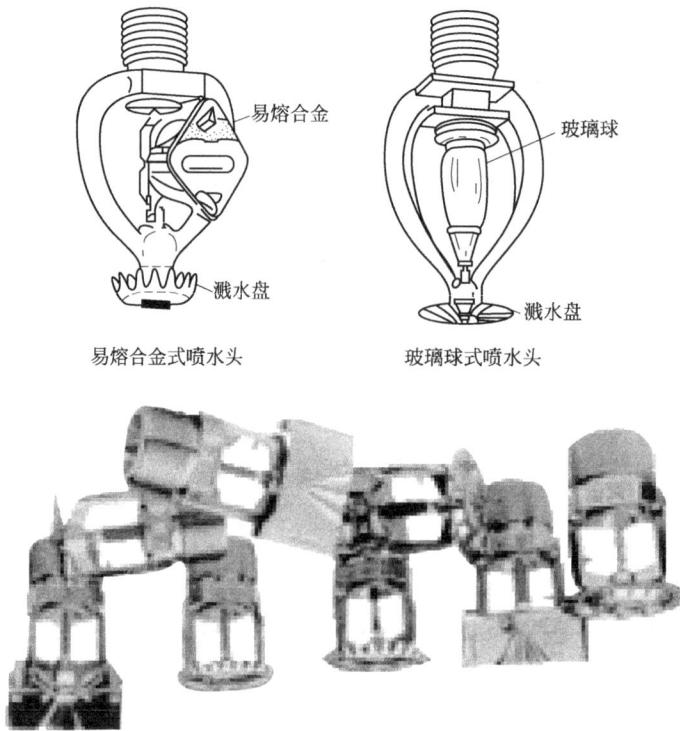

易熔合金式喷水头   玻璃球式喷水头

图 3-6　玻璃式喷水头

2）按喷头流量系数分类，包括 $K=55$、80、115 等，其中 $K=80$ 的称为标准喷头。

3）按安装方式分类，有下垂型、直立型、普通型和边墙型喷头。

2. 报警阀

报警阀是自动喷水灭火系统中接通或切断水源，并启动报警器的装置。在自动喷水灭火系统中，报警阀是至关重要的组件，其作用有三：接通或切断水源，输出报警信号和防止水流倒回供水源以及通过报警阀可对系统的供水装置和报警装置进行检验。报警阀根据系统的不同分为湿式报警阀、干式报警阀和雨淋阀。报警阀的公称通径一般为 50mm、65mm、80mm、100mm、125mm、150mm、200mm 七种。

1）湿式报警阀用于湿式喷水灭火系统。它的主要功能是：当喷头开启时，湿式阀能自动打开，水流入水力警铃，使其发出报警信号。湿式阀按其结构形式有三种：座圈型湿式阀、导阀型湿式阀、蝶阀型湿式阀。

2）干式报警阀用于干式报警系统。报警阀将闸门分成两部分，出口侧与系统管路和喷头相连，内充压缩空气，进口侧与水源相连。干式报警阀利用两侧气压和水压作用在阀上的力矩差控制阀的封闭和开启，一般可分为差动型干式报警阀和封闭型干式报警阀两种。

3）雨淋阀用于雨淋喷水灭火系统、预作用喷水系统，水幕系统和水喷雾灭火系统。这种阀的进口侧与水源相连，出口侧与系统管路和喷头相连，一般为空管，仅在预作用系统中充气。雨淋阀的开启由各种火灾探测器装置控制。雨淋阀主要有双圆盘型、隔膜型、杠杆型、活塞型和感温型等几种。

3. 监测器

监测器用来对系统的工作状态进行监测并以电信号方式向报警控制器传送状态信息。主要包括水流指示器、阀门限位器、压力监测器、气压保持器和水位监测器等。

1）水流指示器可将水流的信号转换为电信号，安装在配水干管或配水管始端。其作用在于当失火时喷头开启喷水或者管道发生泄漏故障时，有水流过装有水流指示器的管道，则将输出的信号送至报警控制器或控制中心以显示喷头喷水的区域和楼层，起辅助报警作用。

2）阀门限位器是一种行程开关也称信号阀，通常配置在干管的总控制闸阀上和通径大的支管闸阀上，用于监测闸阀的开启状态，一旦发生部分或全部关闭时，即向系统的报警控制器发出报警信号。

3）压力监测器是一种工作点在一定范围内可以调节的压力开关，在自动喷水灭火系统中常用作稳压泵的自动开关控制器件。

4. 报警器

报警器是用来发出声响报警信号的装置，包括水力警铃和压力开关。

1）水力警铃是通过水流的冲击发出声响的报警装置。其特点为结构简单、耐用可靠、灵敏度高、维护工作量小，是自动喷水各个系统中不可缺少的部件。

2）压力开关是一种靠水压或气压驱动的电气开关，通常与水力警铃一起安装使用。压力开关利用水力闭合弱电路实现报警。当报警阀的阀打开，压力水经管道首先进入延时器后再流入压力开关内腔，推动膜片向上移动，顶柱也同时上升，将下弹簧板顶起，触点接触闭合，接通电路，发出电信号输入报警控制箱，发出报警信号，从而启动消防泵。

5. 压力水源

压力水源可采用水泵或压力水箱。水泵应采用自动启动装置，当喷水灭火时，水泵即启动向管网供水。压力水箱既可与室内消火栓合用，也可分开设置。

（二）水幕系统

水幕消防给水系统是将水洒成幕帘状，用以冷却简易防火分隔物，阻止建筑物受到邻近火灾的侵袭或阻挡内部火势的蔓延，以提高其耐火性能或阻止火焰穿过开口部位，直接作防火分隔的一种自动喷水消防系统。水幕主要用来保护疏散出入口，如防火分区门洞口及外墙上的窗口、洞口，观众厅舞台的上方，封闭电梯厅门洞口，消防电梯及疏散楼梯间前室入口等处。

1. 水幕系统类型

水幕系统由开式洒水喷头或水幕喷头、雨淋报警控制阀组或感温雨淋阀，以及水流报警装置（水流指示计或压力开关）等组成。水幕系统在工程中有防火分隔水幕、防护冷却水幕两种应用形式。

1）防护冷却水幕系统：防护冷却水幕系统主要起冷却保护作用，一般是通过喷水冷却简易防火分隔物（如防火门和防火卷帘），延长这些防火分隔物的耐火极限。

2）防火分隔水幕系统：应设而无法设置防火分隔物的部位（例如剧院的舞台口、超过防火分区限定面积的百货楼营业厅、展览楼展览厅等），可在该部位设置防火分隔水幕系统，用来对较大空间进行防火分隔，以阻止火势蔓延扩大，起着防火墙的作用。

2. 水幕系统设备

水幕设备由水幕喷头、管网及控制阀组成。

1）喷头

喷头可分为两种：一种用来保护垂直面或倾斜面（如墙、门、窗及坡屋面），称为窗口水幕喷头；另一种用来保护上方的平面（如屋檐、吊顶），称之为檐口水幕喷头。两种喷头的区别主要表现为溅水盘形式不同，常用于保护具有较大面积的部位及高层建筑之中（图 3-7）。

图 3-7　水幕设备喷头

2）管网

水幕设备的管网平时不充水，火灾时控制阀打开后水才流入管网内。其管网可采用枝状管网（中央立管式），也可采用环状管网（两边立管式。）

3）控制阀

水幕设备一般采用人工控制。在无人看守或火势蔓延迅速的部位应设自动控制装置，例如与自动报警器、易熔合金装置或封闭型自动喷水头等联动。同时，即使设有自动装置，也要采取人工控制阀作为备用。

需要指出的是，水幕本身的阻火能力并不强，由于热辐射甚至火焰均可能穿过水幕，处于其后的被保护物仍要受高温和火焰的影响，只有在它受水淋湿冷却后才能比较安全。如将防火门窗或防火卷帘与水幕配合，则阻火性能才可得到进一步提高。

三、其他灭火剂及适用范围

1）泡沫灭火剂：适用于扑灭油类火灾。可用在厨房、油类库房、汽车库及飞机库等处。

2）二氧化碳灭火剂：适用于扑救贵重仪器和设备的火灾。可以设在有电器、精密储备器和价值较高的设备等处使用，也可用于图书馆和档案馆中。

3）四氯化碳灭火剂：可在通风良好的地点用于扑灭电气火灾，也可以扑救贵重物品和精密仪器的初期火灾。

4）干粉灭火剂：适用于扑救石油、石油产品、油漆、有机溶剂和电气设备的火灾。

5）卤代烷灭火剂：适用于扑救油类、电气设备、精密仪器、天然气、内燃机等的火灾。多用在飞机、轮船、坦克和内燃机车中以及电子计算机房及高层建筑的某些部位。

6）烟雾灭火剂：由发烟火药改制成，85％以上是二氧化碳、氮气惰性气体。

7）蒸汽灭火剂：喷射蒸汽后过一段时间冷凝成水。

在不同部位适用的灭火剂种类见表 3-10 所列。

各部位适用的灭火剂种类	表 3-10
施用部位	适用的灭火剂种类
汽车修理车间及建筑内的车库等	干粉、泡沫、二氧化碳、卤代烷
发电机、变压器室	二氧化碳、干粉、卤代烷
化学原料、木材、纸张库	泡沫、二氧化碳、卤代烷
通信设备控制室	二氧化碳、干粉、卤代烷
贵重物品和遇水造成损失的物品库、电子计算机房	二氧化碳、卤代烷

以上各种灭火剂用于建筑物中，可以采用由人操作的灭火机，也可以在某些部位设置固定的灭火装置。

第四节　建筑安全疏散

建筑物一旦起火成灾后，则将造成严重的生命财产损失。此时应采取的措施，一是有计划地组织安全疏散，二是进行灭火和排烟。其中安全疏散是保证生命安全的有效途径。因此，建筑设计时应按规范要求进行安全疏散设计。

一、安全疏散设计的原则

进行安全疏散设计时应遵照下列原则：

1) 疏散路线要简捷明了，便于寻找、辨别。考虑到紧急疏散时人们缺乏思考疏散方法的能力和时间紧迫，所以疏散路线要简捷，易于辨认，并须设置简明易懂、醒目易见的疏散指示标志。

2) 疏散路线设计要做到步步安全。

3) 疏散路线设计要符合人们的习惯要求。人们在紧急情况下，习惯走平常熟悉的路线，因此在布置疏散出口、楼梯间位置时，将其靠近方便使用的位置，使经常使用的路线与火灾时紧急使用的路线有机地结合起来，这样有利于迅速而安全地疏散人员。此外，要利用明显的标志引导人们走向安全的疏散路线。

4) 尽量不使疏散路线和扑救路线相交叉，避免相互干扰。疏散楼梯不宜与消防电梯共用一个前室，因为两者共用前室时，会造成疏散人员和扑救人员相撞，妨碍安全疏散和扑救。

5) 疏散走道不要布置成不甚畅通的"S"形或"U"形，也不要变化宽度和高度，走道上方不能有妨碍安全疏散的突出物，下面不能有突然改变地面标高的踏步。

6) 在建筑物中任何部位最好同时有两个或两个以上的疏散方向可供疏散。避免把疏散走道布置成袋形，因为袋形走道的致命弱点是只有一个疏散方向，火灾时一旦出口被烟火堵住，其走道内的人员就很难安全脱险。

7) 合理设置各种安全疏散设施，做好构造设计。如疏散楼梯，要确定好其数量、布置位置、形式等。楼梯的防火分隔、楼梯宽度以及其他构造都要满足规范的有关要求，确保其在建筑发生火灾时充分发挥作用，保证人员疏散安全。

建筑物内人员按安全疏散路线一般要经历四个阶段：第一阶段是从着火房间内到房间门，第二阶段是公共走道中的疏散，第三阶段是在楼梯间内的疏散，第四阶段为出楼梯间到室外等安全区域的疏散。这四个阶段必须是步步走向安全，以保证不出现"逆流"。疏散路线的尽端必须是安全区域。

安全疏散设施包括安全出口、事故照明以及防烟、排烟设施等。安全出口主要有封闭楼梯间、防烟楼梯间、消防电梯、疏散门、疏散走道、室外避难楼梯、避难间、避难层等，还有用于救生的避难袋、救生绳、救生梯、缓降器、救生网、救生垫、升降机等。事故照明包括避难口、疏散口指示灯，疏散走道、楼梯间、观众厅指示灯等。防排烟设施主要是指通风口、排烟口等。

二、低层、多层建筑的安全疏散

（一）安全出口

安全出口是指符合规范规定的房间连通疏散走道或过厅的门。为了在发生火灾时能够迅速安全地疏散人员和搬出贵重物资，减少火灾损失，在设计建筑物时必须设计足够数目的安全出口。安全出口应分散布置，且易于寻找，并设明显标志。

1）公共建筑、通廊式住宅至少2个安全出口。

2）单层公共建筑，面积不超过200m²，人数不超过50人时，可设一个直通室外的安全出口。

3）一般房间面积不超过60m²，人数不超过50人时，可设一个门。

4）走道尽端房间（托幼建筑除外）最远到门的直线距离不超过14m，人数不超过80人时，设一个宽度不小于1.4m的外开门。

5）影剧院、礼堂不少于2个安全出口，每出口不超过250人。当超过2000人时，超过的部分按每个安全出口平均疏散人数400~700人增加出口。

6）体育馆观众厅不少于2个安全出口，每出口平均疏散不超过400~700人。设计时规模较小的观众厅按下限值，规模较大的观众厅宜接近上限值。

7）地下室每个防火分区不少于2个安全出口，但面积不超过50m²、人数不超过10人，可设1个。当有2个以上防火分区时，每分区可利用防火墙上通向另一分区的门作为第二出口，但须有一个直通室外。当不超过500m²，人数不超过30人，垂直金属梯可作为第二出口。

（二）疏散楼梯

1）对于低层建筑（医疗、托幼建筑除外）符合表3-11可设一个疏散楼梯。

设置一个疏散楼梯的条件   表3-11

耐火等级	层数	每层最大建筑面积（m²）	人数
一、二级	二、三层	400	二、三层总人数不超过100人
三级	二、三层	200	二、三层总人数不超过50人
四级	二层	200	第2层人数不超过30人

2）高度不超过9层，每层不超过6户，建筑面积不超过400m²的塔式住宅，可设一座楼梯。

3）高度不超过9层，建筑面积不超过300m²，每层不超过30人的单元式宿舍，可设一座楼梯。

4）一、二级耐火等级的公共建筑，如顶层局部升高不超过2层，每层不超过200m²，人数不超过 50 人时，设一座楼梯，但应另设一直通平屋顶的出口。

5）公共建筑疏散楼梯宜设楼梯间。

6）医院病房楼、有空调的多层旅馆、多于 5 层的公共建筑，室内疏散楼梯应设封闭楼梯。

7）超过 6 层的单元式住宅、宿舍，各单元楼梯间通至平屋顶。入户门为乙级防火门时，可不通至屋顶。

8）超过 6 层的塔式住宅应设封闭楼梯间，如入户门为乙级防火门，可不设封闭楼梯间。

（三）安全疏散距离

民用建筑的安全疏散距离应符合下列要求：

1）直接通向公共走道的房间门至最近的外部出口或封闭楼梯间的距离，应符合表 3-12 及图 3-8 的要求。

安全疏散距离　　　　　　　　　　　　　　　　表 3-12

名称	房门至外部出口或封闭楼梯间的最大距离(m)					
	位于两个外出口或楼梯间之间的房间(L_1)			位于袋形走道两侧尽端的房间(L_2)		
	耐火等级			耐火等级		
	一、二级	三级	四级	一、二级	三级	四级
托儿所、幼儿园	25	20	—	20	15	—
医院、疗养院	35	30	—	20	15	—
学校	35	30	—	22	20	—
其他民用建筑	40	35	25	22	20	15

注：1. 敞开式外廊建筑的房间门至外部出口或楼梯间的最大距离可按本表增加 5m。

2. 设自动喷火灭火系统的建筑物，其安全疏散距离可按本表增加 25％。

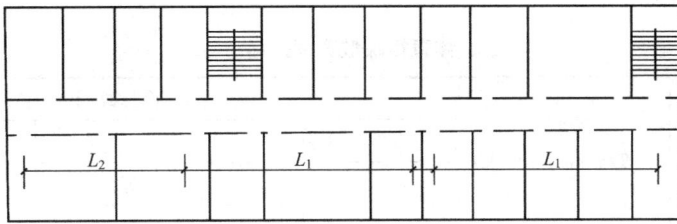

图 3-8　走道长度控制

2）房间门至最近的封闭楼梯间的距离，如房间位于两个楼梯间之间时，应按表 3-12 的要求减少 5m；如房间位于袋形走道两侧或尽端时，应按表 3-12 的要求减少 2m。

3）楼梯间的首层应设置直接对外的出口，当层数不超过 4 层时，可将对外出口设置在离楼梯间不超过 15m 处。

4）不论采用哪种楼梯间，房间内最远一点到门的距离，不应超过表 3-12 的要求。

（四）安全疏散宽度

1）影剧院等人员密集的公共场所过道宽不小于 0.6m/100 人，最小净宽不小于

1.0m，边走道不小于0.8m。每排不超过22个座位，横走道之间不超过20排（图3-9及表3-13）。

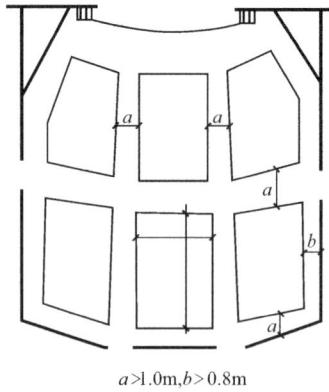

$a>1.0\mathrm{m},b>0.8\mathrm{m}$

图 3-9 观众厅疏散要求

影剧院礼堂等观众厅疏散宽度指标　　　　　　　　表 3-13

疏散部位	宽度指标(m/100人)	观众厅座位数(个)	
		2500	1200
		耐火等级	
		一、二级	三级
门和走道	平坡地面 阶梯地面	0.65 0.75	0.85 1.00
楼梯		0.75	1.00

2）体育馆每排不超过26个座位，当前后排距不超过90cm时，可增至50个/排。仅一侧有过道时，座位减半（表3-14）。

体育馆疏散宽度指标　　　　　　　　表 3-14

疏散部位	宽度指标(m/100人)	观众厅座位数(个)		
		3000～5000	5001～10000	10001～2000
		耐火等级		
		一、二级	三级	四级
门和走道	平坡地面 阶梯地面	0.43 0.50	0.37 0.43	0.32 0.37
楼梯		0.50	1.43	0.37

3）学校、商店、候车室等，底层疏散门、楼梯、走道的各自总宽度的规定见表3-15所列。疏散走道、楼梯最小宽度不小于1.1m。

4）不超过6层的单元式住宅，一边设栏杆的疏散楼梯最小宽度不小于1m。

5）人员集中的公共场所，入场门、太平门不应设门槛，其宽度不小于1.4m。紧靠门1.4m内不设踏步，太平门必须向外开，门宜设自动门闩。室外疏散小巷宽度不小于3m。

楼梯和走道的宽度指标			表 3-15
层数 \ 耐火等级	楼梯和走道的宽度指标(m/100 人)		
	一、二级	三级	四级
一、二层	0.65	0.75	1.00
三层	0.75	1.00	—
四层	1.00	1.25	—

6) 歌舞娱乐放映游艺场所的疏散出口不应少于两个。当其建筑面积不大于 $50m^2$ 时，可设置一个疏散口，疏散口的总宽度应根据通过人数按不小于 1.0m/100 人计算确定。

第五节 防烟、排烟设计

一、烟气的危害

火灾中的烟雾是致人死地的罪魁祸首。火灾的研究表明，真正死于火灾的绝大多数人并非直接因高温烘烤或火烧致死，而是由于大火时产生的烟雾丧命的。美国印第安纳大学的迪隆报告说：不同的"天然"物质如木材、羊毛以及人工生产的塑料和橡胶等在燃烧时主要是微粒碳，像阴燃的木材其含碳量可达 $64\%\sim85\%$，而高分子材料随着焰燃温度的升高，烟雾的含碳量明显增大。现代建筑普遍使用高档装饰材料，尤其是有机高分子材料，一旦遇火灾，很容易产生有毒气体。

（一）烟气的产生

烟气总是伴随物质燃烧而出现。可燃物受火源作用，受热析出可燃气体，同时发生剧烈氧化至燃烧。燃烧产物有水蒸气、气体和固体微粒。通常把可见的烟和不可见气体的混合物统称烟气。

（二）烟气的危害

据统计建筑物火灾由于一氧化碳中毒死亡或被其他有毒烟气熏死者一般占火灾死亡人数的 $40\%\sim50\%$，最高达 80% 以上，而被火烧死的人当中，多数是先中毒窒息晕倒后被烧死。如 1972 年 5 月 13 日，日本大阪 7 层的千日百货大楼火灾死亡 118 人，其中毒烟致死 93 人，占死亡人数的 80%。

1. 各种材料燃烧生成气体的组成

1) 木质材料：大部分是一氧化碳、二氧化碳及少量乙醛、酸。

2) 氯类材料：生成具有灭火性但毒性强的氧化氢、氯气、光气，（$COCl_2$）其他气体极微量。

3) 氮类材料：主要有一氧化碳、二氧化碳、氰化氢、氨气。

4) 氟类材料：主要是有刺激性和腐蚀性的氢氟酸。

5) 硫类材料：硫化氢、二氧化硫。

2. 生成气体的危害性

1) 对人身的危害：有毒气体会引起精神、肌肉活动下降，呼吸困难，窒息目眩，虚脱，意识不清，呼吸中枢麻痹。

2）对疏散的危害：身体伤害，紧张恐惧，看不清物体和疏散方向。

3）对扑救的危害：伤害扑救者，引起火场扩大，更难扑救。

如美国42层的韦斯特威克办公楼，1980年6月23日因20层一私人办公室内烟头阴燃而起火，造成137人死亡，火灾现场竟有125名消防队员被毒烟熏到，损失严重。

二、烟气的扩散

（一）烟气在室内的流动

热烟向上升腾，遇顶棚阻挡向水平运动，渐冷沿墙向下。

（二）烟气在水平方向的扩散

烟气由门窗及其他洞口流向走道、其他房间、楼梯间、电梯间。

水平扩散速度：

1）火灾初期：熏烧阶段为自然扩散 0.1m/s，起火阶段为对流扩散 0.3m/s。

2）火灾中期：高温火灾为对流扩散 0.5～0.8m/s。

3）爆燃瞬间，烟被喷出速度高达每秒数十米。

（三）烟气在垂直方向的扩散

烟气通过楼梯、电梯井及其他竖向管道向上层扩散。

垂直流动速度为：3～5m/s。

三、防烟、排烟设计原理

（一）建筑设计与防烟

1. 划分防烟分区

防烟分区的作用是，建筑物一旦发生火灾后，能及时将高温、有毒的烟气限制在一定的范围内，防止火灾时烟气扩散，以满足人员疏散和消防扑救的需要。每个防烟分区面积不超过 500m² 且不大于防火分区。

2. 对内装修的限制

不采用易发烟的建筑材料作内装修，还应考虑家具、物品的类型、数量、收藏方式，避免和减少烟气的危害。

3. 建筑物内烟气的隔断

1）竖井分区

（1）各种竖向管道井应分别独立设置，井壁应为耐火极限不小于1h的不燃材料，井壁上检查门应为丙级防火门。

（2）高层建筑中楼梯间、电梯间设经常关闭或设烟感器控制的门。

2）设置挡烟设施

（1）挡烟垂壁：阻挡烟气，提高防烟分区排烟口的吸烟效果(图3-10)。

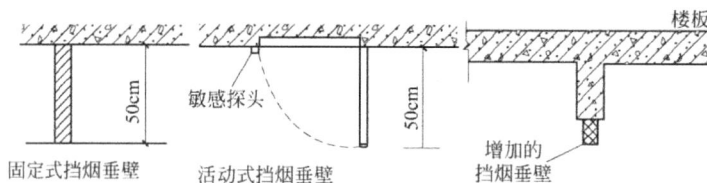

图 3-10 挡烟垂壁示意图

（2）挡烟隔墙：挡烟效果好，用于需要成为安全区域的场所（图 3-11）。

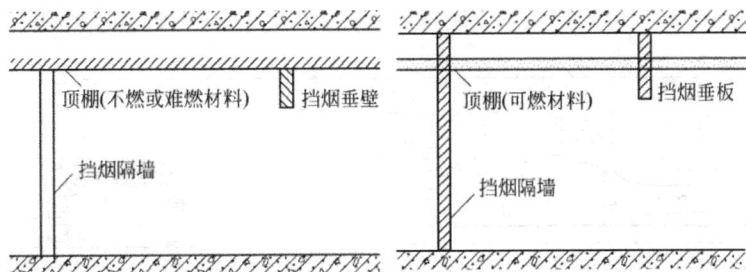

图 3-11　挡烟隔墙

（3）挡烟梁：可利用钢筋混凝土梁或钢梁进行挡烟，高度不小于 500mm。

（二）防烟、排烟设施设置条件

高度超过 24m 的高层建筑及相连的不超过 24m 的裙房设有防烟楼梯、消防电梯的建筑物均应进行防烟排烟设计。

（三）防烟、排烟设施设置部位

1）防烟楼梯间及前室、消防电梯前室或两者合用前室。

2）一类建筑和高度超过 32m 的二类建筑的下列部位：

（1）长度超过 20m 的内走道；

（2）面积超过 100m² 且常有人停留或可燃物较多的房间；

（3）封闭式避难层；

（4）室内中庭。

3）总建筑面积超过 200m² 或一间房间面积超过 100m²，且常有人停留或可燃物较多的地下室房间。

四、防烟、排烟方式

（一）自然排烟

自然排烟是利用火灾时产生的热气流的浮力或室外风的吸力，使空气流动，利用朝外的窗或专用排烟口将充满室内的烟气排除。这种方式不需要复杂装置，并可兼作日常通风，又能避免防火设备的闲置。

1. 自然排烟的原理

1）利用室内外冷热空气的重量差而产生的热压进行排烟（图 3-12）。

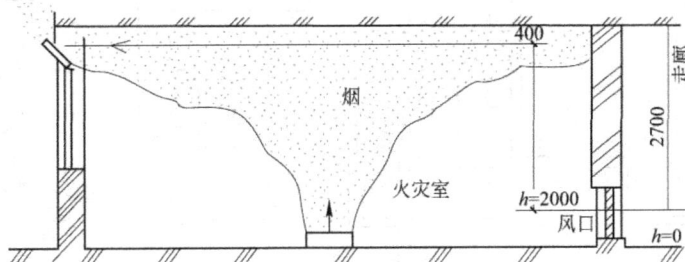

图 3-12　自然排烟

2）利用室外空气流动在不同面上产生的压差（迎风面上压力大于背风面），进行排烟（图 3-13）。

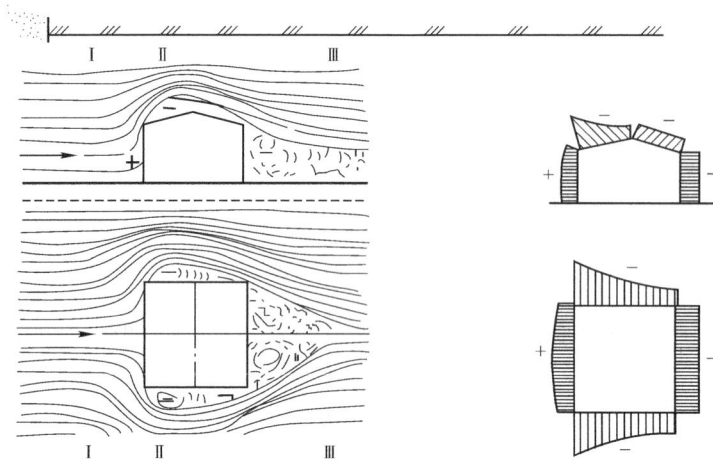

图 3-13　风绕房屋流动状况及风压分布

2. 自然排烟方式

1）利用可开启的外窗自然排烟（图 3-14）。

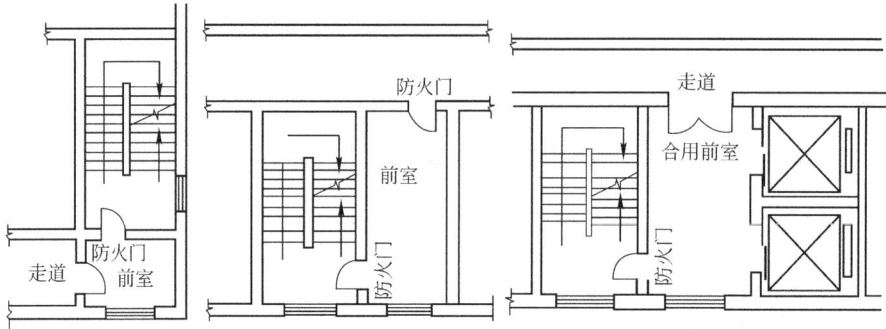

图 3-14　利用外开窗排烟

2）利用室外阳台或凹廊进行自然排烟（图 3-15）。

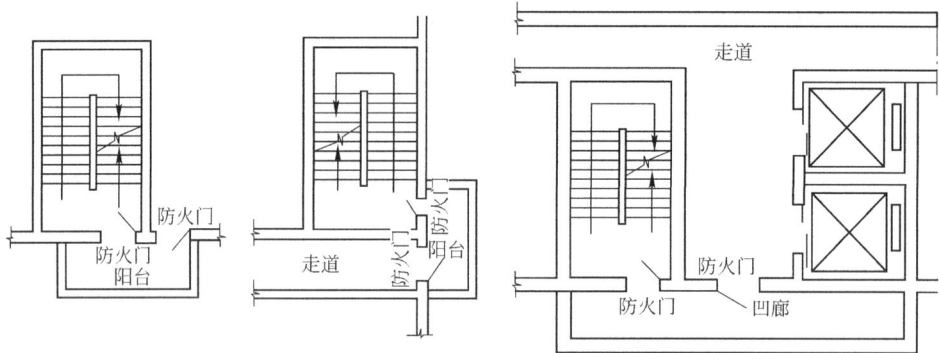

图 3-15　利用室外阳台或凹廊排烟

3）利用排烟竖井排烟（图 3-16）。

3．自然排烟的设计条件

1）防烟楼梯间及其前室、消防电梯前室和合用前室可开窗面积：

（1）防烟楼梯间每 5 层内平均可开窗不低于 $2m^2$；

（2）防烟楼梯间前室，消防电梯前室可开外窗不低于 $2m^2$，合用前室不低于 $3m^2$。

2）防烟楼梯前室与合用前室利用阳台、凹廊有两个不同朝向可开窗（图 3-17），且前室开窗不低于 $2m^2$，合用前室不低于 $3m^2$，该楼梯可不设防排烟设施。

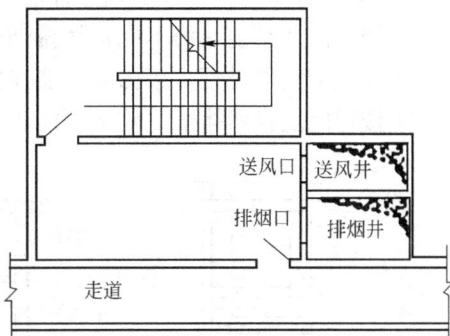

图 3-16　竖井排烟

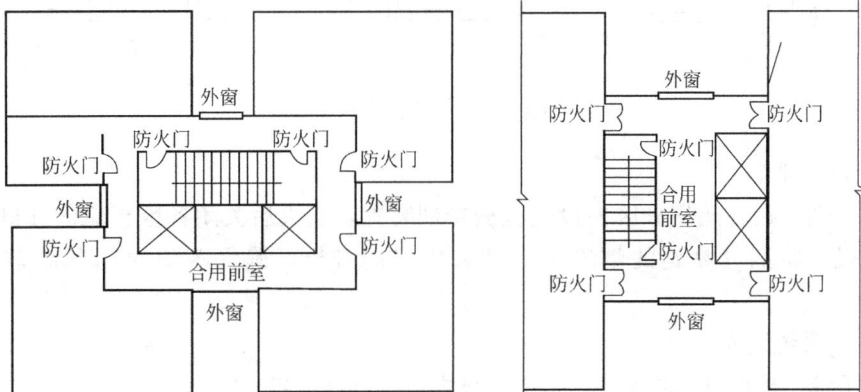

图 3-17　有两个不同方向的可开启外窗楼梯间合用前室

3）需排烟的房间、内走道可开外窗面积不小于房间、走道地板面积的 2％。

4）室内中庭有可开天窗或高侧窗，面积不小于地板面积 5％。

（二）机械加压送风防烟

采用机械送风系统向需要保护的部位（如疏散楼梯间及其封闭前室、消防电梯前室、走道或非火灾层等）输送大量新鲜空气，从而造成正压区域，使烟气不能袭入其间，并在非正压区内把烟气排出。

1）机械加压设施的设置部位见表 3-16 所列。

机械加压送风部位　　　　　　　　　　　　　　　　　　表 3-16

组合关系	防烟设置部位
不具备自然排烟条件的楼梯间及其前室	楼梯间
可开窗自然排烟的前室和合用前室与不具备自然排烟条件的楼梯间	楼梯间
可开窗自然排烟的楼梯间与不具备自然排烟条件的前室和合用前室	前室、合用前室
不具备自然排烟条件的楼梯间及其合用前室	楼梯间、合用前室
封闭式避难层	避难层

47

加压送风一般与机械排烟系统或可开启外窗的自然排烟系统相配合。

2）防烟楼梯间的设计分下列三种情况：

（1）楼梯间及其前室均不能自然排烟（图 3-18*a*）；

（2）前室能自然排烟，楼梯间不能自然排烟（图 3-18*b*）；

（3）楼梯间能自然排烟，前室不能排烟（图 3-18*c*）。

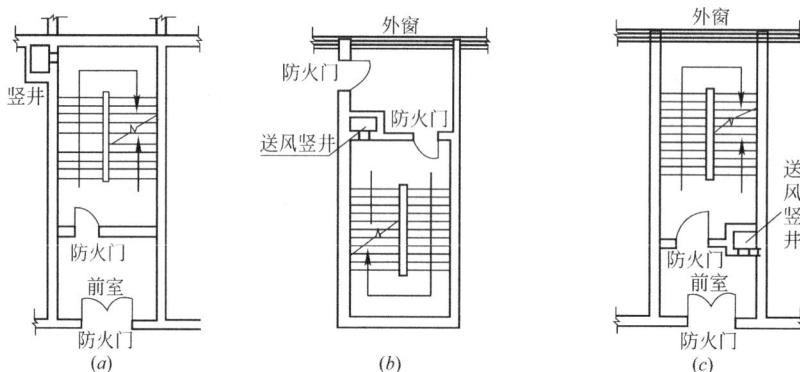

图 3-18　防烟楼梯间

（三）机械排烟

机械排烟是在各防烟分区内设置机械排烟装置，起火后关闭各区相应的开口部分并开动排烟机，将四处蔓延的烟气用排烟风机强制排出，确保疏散时间和疏散通道的安全。

1. 排烟系统组成

挡烟垂壁、排烟口、防火排烟阀门、排烟道、排烟风机、排烟出口。

一个优良的排烟系统能排出 80% 的热量，使火灾温度大大降低。

2. 机械排烟设置部位

1）长度超过 20m 且无直接天然采光或设固定窗的内走道。

2）有直接采光通风，但长度超过 60m 的内走道。

3）面积超过 $100m^2$，且经常有人停留或可燃物较多的无窗或设固定窗的房间。

4）高度大于 12m 或高度虽小于 12m 但不具备自然排烟条件的室内中庭。

5）地下室各房间总面积超过 $200m^2$ 或一个房间面积超过 $100m^2$，且经常有人停留或可燃物较多的房间。

3. 机械排烟设备的控制和监视

1）不设消防控制室

（1）排烟口和排烟风机连锁动作。

（2）火灾报警器动作后，活动挡烟垂壁动作，并有信号到值班室，同时排烟口和排烟风机启动。

（3）火灾时报警器动作，同时风管内带易熔片的防火阀关闭，切断火源，防止火势沿风道蔓延。

（4）火灾时报警器通过控制线路关闭防火阀。

2）设有消防控制室

（1）火灾时，报警器动作后，排烟口、排烟风机、通风及空调系统的风机均由消防控制室集中控制。

（2）火灾时报警器动作后，消防控制室仅控制排烟口，由排烟口联动排烟风机、通风及空调系统的风机。

4．机械排烟的特点

1）不受排烟风道内温度的影响，性能稳定；

2）风压的影响小；

3）排烟风道的断面小，能节省空间；

4）必须有耐高温的设备；

5）需有备用电源；

6）维修管理复杂。

第六节　建筑耐火设计

保证建筑物的结构安全是在建筑物内开展各种活动的基本条件，也是楼内的财产得以依附的基础。一旦建筑物的主体结构受到毁坏，楼内的一切将无所依存。火灾是造成建筑物破坏的严重灾害之一，燃烧产生的高温可以对建筑结构造成严重的影响。

一、建筑耐火设计的意义

火灾发生时，往往不能及时扑救，会持续一定的时间，有的会持续很长时间，如1974年巴西25层的焦玛大楼火灾，大火持续燃烧了10h，1983年广州11层的南方大厦火灾燃烧持续了90h。这些建筑的主体结构都有一定的耐火性能，火灾中主体结构没有出现垮塌现象。

建筑物耐火性能主要包括结构材料的耐火性能，结构在火灾高温下的强度、刚度、变形、承载能力、建筑结构耐火极限以及耐火构造等内容。在建筑防火设计中，需要使建筑结构具有足够的耐火能力，这有几方面的重要意义：

1）在建筑发生火灾时，能确保其在一定的时间内不被破坏，不传播火灾，延缓或阻止火势快速蔓延。

2）给安全疏散提供必要的时间保证，以尽量减少伤亡。

3）为消防人员扑救提供足够的时间和空间，以尽量减少损失。

4）为建筑物在火灾后修复提供条件。火灾后主体结构基本保持完整，经过维修加固便能重新使用。如韩国大然阁的火灾，其主体结构是型钢框架外包混凝土的钢结构，钢筋混凝土楼板。火灾持续燃烧8个多小时，其主体结构完好，事后进行了修复，很快得以重新使用。

二、建筑材料的耐火性能

（一）建筑材料的分类

1．按材料物理力学性能和适用部位来分（表3-17）

2．按材料化学构成来分（表3-18）

3．按材料对火反应的程度分（表3-19）

建 筑 材 料 分 类 表 3-17

	用于结构的材料	用于屋顶的材料	用于内装修的材料
硬质材料	普通混凝土 轻骨料混凝土 各种砖 石头 砾石 金属钢板 石棉水泥板 玻璃 矿渣水泥 加强玻璃、玻璃砖 玻璃地面 钢结构	铁皮绝缘屋顶 石板 锌板 瓦 混凝土 金属板材 石棉水泥板 玻璃 加强玻璃 玻璃砖	石棉水泥板 纤维板、玻璃、岩石等 玻璃泡沫板 石棉泡沫板 胶结纤维板 石膏板 灰浆纤维板 钢板 纯石膏方格板 玻璃 加强玻璃 玻璃砖
半硬质材料	各类横压形建筑材料	各类模压材料 木屋顶(加保温饰面) 混凝土(底面加木包层饰面)	带有可燃饰面的金属纤维、玻璃泡沫纤维和石棉纤维的板
软质材料	柴、泥 木材(胶合板、纤维板、微粒板、楼板) 亚麻板 天然材料做的外护墙板 塑料(聚酯板、聚乙烯板)	纸板的沥青粘 火山灰水泥 沥青纸和布 木板房顶 薄钢板房顶 用轻质材料作饰面的金属钢板屋顶 轻质复合板 塑料 用轻质材料作保温层的屋顶	木材(胶合、纤维、微粒板,木楼板) 亚麻板 混合板(带轻质保温材料的) 复合稻草板(压制稻草板) 塑料(聚酯板、聚乙烯板、塑料薄层)

建 筑 材 料 分 类 表 3-18

无机材料	有机材料	复合材料
混凝土胶凝材料类 砖、天然石材与人造石材类 建筑陶瓷、建筑玻璃类 石膏制品类 无机涂料类 建筑金属五金类 各种功能性材料类	建筑木材类 建筑塑料类 装修及装饰材料 有机涂料 各种功能性材料	各种功能性复合材料

我国建筑材料燃烧性能分类举例 表 3-19

不燃材料	难燃材料	可燃材料
砖石材料 混凝土 毛石混凝土 加气混凝土 钢筋混凝土 砖柱 钢筋混凝土柱 有保护层的金属柱 钢筋混凝土楼板	木吊顶搁栅下吊钢丝网抹灰 板条抹灰 木吊顶搁栅下吊石棉 水泥板 石膏板 石棉板 水泥石棉板	无保护层的木梁、木楼梯 木吊顶搁栅下吊板条 苇箔 纸板 纤维板 胶合板

（二）建筑材料防火性能分级

我国及其他一些国家建筑材料防火性能分级见表 3-20 及表 3-21 所列。

建筑材料防火性能分级   表 3-20

级别符号	级别名称	检验方法标准
A	不燃性建筑材料	GB 5464—1999
B1	难燃性建筑材料	GB 8625—2005
B2	可燃性建筑材料	GB/T 8626—2007
B3	易燃性建筑材料	不检验

一些国家建筑材料分级   表 3-21

前苏联	分为四级	不燃，低可燃，慢燃，高易燃
前民主德国	分为四级	不燃，低可燃，一般可燃，高可燃
前联邦德国	分为五级	A_1，A_2，B_1，B_2，B_3
日本	分为四级	1，2，3，4
美国	分为四级	不燃，A，B，C
英国	分为五级	0，1，2，3，4
法国	分为五级	M_0，M_1，M_2，M_3，M_4
比利时	分为五级	A_0，A_1，A_2，A_3，A_4
荷兰	分为六级	0，1，2，3，4，5
西班牙	分为五级	M_0，M_1，M_2，M_3，M_4
意大利	分为六级	0，1，2，3，4，5
葡萄牙	分为五级	M_0，M_1，M_2，M_3，M_4
奥地利	分为四级	A，B_1，B_2，B_3
瑞士	分为七级	Ⅵ，Ⅴtg，Ⅴ，Ⅳ，Ⅲ，Ⅱ，Ⅰ
捷克	分为五级	A，B，C_1，C_2，C_3
匈牙利	分为四级	不燃，低可燃，中可燃，高可燃
挪威	分为三级	不燃，A_{20}，A_{30}
瑞典	分为三级	不燃，1，2
芬兰	分为三级	不燃，1，2

三、主要构件的耐火构造设计

（一）建筑构件的耐火性能

建筑承重构件构成建筑物的主体骨架，一方面承重，另一方面又阻止火势蔓延。它们的耐火性能直接决定着房屋在火灾中损害程度。

对于钢筋混凝土结构，当温度较低时，混凝土与钢筋能共同受力，温度过高时则受力情况大为改变。梁、板的受力钢筋随温度升高则强度下降，出现钢筋蠕变不断增大，断面变小，挠度增加，强度逐渐降低；柱的受压钢筋与混凝土在高温下的热膨胀不一致，二者粘着力受到影响。当温度达 300～400℃时，钢筋与混凝土的粘着力几乎完全丧失，结构强度不断降低，承载能力下降，这些构件在持续高温作用下，便会导致破坏。典型的例子是 2003 年 11 月 3 日湖南省衡阳市珠晖区衡州大厦的火灾，一幢 8 层（局部 9 层）的钢筋混凝土框架结构大楼在起火后不到 3h 便全部垮塌，使扑救的 20 名消防官兵壮烈牺牲(图 3-19)。

对于钢结构，在 300～400℃时强度急剧下降，出现塑性变形，到 600℃以上则失去承载能力而垮塌。若无防火措施，钢结构耐火极限只有 15min 左右。典型的例子是 2001 年 9 月 11 日纽约曼哈顿世界贸易中心在被飞机撞击后，只几个小时，两栋 110 层 410m高的钢骨架办公楼大楼，骨牌效应般地层层往下倒落，变成了废墟。其主要原因是，当燃烧的飞机泄下大量油火时，钢结构上下热量导通，迅速熔化(图 3-20、图 3-21)。

图 3-19　衡阳火灾坍塌现场

图 3-20　纽约世界贸易中心燃烧

图 3-21　纽约世界贸易中心废墟

可见，建筑构件的承载能力与温度之间存在着十分密切的关系，日本学者通过防火试验对上述结构类型的温度限制已有明确认识，见表 3-22 所列。

各种结构类型最高与平均温度的限制　　　　　　　　　表 3-22

结构类型		建筑构件的温度限制(℃)	
		柱、梁	楼板、屋面板与墙板（非承重墙）
钢筋混凝土结构、钢筋混凝土大板等	最高温度	500	550
预应力钢筋混凝土结构	最高温度	400	450
钢结构	最高温度	450	500
	平均温度	350	400

(二)钢筋混凝土主要构件的耐火构造

我国《建筑设计防火规范》中规定了钢筋混凝土结构主要构件的燃烧性能和耐火极限不应低于表 3-23 的规定。

建筑构件的燃烧性能和耐火极限(h)　　　　　　　　　表 3-23

构件名称＼耐火等级	一级	二级	三级	四级
承重墙和楼梯间墙	不燃烧体 3.00	不燃烧体 2.50	不燃烧体 2.50	难燃烧体 0.5
承重多层柱	不燃烧体 3.00	不燃烧体 2.50	不燃烧体 2.50	难燃烧体 0.5
承重单层柱	不燃烧体 2.50	不燃烧体 2.00	不燃烧体 2.0	燃烧体
梁	不燃烧体 2.00	不燃烧体 1.50	不燃烧体 1.00	难燃烧体 0.5
楼板	不燃烧体 1.50	不燃烧体 1.00	不燃烧体 0.50	难燃烧体 0.25
吊顶包括吊顶搁栅	不燃烧体 0.25	不燃烧体 0.25	不燃烧体 0.15	燃烧体
屋顶承重构件	不燃烧体 1.50	不燃烧体 1.00	燃烧体	燃烧体
疏散楼梯	不燃烧体 1.50	不燃烧体 1.00	不燃烧体 1.00	燃烧体
框架填充墙	不燃烧体 1.00	不燃烧体 0.50	不燃烧体 0.50	难燃烧体 0.25
隔墙	不燃烧体 1.00	不燃烧体 0.50	不燃烧体 0.50	难燃烧体 0.25
防火墙	不燃烧体 4.00	不燃烧体 4.00	不燃烧体 4.00	不燃烧体 4.00

　　实际上民用建筑目前常用的柱、梁、楼板等主要承重构件的燃烧性能、耐火极限均达到一、二级耐火等级的要求，有的大大超过了规范规定的要求，见表 3-24 所列。

常用构件耐火极限对比　　　　　　　　　表 3-24

构件名称		结构厚度或截面最小尺寸	实际耐火极限(h)	规范规定的耐火极限(h)	
				一级	二级
承重墙	普通黏土砖墙、混凝土墙、钢筋混凝土实心墙	24～27cm²	5.50～10.50	2.00	2.00
	轻质混凝土砌块墙	37cm²	5.50		
钢筋混凝土柱		30cm×30cm 20cm×50cm 30cm×50cm	3.00 3.00 3.50	3.00	2.50
钢筋混凝土梁		主筋保护层厚度 2.5cm	2.00	2.00	1.50
四边简支的钢筋混凝土楼板或现浇整体式梁板		主筋保护层厚度 1～2cm	1.00～1.50（板厚 8cm）	1.50	1.00
隔墙	非承重外墙，疏散走道两侧的隔墙	10cm 厚的加气混凝土砌块	3.75	1.00	1.00
	房间隔墙	1＋9(空气层填矿棉)＋1 的石膏龙骨纤维石膏板*	1.00	0.75	0.50
钢筋混凝土屋顶承重构件		主钢筋保护层厚度 2.5cm	2.00	1.5	1.0

　　注：＊为两层石膏板中间加 9cm 的矿棉。

四、提高建筑构件耐火性能的措施

　　通过试验分析可知，提高构件和结构耐火能力可采用以下措施：

　　1) 适当增大混凝土保护层厚度。这是提高钢筋混凝土构件耐火性能简单有效的方法，保护层厚度增加可以减缓火灾中高温向混凝土内部的传递速度，使混凝土构件强度下降不致过快，从而达到提高耐火能力的目的。

2）适当加大构件截面尺寸以改善构件的变形、刚度和开裂等。

3）增大框架结构剪力较大部位的配筋率以提高抗剪强度，节点区增加配筋率并加大钢筋锚固以提高抗拉能力。

4）在钢构件表面做耐火保护层，在钢梁、钢屋架下做耐火吊顶。

五、其他构配件的耐火构造设计

（一）防火墙

防火墙应符合下列要求：

1）在平面为 L 形、U 形等建筑物的内墙转角处不宜设置防火墙，如必须设在转角处附近，则内转角两侧墙上的门窗洞口之间的最近水平距离应不小于 4m。如相邻一侧装有耐火极限不小于 1.0h 的不燃烧体固定窗扇的采光窗，则可不受距离限制。紧靠防火墙两侧的门窗洞口之间最近距离应不小于 2m（图 3-22）。若两侧装有耐火极限不小于 1.0h 的不燃烧体的固定采光窗，可不受限制。

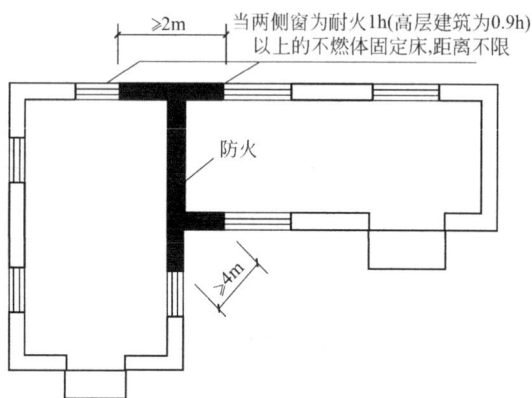

图 3-22　防火墙的平面布置

2）防火墙上的门窗必须设甲级防火门窗。

3）设计防火墙时，应考虑防火墙一侧的屋架、梁、楼板等受到火灾的影响而破坏时，不致使防火墙倒塌。

4）防火墙应直接设在基础上或钢筋混凝土框架上。应截断燃烧体或难燃烧的屋顶结构，且应高出不燃烧体屋面不低于 400mm，高出燃烧体或难燃烧体屋面不低于 500mm，当屋盖为耐火极限不小于 0.5h 的不燃烧体时，防火墙可砌至屋面基层的底部，不高出屋面。

5）输送可燃气体及液体的管道，应严禁穿过防火墙。其他管道如必须穿过时，应用不燃烧材料将周围缝隙紧密填塞。

（二）其他墙体

1）住宅单元之间的墙，应为耐火极限不小于 1.5h 的不燃烧体，并应砌至屋面板底部。

2）剧院等建筑的舞台和观众厅之间的隔墙，应采用耐火极限不小于 3.5h 的不燃烧体。舞台上部与观众厅之间的隔墙，可采用耐火极限不小于 1.5h 的不燃烧体，隔墙上的门应采用乙级防火门。电影放映室（包括卷片室）应采用耐火极限不小于 1h 的不燃烧体与其他部分隔开。观察孔和放映孔应设阻火闸门。

3）医院手术室，以及居住建筑中的托儿所、幼儿园，应采用耐火极限不小于 1h 的不燃烧体与其他部分隔开。

4）下列建筑或部位的隔墙，应采用耐火极限不小于 1.5h 的不燃烧体墙。

（1）剧院后台的辅助用房；

（2）一、二、三级耐火等级建筑的门厅。

（3）建筑内的厨房。

5）舞台下面的灯光操作室和可燃物储藏室，应采用耐火极限不小于1h的不燃烧体墙与其他部位隔开。

6）高层建筑内的隔墙应砌至梁板底部，且不宜留有缝隙。

（三）屋顶和屋面

火灾发生时，室内的火、烟在热压的作用下，很快会烧至屋顶。设计时应注意以下几点：

1）三、四级耐火等级的建筑物的屋顶、闷顶内采用锯末等可燃材料作保温层时，不应采用冷滩瓦。

2）闷顶内用可燃物的建筑，每个防火分区内至少应设两个700mm×700mm的闷顶入口。入口应靠近楼梯间。

3）超过两层有闷顶的三级耐火等级的建筑，在每个防火隔断范围内应设置老虎窗，其间距宜不大于50m。

4）舞台的屋顶应设置便于开启的排气窗或在侧墙上设置便于开启的高侧窗，其总面积不宜少于舞台地板面积的50%。

5）屋顶采用金属承重结构时，其吊顶、望板、保温材料等均应采用不燃材料，金属承重构件应采用外包敷不燃烧材料或喷涂防火涂料等措施，或设置自动喷水灭火系统。

6）高层建筑的中庭屋顶承重构件采用金属结构时，应外包敷不燃材料，或喷涂防火涂料，或设自动喷水灭火系统，其耐火极限不小于1.0h。

（四）楼梯间、楼梯、门

1）楼梯间及其前室内不应附设烧水间、可燃材料储藏室、非封闭的电梯井、可燃气体管道。住宅内当可燃气体管道必须局部水平穿过楼梯间时，应采取可靠的保护措施。

2）防烟楼梯间前室和封闭楼梯间的墙上，除在同层开设通向公共走道的疏散门外，不应开设其他的房间门窗。

3）需设防烟楼梯间的建筑，其室外楼梯可作为辅助防烟楼梯，但其净宽度不小于900mm，倾斜度不超过45°，栏杆扶手的高度不小于1.1m。其他建筑的室外疏散楼梯，其倾斜角度可不超过60°，净宽可不小于800mm。

室外疏散楼梯和每层出口处平台，均应采用不燃烧材料制作。平台的耐火极限不小于1h，楼梯段的耐火极限不小于1.5h。在楼梯周围2m内的墙面上，除疏散门外，不应设其他门窗洞口，疏散门不应正对楼梯段。

4）疏散用楼梯和疏散通道上的阶梯，不应采用螺旋楼梯和扇形踏步，但踏步上下两级所形成的平面角度不超过10°，且每级离扶手25cm处的踏步深度超过22cm时可不受此限。

5）公共建筑的疏散楼梯两段之间的水平净距不宜低于15m。

6）高度超过10m的三级耐火等级建筑，应设有通至屋顶的室外消防梯，但不应面对老虎窗，并宜离地面3m设置，宽度不小于50cm。

7）疏散门应开向疏散方向。若人数不超过60人的房间且每樘门的平均疏散人数不超过30人时，其门的开启方向不限。

8）疏散用的门不应采用侧拉门，严禁采用转门。

（五）电梯井和管道井

发生火灾时，竖向井道往往成为火烟蔓延的通道。因此，在设计中要对电梯井、管道井、电缆井、垃圾道等竖向管井的防火问题认真考虑，要做好以下几点：

1）竖向管井的井壁要具有较好的耐火能力。电梯井壁，其耐火极限不小于 2.5～3.0h，管道井、电缆井垃圾道等其他竖井的井壁，其耐火极限均不小于 1.0h。管道检修门应采用丙级防火门。

2）电缆井、管道井、电梯井、排烟道、垃圾道等竖向管井，必须分别单独设置，同时必须避免与房间、吊顶和壁柜等相连通。

3）电梯井壁除了开设电梯门和通风透气孔洞外，不应开设其他孔洞。应避免在电梯井敷设与电梯无关的电缆，也要避免在每层楼板处开设穿越电缆的孔洞。

4）电梯井通风透气孔洞，要采用火灾时能自行关闭的不燃材料制成的门，平时可开启，火灾时能自行关闭。

5）电梯井内不要敷设煤气等可燃气体、液体的管道及易燃的管道或电缆等。

6）各种管井（包括竖向风管），应适当加以分隔。对于高度超过 100m 的高层建筑，要在每层楼板处用相当楼板的耐火极限的不燃烧体对管井加以分隔，100m 以下的高层建筑可每隔 2～3 层楼板处进行分隔。

7）对于穿越楼板的竖向风管，宜在每层楼板穿过处设防火阀。

（六）变形缝

1）室内变形缝四周的基层用金属板、钢筋混凝土等不燃材料，表面覆盖装饰层宜结合室内装饰要求，采用不锈钢、铜合金板等不燃材料，或用经防火处理的木质难燃材料，但须覆盖严密。

2）变形缝内不敷设电缆、电线、可燃气体、液体管道。这些管道穿过变形缝时，应在穿过处加设钢管等不燃材料的套管，并用不燃材料将套管的两端缝隙填塞密实。

（七）防火门窗与防火卷帘

1. 防火门

防火门、窗是指既具有一定的耐火能力，能形成防火分区，控制火灾蔓延，又具有交通、通风、采光功能的围护设施。

1）防火门窗的分类

（1）按门扇数量：单扇、双扇。

（2）按开启方式：平开、推拉。

（3）按门扇结构：镶玻璃、不镶玻璃、有亮窗、无亮窗。

（4）按材质：钢质、木质。

（5）按耐火极限：甲级（1.2h）、乙级（0.9h）、丙级（0.6h）。

2）防火门的设置

建筑设计选用时，应考虑建筑物使用性质、火灾危险性、防火分区划分、人员疏散和扑救难度等。在设计中，防火门、窗的设置应注意以下要点：

（1）其中甲级主要用于防火墙上，乙级主要用于楼梯前室、电梯前室、中庭等部位，丙级主要应用于竖井检查口处。

（2）防火门应为向疏散方向开启的平开门，并在关闭后应能从任何一侧手动开启。为了正常的通行和便于使用，在一般情况下，防火门是敞开着的。起火时由于人们急于抢救物资和逃命，最后往往忘记关闭防火门。对于标准较高的高层旅馆，走廊里铺有地毯，使防火门关闭时受阻，导致火灾蔓延过去。因此，用于疏散的走道、楼梯间和前室的防火门，应具有自行关闭的功能，最好采用自动关门装置，如设与感烟、感温探测器联动的关门装置。

（3）设在变形缝处附近的防火门，应设在楼层较多的一侧，且门开启后不应跨越变形缝。

在高层主体建筑与配楼之间，一般留有变形缝。若将防火门设在变形缝中间，由于防火分区之间温度、地基等原因，发生火灾时，烟气易扩散蔓延成灾。因此，规定防火门设在楼层较多一侧，且向楼层较多一侧开启，以防止火焰通过变形缝蔓延而造成严重后果。

2. 防火卷帘

1）防火卷帘的特点

防火卷帘一般由钢板或铝合金板材制成，在建筑中使用比较广泛。如开敞的电梯厅，百货大楼的营业厅，自动扶梯的分隔等（图3-23）。防火卷帘除具有一般卷帘的分隔、防盗、装饰作用外，还须具有必要的耐火、防烟性能。

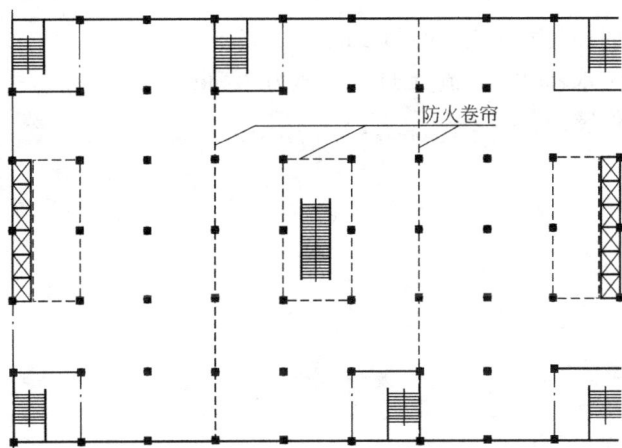

图 3-23 营业厅防火卷帘布置

2）防火卷帘的分类

（1）按位置分：外墙防火卷帘、室外防火卷帘。

（2）按风压强度分：$50kg/m^2$、$80kg/m^2$、$120kg/m^2$。

（3）按耐火时间分：普通型 1.5h，2.0h，复合型 2.5h、3.0h。

3）防火卷帘的设置

一般在建筑中，当设置防火墙有困难时，可采用防火卷帘作为防火分区分隔。当采用包括背火面温升作耐火极限判定条件的防火卷帘，其耐火极限不低于 3.0h；当采用不包括背火面温升作耐火极限判定条件的防火卷帘时，其卷帘两侧应设独立的闭式自动喷水系统保护，系统喷水延续时间不应小于 3.0h。由于人们在火灾时常常惊慌失措，一旦疏散路线被堵，很难疏散。因此，用于疏散通道的防火卷帘，应在防火卷帘的两侧设置启闭装置并具有自动、手动和机械控制等多种功能。

第七节 自动扶梯防火

一、自动扶梯的火灾产生原因

（一）机器摩擦

若没按时加润滑油，或没有清除附着在机器轴承上的杂物，可能会由于摩擦生热，引起附着可燃物燃烧。

（二）电器设备设安装不妥

1）电动机长期运转，油泥卡住，负荷增大，致使电动机电流增大，线圈过热，电机烧毁引起可燃物着火。

2）电机和线路的绝缘破坏，引起短路起火。

3）吸烟不慎，将烟头扔到自动扶梯角落或缝隙里，引起燃烧。

4）其他部位起火殃及自动扶梯。

二、自动扶梯防火安全要求

1）当上下两层面积总和超过防火分区要求时，应设防火隔断或防火卷帘封闭自动扶梯井。

2）扶梯上方四周加装喷水头，间距 2m。

3）扶梯四周安装水幕喷头，流量 1L/s，压力 3.5kg/cm^2。

4）用不燃材料作装修。

第四章　高层建筑防火设计

我国的高层建筑，在新中国成立前只是在个别城市，依赖于外国投资，建造了为数十分有限的几幢。新中国成立后，陆续兴建了一些。只是近 30 年来，高层建筑才在各大、中城市迅速发展起来。然而，高层建筑的火灾危险性比一般建筑大得多。一旦发生火灾，由于楼层高，人员多，火势蔓延快，扑救和疏散都很困难，往往造成惨重的人员伤亡和巨大的经济损失。因此，做好高层建筑的消防设计是做好高层建筑设计关键所在。

第一节　高层建筑与多层建筑的划分

高层建筑，顾名思义是指体形高层数多的建筑。但高度要多少才能称为高层建筑，世界各国没有统一定论。

我国现行的《高层民用建筑设计防火规范》和《建筑设计防火规范》对高层建筑与多层建筑的分界，既不是单纯按层数划分，也不是单纯按建筑高度划分，而是将两者结合起来分。这是因为，若单纯按层数分，则由于层高不同(2.7～6m 不等)，势必出现层数相同的建筑，其高度相差很大，不合理；若单纯按建筑高度分，高层住宅层高一般是 2.7～3.0m，那么对这类量大面广的建筑物，就会要求偏严。因此，将层数和高度两者结合起来考虑是比较恰当、合理的。对此，上述两个设计规范，从消防角度要求出发，其高层与多层的分界为：

1) 住宅建筑：楼层为 10 层或 10 层以上者属高层建筑，9 层及 9 层以下者为多层建筑；

2) 其他建筑(公共建筑)：高度大于 24m 者属高层建筑，高度小于等于 24m 者，属多层建筑。

确定高层建筑与多层建筑的分界，主要考虑了以下因素：

1) 消防车的供水能力。目前虽然有的大城市进口有少量的云梯车、举高车，但很多建有高层建筑的城市尚无登高消防车，国产的较新型的消防车也有限，而多数消防车是老解放牌消防车。这种消防车在最不利情况下直接吸水扑救火灾的最大高度为 24m 左右。

2) 登高消防器材。目前我国有相当多的城市，虽然高层建筑发展较快，数量逐渐增多，建筑高度不断加大，但无登高消防车，有的虽有一两台消防登高车，但工作高度在 20m 左右，不能满足扑救高层建筑火灾的需要。我国目前生产的直升云梯车，其最大工作高度为 22m，CK20 型曲臂高空喷射和登高消防车(这两种少量生产)其最大举升为 20m。而引进的登高曲臂车、云梯车，多数在 24～30m 之间，而且目前只有少数城市有这种引进的登高消防车。针对目前登高消防器材现状，确定 24m 为高层建筑的起始高度，是较为符合实际的。

3）住宅建筑定为 10 层及 10 层以上的原因，除了考虑上述因素以外，还考虑它有较好的防火、隔火性能，火灾发生时，火势蔓延扩大受到一定限制，危害较少，故应区别对待。为了适应部分住宅建筑的底层设置商店、修理部、邮电所、储蓄所等商业服务网点的实际需要，又不提高这部分住宅的防火标准，因此规定底层设有服务网点的住宅建筑，仍划分在住宅建筑内。

各国对高层建筑起始高度的划分，不尽相同，这是根据本国的经济条件和消防装备等情况来确定的。表 4-1 中列出了一些国家对高层建筑起始高度的划分标准。

一些国家对高层建筑起始高度的划分标准 表 4-1

国名	起始高度
中国	住宅：10 层及 10 层以上；其他建筑：≥24m
德国	>22m(至底层室内地板面)
法国	住宅：>50m；其他建筑：>28m
日本	31m(11 层)
比利时	25m(至室外地面)
英国	24.3m
(前)苏联	住宅：10 层及 10 层以上；其他建筑：7 层
美国	住宅：22～25m 或 7 层以上；其他建筑：7 层
芬兰	高层：8～16 层；超高层：16 层以上

为了便于国际交流，1972 年国际高层建筑会议上统一了高层建筑划分范围如下：

第一类高层：9～16 层(最高到 50m)；

第二类高层：17～25 层(最高到 75m)；

第三类高层：26～40 层(最高到 100m 以内)；

第四类高层：40 层以上(高度在 100m 以上)。

必须指出，下列两种情况的大空间建筑，不能划分在高层建筑范围之内，仍属单层建筑。

1）大空间公共建筑，如体育馆、大会堂等建筑。

2）大跨度净空高度高大的厂房、库房。如黑色冶金厂房、大型轧钢厂、重型机械厂、大型飞机修理库等。

第二节　高层建筑的耐火等级

众所周知，对于使用功能、重要程度、层数多少等不同的建筑物，起火灾的危险性是有差异的，因此在设计上就需要区别对待。国际上通用的做法，是将各类高层建筑人为地划分为若干个耐火等级。各国的耐火分级方法不尽相同，如前苏联分为 2 级，美国分为 2 级，法国对居住建筑分为 5 级，其中前四级为一般建筑，第五级为高层建筑，划分原则以高度为准。对高层公共建筑则按其所容纳人数的多少划分为 5 类。而我国《高层民用建筑设计防火规范》，则把属于高层范畴的所有建筑分为两类(见第三章第一节)，再将高层建筑划分为两个耐火等级。

高层民用建筑分为一、二两级，一类高层建筑比二类高层建筑的性质重要，功能复杂，且火灾危险和扑救难度也更大，所以要求其耐火等级为一级，二类高层建筑则不能低于二级。建筑物各部位的构件，其耐火极限和燃烧性能不应低于表 4-2 的规定。

高层建筑的耐火等级　　　　　　　　　　　　　　　　表 4-2

燃烧性能和耐火极限 构件名称		耐火等级	
		一级	二级
墙	防火墙	不燃烧体 3.00	不燃烧体 3.00
	承重墙、楼梯间、电梯井和住宅单元之间的墙	不燃烧体 200	不燃烧体 2.00
	非承重外墙、疏散走道两侧的隔墙	不燃烧体 1.00	不燃烧体 1.00
	房间隔墙	不燃烧体 0.75	不燃烧体 0.50
柱		不燃烧体 3.00	不燃烧体 2.50
梁		不燃烧体 2.00	不燃烧体 1.50
楼板、疏散楼梯、屋顶承重构件		不燃烧体 1.50	不燃烧体 1.00
吊顶		不燃烧体 0.25	不燃烧体 0.25

与高层建筑相连的附属建筑的耐火等级应不低于二级。高层建筑地下室的耐火等级应为一级。

要求高层民用建筑的耐火等级为一、二级是抵抗火灾的需要。

从国外情况看，前苏联与我国基本相同；美国按建筑耐火性能划分为五个等级，第一级为耐火建筑（相当于我国的一、二级），并再分为 2h 级和 3h 级两种，见表 4-3 所列。

美国"耐火建筑"的耐火极限　　　　　　　　　　　　　　表 4-3

各部位构件名称	分级	
	3h 级	2h 级
	耐火极限(h)	
承重墙(在受到火的作用下，这种墙和隔板必须是相当稳定的)	4.0	3.0
非承重墙(墙上有电线穿过或作为居住房间的隔墙)	非燃体	非燃体
支承一层楼板或单独屋顶的主要承重构件(包括柱、主梁、次梁、屋架)	3.0	2.0
支承二层或二层以上楼板或单独屋顶的主要承重构件(包括柱、主梁、次梁、屋架)	4.0	3.0
不影响建筑稳定的支承楼板的次要构件(如次梁、楼板、隔栅)	3.0	2.0
不影响建筑稳定的支承屋面的次要构件(如次梁、屋面板、檩条)	2.0	1.5
封闭楼梯间的壁板和穿过楼板孔洞的四周壁板	2.0	2.0

日本把高层建筑自上而下地垂直划分为三段，分别为耐火 1h、2h、3h 级，并规定了各段构件的耐火极限值。图 4-1 是将此划分方式以图示表示的情况，最上层屋顶的局部房间不算入层数，但按 1h 级考虑，地下室则全部算入层数。表 4-4 中列出了高层建筑各段的耐火极限。

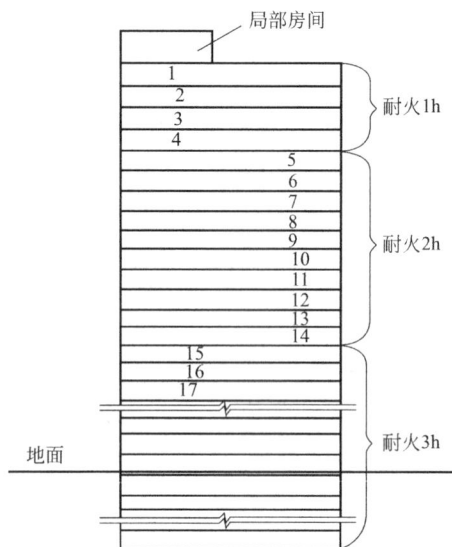

图 4-1　日本高层建筑耐火分段示意图

日本高层建筑分段耐火等级　　　　　　　　表 4-4

建筑各部位构件名称		分段层数		
		从上到下 1~4 层	从上到下 5~14 层	从上到下 15 层以下
		耐火极限(h)		
墙	内墙	1.0	2.0	2.0
	承重外墙	1.0	2.0	2.0
	有延烧危险的非承重外墙	1.0	1.0	1.0
	其他部位的非承重墙	0.5	0.5	0.5
柱		1.0	2.0	3.0
梁板		1.0	3.0	3.0
楼板		1.0	4.2	2.0
屋面		0.5	—	—

　　比较几个国家耐火等级划分的标准来看，以日本的较为合理：高层建筑主要构件的耐火能力，应自上而下地逐渐增强。由统计得知，一般高层建筑大体上越到下层其火灾发生率越高，结构受到破坏的可能性也越大。以疏散而言，上层的人数多且疏散距离长，需时间长，必须提供能顺利到达底层外出口的安全通道，而下层结构在烈火中是否稳定则是关键所在；从结构受力而论，由于下层主要构件(特别是墙、柱)承受着建筑上部传来的荷载，其断面必须增大。这三方面要求下部结构耐火能力相应增强。换言之，上层即使被烧毁，对生命财产的危害仍属局部，修复也较容易，下层主要构件若在大火中垮塌，则不但会带来极其严重的伤亡损失，整幢建筑也不可能修复。

　　各个国家划分耐火等级的方式尽管不相同，但主要的原则是保证高层建筑主体承重构件有足够的耐火能力，即使着火后其室内装修、物品、陈设、家具等被烧毁，建筑主体也不致垮塌，有的可以在修复过程中对火烧较严重的梁、柱、楼板等承重构件进行修复补强，即可全部修复使用。表4-5 所列的是国内外的一些火灾案例及其被烧程度。

国内外火灾案例

表 4-5

序号	建筑名称	层数	起火年月	燃烧时间	主体结构承重类别	燃烧情况（主体结构）
1	美国纽约第一商场	50	1970 年 8 月	5h 以上	钢筋混凝土结构	柱、梁、楼板层面板局部被烧坏
2	哥伦比亚阿维安卡大楼	36	1973 年 7 月	12h 以上	钢筋混凝土结构	部分承重构件被烧坏
3	巴西焦玛大楼	25	1974 年 2 月	10h 以上	钢筋混凝土结构	部分承重构件被烧坏
4	韩国釜山一旅馆	10	1984 年 1 月	3h 以上	钢筋混凝土框架结构	个别承重构件被烧坏
5	日本大洋百货商店	7	1973 年 11 月	2.5h 以上	钢筋混凝土结构	少数承重构件被烧坏
6	加拿大诺托达田医院	12	1989 年 2 月	3h 以上	钢筋混凝土结构	部分承重构件被烧坏
7	巴西安得拉斯大楼	31	1972 年 2 月	12h 以上	钢筋混凝土结构	部分承重构件被烧坏
8	香港大重工业楼	16	1984 年 9 月	68h 左右	钢筋混凝土结构	相当部分承重构件烧损较严重
9	杭州西泠宾馆	7	1981 年 8 月	9h 左右	钢筋混凝土结构	少数承重构件烧损
10	广州南方大厦	11	1983 年 2 月	90h 左右	钢筋混凝土结构	局部烧损较严重

第三节　高层建筑的火灾特点

高层民用建筑的火灾特点主要表现在以下几个方面：

一、功能复杂，火灾隐患多

高层建筑通常是规模庞大，功能复杂，可燃物多，消防管理难度大，火灾隐患多。如广州 62 层的广东国际大厦，总建筑面积达十余万平方米，高 194.2m，地上 62 层，其中：首层面积为 5600 多平方米，有中央大堂、旅业大厅、厨房加上库房和架空面积；2 层为百货商场和仓库；3～4 层为各种餐厅；5 层为屋顶花园，设有咖啡厅、露天茶座、桑拿浴室、按摩室、健身房、游泳池、美容室等；6～22 层为主楼层，出租给外商用，出租约百余家；23～62 层为旅游部，共有 814 个套房，其中双套间有 148 套。23、42、61 层为设备兼避难层。地下室两层，建筑面积 13830m²，其中有停车库（存小车 230 辆）、变配电房、空调制冷机房、蓄水池、水泵房、洗衣房及污水处理间等。又如美国纽约的帝国大厦，102 层，381m 高，设有商店、餐馆、银行、游泳池、土耳其浴室、俱乐部及办公用房，其规模之大几乎等于一座小城市，成为 20 世纪前半期世界上最高的建筑物。

有些综合性高层建筑，既有商店、餐厅、娱乐设施，又有办公、旅馆、公寓等，有的一座建筑物，既有商店营业厅、加工车间、仓库，还有人员密集的影剧院、大会议室、多功能厅等。

就高层建筑本身的骨架而言都是钢或钢筋混凝土，是不燃物，但各类房间里却有大量可燃物质，如木质门窗、木质装饰墙板或木质临时隔断、木质家具、纺织品窗帘和装饰布、地毯、被褥、衣物，商场则有堆积如山的纺织品、塑料制品、包装纸、包装箱，厨房更有最易燃的煤气、液化气等。同时各类房间又有众多火源，如人员众多，吸烟者乱扔未熄灭的烟头、火柴梗；各种电器设备多，配电线路复杂，若使用管理不善，便容易产生电火花；还有厨房烹调用火等。这些火灾的隐患使得高层建筑极容易发生火灾。

例如美国 42 层的韦斯特威克办公楼中，除该公司外还有银行总行、律师办事处及其

63

他几十家公司，工作人员达数千人。各室内部装修保温材料及办公家具、陈设、库存物等多为可燃物质，且有大量塑料制品。1980年6月23日当20层一私人办公室内烟头阴燃而起火时，大楼中无自动报警和自动灭火设备，不能及时发现并扑灭火势，加之缺乏防火分区，又是木质的竖井门，火势迅速蔓延成灾，造成137人死亡，损失严重。

二、火势蔓延途径多，速度快

高层建筑中竖向管井多，如楼梯间、电梯井、管道井、电缆井、排气道、垃圾道等，如果在设计或施工中，对防火分隔措施缺乏考虑或在施工中未按设计图纸施工，发生火灾时，这些管井会像一座座高耸的烟囱有着很大的拔气作用，成为火势蔓延的途径。试验证明，在火灾初起阶段，因空气对流而产生的烟气，在水平方向扩散速度为0.3~0.5m/s，在火势燃烧猛烈阶段，由于高温作用，热对流而产生的烟气扩散速度为0.5~3m/s；烟气沿楼梯间、管道井等竖向管井的竖直扩散速度为3~4m/s。例如，韩国汉城22层的大然阁旅馆，二楼咖啡间的液化石油气瓶爆炸起火，烟火很快蔓延到整个咖啡间和休息厅，并相继通过楼梯和其他竖向管井迅速向上蔓延，顷刻间全楼变成了"火塔"。大火烧了约9h，烧死163人，烧伤60人，损失惨重。

又如美国亚特兰大市15层的维纳考夫饭店，只有一座开敞式楼梯，并无水平防火分区，多个竖井也无耐火分隔，1946年12月7日失火后火烟立即沿楼梯、竖井上窜，最后造成119人死亡。再如，杭州西泠宾馆，设有通风、空调系统，用软木作风管的保温材料，并且送回风总管以及每层水平风管与竖直风管的交接处，都未安装防火阀，1981年8月的一个夜晚发生火灾，火势沿着风管和风管的保温材料，迅速向上蔓延，同时向各层水平通道很快蔓延，全大楼很快成为一个"火焰柱"。

另一方面，高层建筑楼高风大，这也是导致高层建筑火势蔓延迅速的一个重要因素，因为风速是随着建筑物高度增加而相应加大的，其规律见表4-6所例。

不同高度的风速比较   表4-6

高度（m）	风速实测数值（m/s）	高度（m）	风速实测数值（m/s）
10	5	60	12.3
30	8.7	90	15

由此可见，一旦火灾发生，火借风势，风助火威，供氧充足，火烟温度高，导致火风压大，而使火猛烈燃烧，并迅速蔓延：日本对东京的火灾统计表明，风速超过6m/s时，大型火灾约增加3倍。同时，高空的劲风因火场强大的热对流而更加猛烈，由起火建筑飞散的小型着火物随强风可飞出一两千米，这就可能使其他建筑起火，造成更大的区域性火灾。

三、疏散困难

高层建筑高度大，层数多，垂直疏散距离长，人员疏散到地面或其他安全场所需要的时间相应要增长。加拿大国家委员会在调查研究的基础上，推算出高层建筑内的人数，疏散时间和建筑高度的关系见表4-7所列。高层建筑内人员多，大楼起火后同时疏散将造成拥挤、堵塞的混乱状况，影响了安全疏散。在交通工具方面，平时使用的电梯，由于不防烟火和停电等原因而停止使用，因此，火灾时，层数不多，高度不大的建筑物，主要依靠楼梯向下疏散。如果楼梯不能有效地防烟、防火，则烟火很快就会灌满楼梯间，严重阻挡人们的安全疏散。加之目前国内消防登高车辆最大工作高度不超过50m，不能满足高层建筑火灾时抢救需要。前联邦德国在60m高的建筑内进行过演习，有的人员疏散时间达半小时。在50层建筑内通过楼梯将人员疏散完毕，其过程竟长达2h以上。根据美国的研究，25层是达到安全疏散的最大限度，建筑越高，则需时间越长，其遭受的危险也越大。

一个1.1m宽的楼梯的安全疏散时间 表4-7

建筑物层数	每层240人(min)	每层120人(min)	每层60人(min)
50	131	66	38
40	105	52	36
30	78	39	20
20	51	25	13
10	38	19	9

四、扑救困难

高层建筑高度大，可以从几十米到上百米，甚至超过数百米，发生火灾时现有的消防设备、水平及救护设施，从室外进行扑救相当困难，因为我国现有消防车喷水高度最高只能达到20多米，国外生产的登高云梯车，最多也只能达到60多米，要抢救更高层火灾被困人员脱离火场的危险，还是很困难的。加之裙楼等障碍，消防车、云梯车难以靠近主楼，所以一般要立足于自救，即主要靠室内消防，但由于目前我国经济技术条件所限，高层建筑内部消防设施还不可能很完善，尤其是二类高层建筑以消火栓系统扑救为主，因此，扑救高层建筑火灾往往遇到很多困难。

（1）热辐射强，烟雾浓，火势向上蔓延的速度快和途径多，消防人员难以堵截火势蔓延，而且容易受烟火的熏烤受伤或被有毒气体毒害晕倒，甚至中毒死亡；

（2）扑救高层建筑火灾缺乏实战经验，指挥水平不高；

（3）因消防用水量是根据目前的技术经济水平，按一般的火灾规模考虑的，当形成大面积火灾时，其消防用水量显然不足，需消防车向高楼供水，建筑物内如果没有安装消防电梯，消防人员因攀登高楼体力不够，不能及时到达起火层进行扑救，消防器材也不能随时补充。我国的试验表明，消防队员全副武装登楼时，只能有效地登高20多米，超过这个高度后已无进行灭火战斗的体力，而这个高度仅相当于高层建筑的起始高度，同时还不排除在火场遇险的可能性。例如，美国42层的韦斯特威克大楼火灾，消防队员赶到火场时，见大火在20层以上楼层燃烧，只好冲进大楼寻找消火栓接水带喷水灭火，结果消防队员中127人受伤。

由此可见，高层建筑火灾在灭火、营救被困人员方面都比较困难。

第四节　高层建筑总平面布局和平面布置

在进行总平面设计时，应根据城市规划，合理确定高层建筑的位置、防火间距、消防车道和消防水源等。高层建筑不宜布置在火灾危险性为甲、乙类厂(库)房，甲、乙、丙类液体和可燃气体储罐以及可燃材料堆场附近。[1]

一、单体建筑的规划布局

在进行各种类型高层建筑布局时，除须考虑一般的要求外，从防火安全的角度看，高层建筑布局应着重解决以下几方面的问题。

（一）远离有危险的建筑物

在工业城市里，具有起火或爆炸危险的建筑对其他建筑的威胁甚大。例如，1973年1月9日天津杨柳青发电厂4000m³钢筋混凝土油罐爆炸，烟火飞腾高达70多米，近万平方米内一片火海，损失很大。所以，高层建筑应远离生产或储存火灾危险性为甲、乙、丙类产品的厂房或库房（如农药厂乐果车间、胶片厂片基车间、乙炔站、氢气站、赛璐珞车间、石油气体分离厂房、氧气站、煤油灌桶间、甲胺厂房、面粉厂、碾磨车间等），远离甲、乙、丙类液体储罐或罐区以及可燃材料堆场。高层建筑最好建设在城市主导风向的上述建筑、堆场区的上风向。

（二）应与消防站保持近便的联系

世界各国的高建筑主要都修建在大、中城市内，并根据城市规划及使用性质的不同，可能在市区或郊区建造。不论设置在何处都应该考虑交通的便利性，这不仅是为了大量人流集散的需要，也是为了能及时扑灭火灾的需要。高层建筑的位置应与消防站保持近便的联系，并应与城市交通干道有机相连，以便发生火灾时，消防人员能迅速到达火场扑救。

我国城市消防站的布局是从责任区的火灾危险性出发。根据重点单位、工商企业、人口密度、建筑状况以及交通道路、水源、地形等情况而设置的。

（三）应设能使消防车到达主体建筑跟前的消防车道

高层建筑起火后，除利用内部各种设施灭火和疏散以外，还须依靠专业消防队伍来扑灭火灾和抢救遇难人员。为了使各种消防车辆能靠拢建筑，应在建筑周围布置必要的消防车道。

消防车对于扑救高层建筑火灾的作用有以下几点：

1）高层建筑火灾有时会形成沿外部竖直蔓延的大火，火焰烧穿玻璃，沿外墙面向上层蔓延，还可能借风力沿水平方向窜向邻近建筑物。这时消防车可利用水枪阻止火焰蔓延，以便有效地控制火势扩大。

2）利用登高消防车（如云梯消防车、举高消防车等）可把消防人员从窗口送至着火层或从楼内救出被困人员。

3）利用消防泵浦车接上水泵接合器可向失火建筑物的消防供水系统供应灭火用水。

4）消防车积极参与火灾战斗，可使失火建筑物内的被困人员惊慌失措的情绪得以稳定。因为当人在严重火灾威胁下处于孤立无援的境地时，会产生绝望的心理（这就是有人在烟火的逼迫下会从高楼上跳下的原因），而看到有逃生的希望时，他会镇定下来，因而有利于施救工作。

5）消防车在必要时，还可进行破拆作业等。

因此在高层建筑主体附近设置消防车道是十分必要的。世界上多次高层建筑大火中，

---

[1] 厂房、库房的火灾危险性分类和甲、乙、丙类液体的划分，应按现行的国家标准《建筑设计防火规范》的有关规定执行。

消防车都发挥了极其重要的作用。如在设计中对消防车道考虑不周，火灾时消防车无法靠近建筑物，往往延误灭火战机造成重大损失。例如南京某厂大楼，由于其背面没有设置消防车道，发生火灾时消防车不能靠近而贻误了战机，致使大火延烧 3 个多小时，扩大了灾情。又如，英国普兰特旅馆发生火灾时，由于消防车被建筑物旁的汽车群阻挡而无法及时开展工作，最终烧死 5 人，损失严重。

我国《高层民用建筑设计防火规范》规定：

1）建筑物周围应设环形消防车道（可利用交通道路）。如设环形车道确有困难，也可沿建筑物的两个长边设置消防车道。当建筑的沿街长度超过 150m 或总长度超过 220m 时，应在适中位置设置穿过建筑的消防车道。穿过建筑的过街楼洞口尺寸如图 4-2 所示。

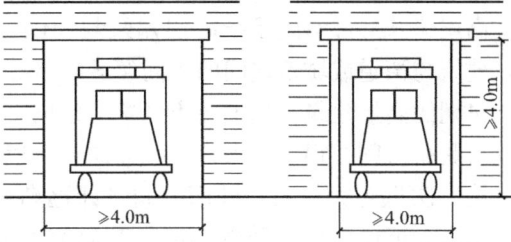

图 4-2　消防车道净宽和净空高度示意图

2）有封闭内院或天井的高层建筑沿街时，应设置连通街道和内院的人行通道（可利用楼梯间），其距离不宜超过 80m。

3）当建筑物有内院时，应设连通内院和街道的人行通道（可利用前后穿通的楼梯间），通道之间的距离不宜超过 80m。

4）如果建筑物内院或天井的短边长度超过 24m，宜设进入内院或天井的消防车道。

5）供消防车取水的天然水源和消防水池，应设消防车道。

6）消防车道的宽度不应小于 4m，其路边距建筑物外墙宜大于 5m，路面距道路上空障碍物的净空不应小于 4m。

7）尽头式消防车道应设回车道或回车场，回车场尺寸不宜小于 15m×15m，大型消防车的回车场不宜小于 18m×18m，如图 4-3 所示，这主要是根据目前使用较广泛的几种大型消防车而提出的。如曲臂登高消防车最小转弯半径为 12m，CFP2/2 型干粉泡沫联合消防车最小转弯半径为 11.5m。个别大型车辆，如进口的"火鸟"曲臂登高消防车，车身

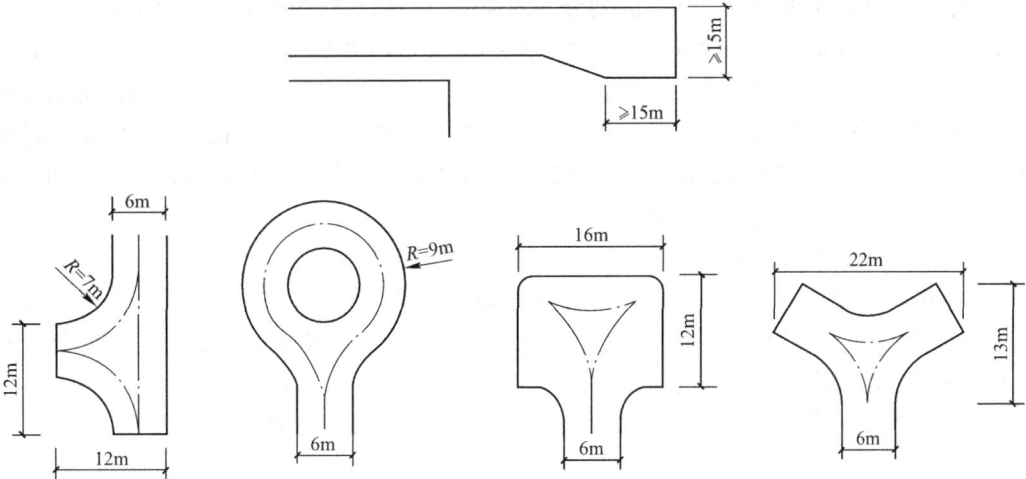

图 4-3　消防车回车场示意

全长达 15.7m，15m×15m 的回车场还不够用，遇有这种情况其回车场应按当地实际配置的大型消防车确定。

8) 有大型消防车辆的城市，其消防车道下的管道和暗沟等，应能承受大型消防车的压力。消防车道靠近建筑物一侧不应布置妨碍登高消防车辆操作的绿化、架空管线等，以便于灭火操作。

二、高层建筑的外部空间与防火间距

高层建筑外部空间是指高层建筑与周围建筑、城市街道之间的空间。它是建筑与建筑，建筑与街道或城市之间的中间领域，又称为有秩序的人造环境。

早期的高层建筑多选址在市区繁华地段，周边式平面紧压红线，占满基地，往往与相邻建筑紧贴或间距很小，入口雨棚伸向人行道上方，前后左右没有什么空间。

第二次世界大战后，外部空间设计逐渐被人们所重视，设计内容与手法逐渐丰富。20 世纪 70 年代以来，随着环境科学研究的发展，"创造为人使用的舒适的环境"已经成为高层建筑物内部及外部空间设计刻意追求的目标，许多设计实例别具匠心，效果显著。

（一）高层建筑的外部空间设计

1. 人、车分流，组织立体交通

高层建筑容纳众多的人群在其内部空间活动，而外部空间承担巨大人流，车流在水平地面聚散，特别当高层建筑发生火灾时，出于关心或好奇心等多种原因，常会在正面的主要出入口前聚集大量人群。这种情况不仅会妨碍消防车及时靠拢建筑，也严重影响室外各种扑救措施的顺利实施，同时还使得消防人员很难快速冲入建筑之内。例如，巴西圣保罗的安底斯大楼火灾时，消防队很快就接到报警，但由于市民涌向这幢大楼而妨碍交通，除附近消防部门的几台车到达现场外，较远处消防车均因受阻而迟到，致使火势迅速扩大。因此外部空间必须有良好的交通组织，合理地分设出入口、步行通道、车行通道及停车场。从消防角度而言，在建筑物正面设置一定面积的广场很有必要。如设广场有困难，也应适当加宽入口前的地段，给予必要的回旋余地。

2. 建筑的侧、背面出入口处布置空地

由于正立面艺术处理及平面功能划分上的需要，高层建筑的疏散出口及消防队专用入口常常只能布置在建筑的侧面或背面，当建筑物起火后，楼内人员要通过疏散楼梯下达到底层，跑到室外，部分消防人员也需要在此进行活动，因而建筑物的侧面、背面应有足够的空地来容纳脱险人员及消防人员。需要注意的是，这种空地不要设在有直接危险的范围内，以避免上部落下物及门窗洞口，冒出的火焰引起伤害。同时，要注其位置对消防车道和专用入口的影响，不使其妨碍扑救工作。

（二）高层建筑防火间距

高层建筑规划布局，无论是从功能分区、城市景观，还是从建筑物的外部空间设计（包括日照和"高层风"）等方面的因素，都要求建筑物之间，建筑物与街道之间要保留相当大的间距。而《高民用建筑设计防火规范》中所规定的防火间距是最低限的要求（见表 3-2）。是按目前我国所使用的消防水罐车、曲臂车、云梯登高消防车的停靠、通行、操作，结合火灾实践经验而定的，如图 4-4、图 4-5 所示。

两座高层建筑或高层建筑与不低于二级耐火等级的单层、多层民用建筑相邻，当较高一面外墙为防火墙或比相邻较低一座建筑屋面高 15.0m 及以下范围内的墙为不开设门、窗洞口的防火墙时，其防火间距可不限，如图 4-6 所示。

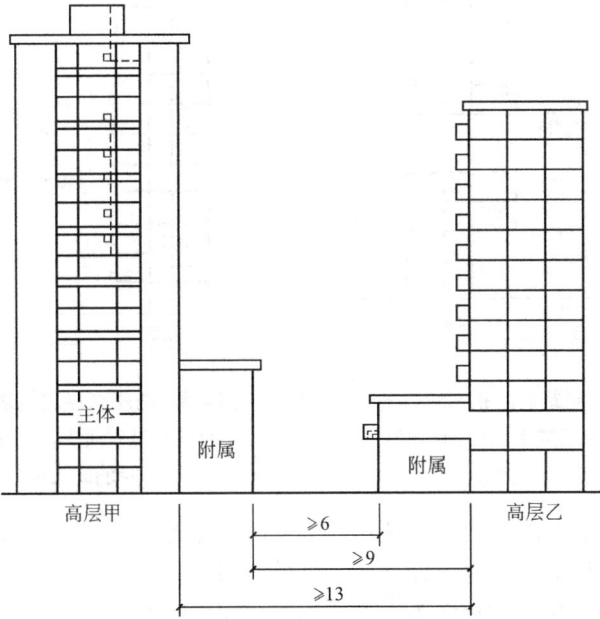

图 4-4　高层民用建筑之间的防火间距示意图

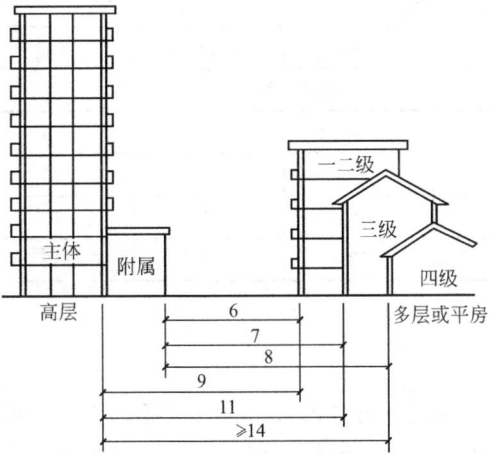

图 4-5　高层民用建筑与其他民用
建筑之间的防火间距示意图

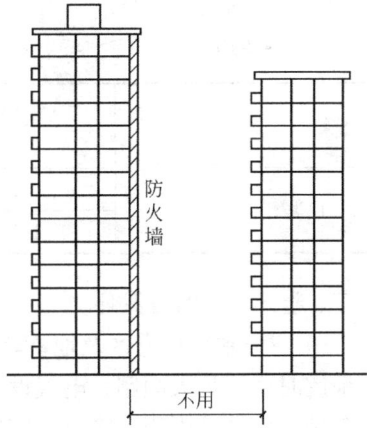

图 4-6　两座高层建筑之间相邻较高一面
的外墙为防火墙时的防火间距示意图

　　两座高层建筑或高层建筑与不低于二级耐火等级的单层、多层民用建筑相邻，当较低一座的屋顶不设天窗，屋顶承重构件的耐火极限不低于 1.0h，且相邻较低一面外墙为防火墙时，其防火间距可适当减小，但不宜小于 4.0m，如图 4-7 所示。

　　两座高层建筑或高层建筑与不低于二级耐火等级的单层、多层民用建筑相邻，当相邻较高一面外墙耐火极限不低于 2.0h，墙上开口部位设有甲级防火门、窗或防火卷帘时，其防火间距可适当减小，但不宜小于 4.0m，如图 4-8 所示。

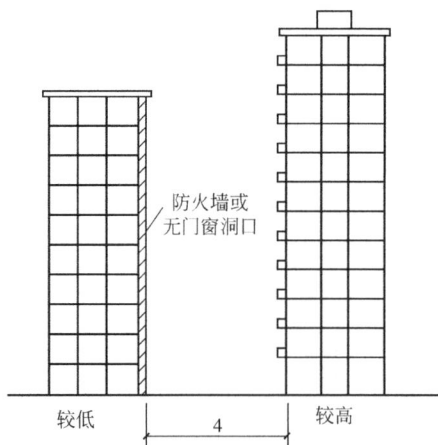

图 4-7 两座高层建筑之间相邻较低一
面的外墙为防火墙或无门窗洞口时
的防火间距示意图

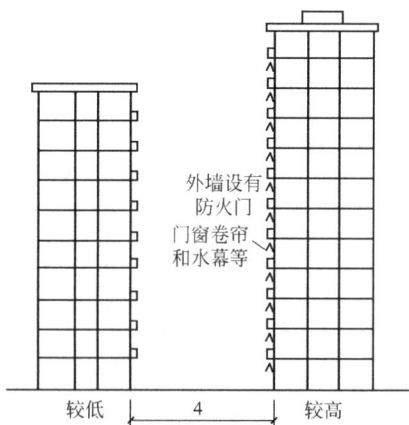

图 4-8 两座高层建筑之间相邻较高一面
的外墙设有防火门、窗、卷帘和水幕
时的防火间距示意图

高层医院等的液氧储罐总容量不超过 3.0m³ 时，储罐间可一面贴邻所属高层建筑外墙建造，但应采用防火墙隔开，并应设直通室外的出口。

高层建筑与厂(库)房的防火间距，不应小于表 4-8 的规定。

高层建筑与厂(库)房的防火间距(m)　　　　　　表 4-8

厂(库)房			一类		二类	
			高层建筑	裙房	高层建筑	裙房
			防火间距(m)			
丙类	耐火等级	一、二级	20	15	15	13
		三、四级	25	20	20	15
丁类、戊类		一、二级	15	10	13	10
		三、四级	18	12	15	10

三、避开不利的自然环境

(一)避开地震多发区及地基软弱区

地震时由于炉火倾倒、电气设备遭到破坏等原因，可能形成多种着火源，由于房屋倒塌使各种物质散乱堆积，管道、容器破裂造成可燃气体、液体泄漏、外流，又增加了许多易燃物，它们一旦互相结合。就会起火燃烧。各国的经验说明，地震后必然要出现多起火灾。例如，1975 年我国辽宁海城、营口发生 7.3 级地震，当时共出现火灾 32 起；1976 我国唐山、丰南地区发生强烈地震，在地震区发生多处火灾，在地震波及区北京、天津、秦皇岛、张家口等地也形成多起火灾。

从国外情况看，1906 年美国旧金山发生 8.3 级地震，全市有 50 多处同时起火；1923 年日本东京和横滨之间发生 8.2 级地震时，横滨全市有 208 处，东京有 136 处同时起火。由于地震使消防设施及城市供水管网遭到严重破坏，加上道路堵塞，通信中断，造成灭火极为困难，多发的火灾则乘着风势延烧扩大。旧金山地震的大火烧了三天三夜，而地震本身造成的损失最多只占全部损失的 20%。横滨被烧掉 4/5，东京被烧掉 2/3，死亡的十余万人中直接因地震而死的不足 1000 人，绝大多数都死于火灾。可见，地震造成的火灾危害大大超过地震本身带来的损失。

在地震的影响下，高层建筑内部即使未起火，但有可能遭到城市中另外建筑物火灾的延烧。另外，较强烈的地震（或较大的不均匀沉降）能引起高层建筑内的某些部位产生裂隙，甚至破坏某些防火设施。发生火灾时烟火会沿着这些裂隙扩散。自动报警、灭火及排烟装置也可能受损而失去作用，这就加大了火灾的危害性。如果不能避开地震多发区，则必须采取相应的措施，例如从结构和构造方面提高抗震和耐火性能，采用有效的防火、灭火装置，严格控制火源等，以尽量减少地震或不均匀沉降所带来的危害。

从城市规划的角度来看，地震区的城市内应设置阻止火势蔓延和供灾民避难的公园和绿地。例如东京拟定防灾计划，要在市区建筑群内设置 121 个宽敞的避难场；前苏联规定在地震烈度为Ⅶ、Ⅷ、Ⅸ度的地区内，建筑群应以广场、绿带或水渠分隔开。同时，还应加大街道里弄的宽度，以利防火和灭火。前面述及的东京大火由于狭小的街道起不了隔火的作用，加之多处堵塞使消防车无法通行。造成火势失去控制。旧金山大火也是由于同样的原因而烧了数天，最后用炸药在火区炸出防火带，才阻止了火势的发展。为此，东京规定建造 24 条 44m 以上宽度的道路，还规定必要地方的道路宽度为 50～100m。此外，还须保留市区内河道湖泊等水域，供救火和灾民饮水之用。这些措施可提高层建筑在地震时的安全性。

（二）宜避开特强风的地区

由前可知，风可使火势蔓延加快，可使火灾的发生率提高，风力越大火灾的危害也越大。对于高层建筑，强风除了在其内部助长火灾外，还可能带来附近火灾的飞火。当高层建筑发生火灾时，如果外窗处于开启状态，强风能送入大量空气使火势迅速扩大，并助长烟火向建筑物内部及上层蔓延。外窗如果关闭，则室温急剧升高且热压迅速增大，当室内充满高热的烟火时，金属窗框及玻璃会很快变形、破裂，此时强大的风力仍能加速火势的扩散。

这里顺便提下火灾风暴，它的基本特性存在于任何形式的火灾之中：高热的烟火随着热气流向上升腾，冷空气则由四周流向着火的区域补充，当出现猛烈的大面积燃烧时，这种空气的流动就可产生飓风般的力量，在火区内能拔起树木和摧毁建筑，这就形成了所谓火灾风暴。实践证明，火灾风暴总是由于大范围的火灾而产生。第二次世界大战中，德国汉堡和德累斯顿受到的巨大破坏便伴随着强大的火灾风暴。在 1973 年 10 月美国马萨诸塞州的切尔西大范围火灾里，也出现了火灾风暴的现象。由于强风能使火灾的范围迅速扩大，便助长了火灾风暴的形成和更加剧烈化，此时高层建筑也难于幸免。

四、高层建筑的平面布置

建筑体型一方面综合反映内部空间，又在一定程度上反映建筑的特性及一定历史时期及一定民族、地区的特点。随着社会生产力、科学技术的发展，随着社会意识、建筑思潮的更新变化，建筑体型也在不断改变。

高层建筑体型不仅反映内部空间关系，还常是街道、广场、城市一个区域的构图中心，在城市景观中起着重要作用，因此高层建筑体型设计需要根据现有的经济技术水平，采取"从内到外"，再"从外到内"的构思过程，处理好功能、空间与形式的辩证统一关系，处理好与环境的关系，以求在满足功能要求的同时，生根于特定环境，给人以美的感受。同时还要切实注意防火安全问题，因为体型与风的流速，与火灾蔓延，尤其是沿外部蔓延的火灾有很大的关系。

一般来说，板式、条式建筑体型较规整。反映在平面上，图形较规则，较少有凹进凸出，例如山字形、口字形、一字形、复"盒"形、梭形、弧形等都属于这一种。从防火角度来看，这些平面较为有利，但立面需要处理好，才不致显得呆板。如广州白天鹅宾馆，呈梭形平面的客房楼，每块斜面由无数的斜角小阳台组合而成，大小斜面形成有变化的光影效果，整个体型简洁、明快，如图4-9所示。

图4-9 广州白天鹅宾馆

美国华盛顿国际卫生组织总部办公楼和丹麦胡尔斯玛塞里斯大街公寓，其平面都比较简单，但立面处理得很好，如图4-10、图4-11所示。

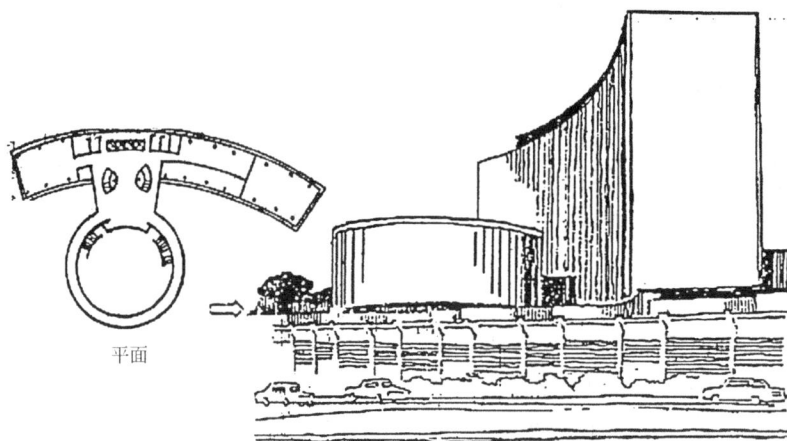

平面

图4-10 美国华盛顿国际卫生组织总部

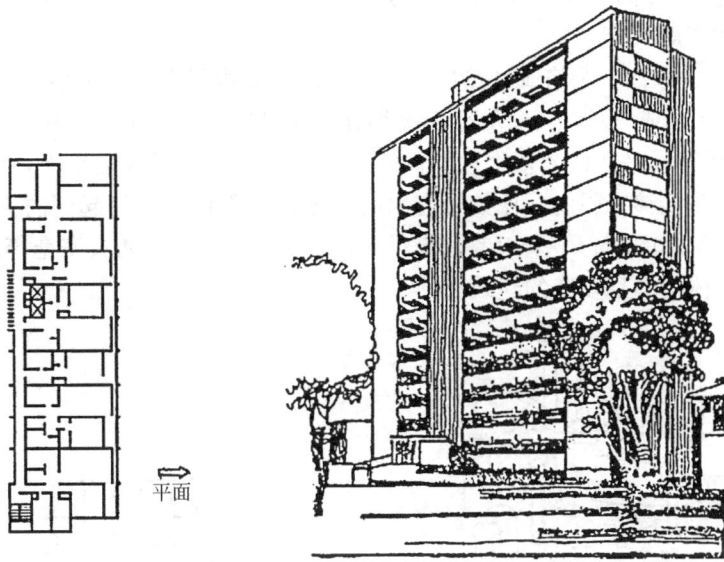

图 4-11　丹麦奥尔胡斯玛塞里斯大街公寓

　　高层办公楼、旅馆等公共建筑，其体型相对于其巨大的体量来说，是显得比较规整的。但是对于高层住宅，尤其是点式（又称塔式）住宅，大都体量小，加之考虑景观、日照、通风、每户的布局等，体型变化大，平面复杂，凹进、凸出的地方多而深。图 4-12 是一住宅建筑平面，它由两个口字形单元组合起来，单元平面的基本类型属于外廊式，有内天井，有利于厨房和厕所采光、通风。建筑坐落在两条城市干道的交叉口，两个单元组合起来，获得较厚重的体型，从景观、日照、通风等方面看，这一平面设计不失为一佳作，但从防火考虑，却显不妥。因为一旦失火，狭小细长的内天井便是一个拔火筒，火势

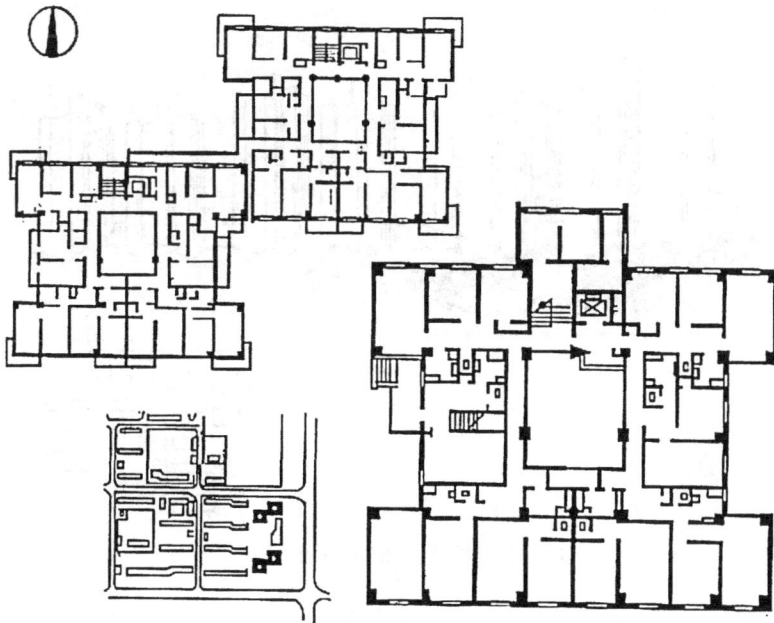

图 4-12　塔式高层住宅平面布置示意

73

会迅速地向上蔓延。到了冬季，强大的抽力将冷风从敞开的底层门洞口抽进，使布置于内天井周边的外廊变得阴冷。

图 4-13 所示的平面，为塔式体型，核心式平面，周边凹进凸出很多，如果厨房着火，这些窄胡同也会形成一个个拔火筒，火焰窜出窗口，危及对面，并很快向上蔓延。图 4-14 所示的风车形平面住宅楼也有同样的缺陷。当然，采用这类平面，如果局部处理得好，这一弱点是能够克服的，比如做突出的实体挡板阳台，就可起到防火挑檐的作用。只要充分发挥建筑师的匠心，全面考虑景观、日照、住户布局、防火安全等因素，就能设计出平面合理，体型丰富多变的建筑物。

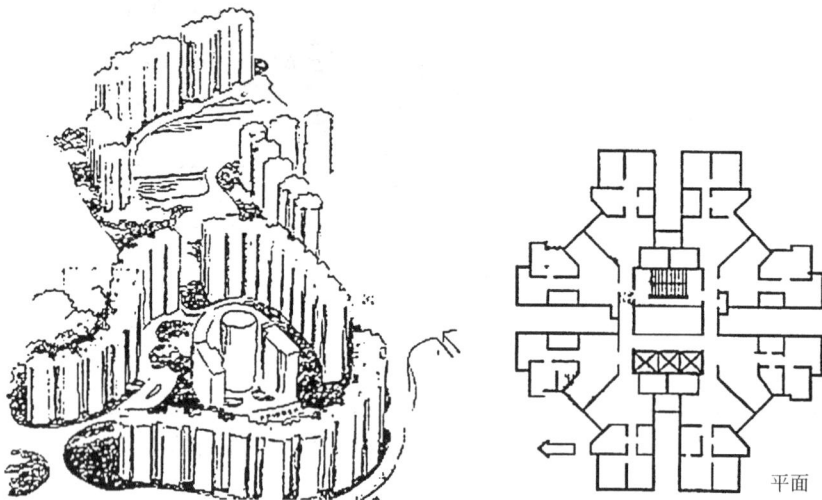

平面

图 4-13　香港地铁港岛支线康颐花园住宅区

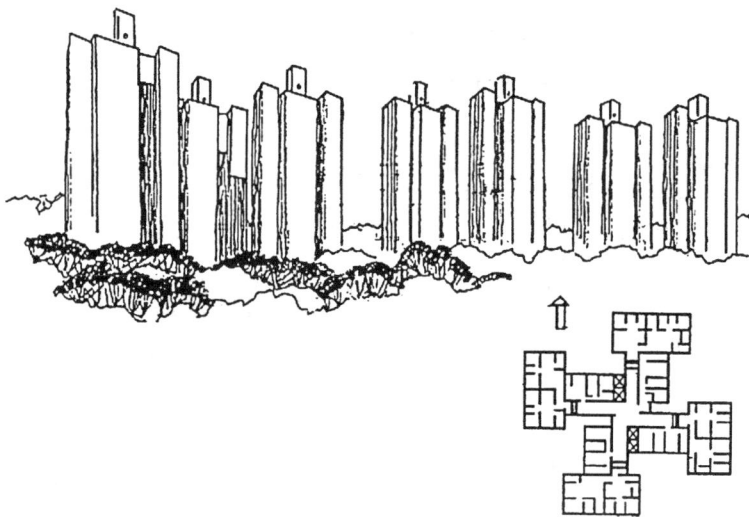

图 4-14　香港沙田穗禾苑住宅区

图 4-15 是一幢 16 层的住宅楼，在前苏联巴库，这里属高纬度地区，东、西、南均是好朝向。标准层为 5 户，呈梯形。每户在两个房间设有悬挑阳台，使立面出现竖向划分变

化，使体型显得挺拔而富有变化。这幢建筑就避免了上述的烟囱效应，突出的阳台还可起到防火挑檐的作用。

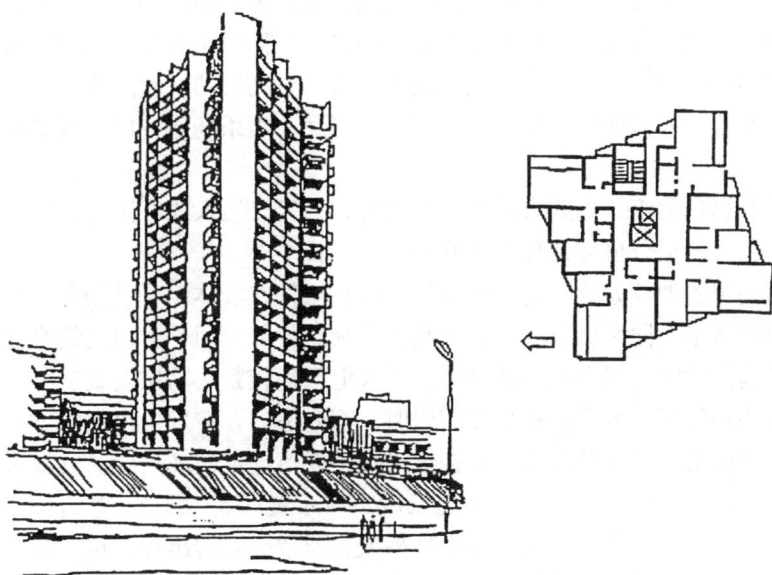

图 4-15　莫斯科住宅楼

　　图 4-16 是深圳亚洲大酒店。平面三条腿互成 120°。三条内廊的交会处是交通枢纽。这种平面使体型多变化，立体感强。体型设计也避免了烟囱效应，从防火角度看是较安全的。

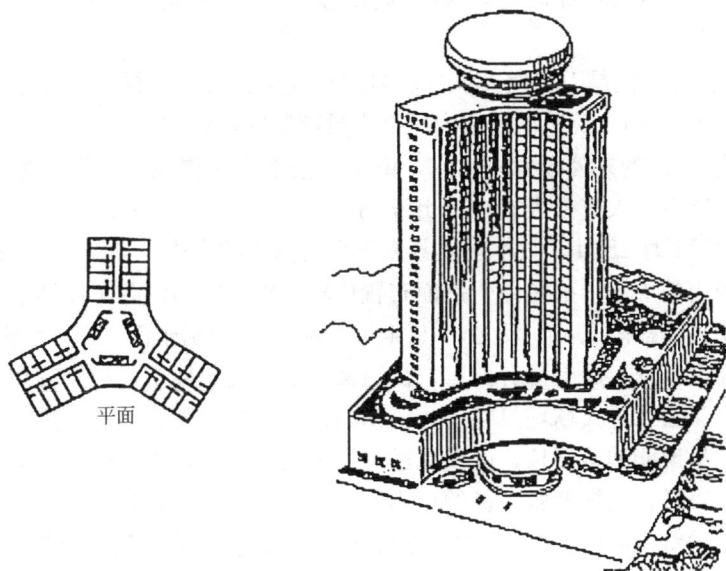

平面

图 4-16　深圳亚洲大酒店

五、裙房的消防设计

随着人们对高层建筑外部空间设计的逐步重视，裙房作为外部空间设计的一种手法，在高层建筑设计时逐渐被采用。

高层建筑主体体量大，尺度惊人，必然会给在其外部空间活动的人带来一种心理上的压抑感，为了创造一个舒适的外部环境，减轻人们的这种心理压抑感，必须有一种适应人体尺度的过渡，而裙房设计即是常用的设计手法之一。低层裙房与周围建筑尺度相近，又可使人们与高层主体隔开一定距离，大大改善了人们对高层的尺度感受。

裙房内多布置对外营业的百货商场、展厅、餐厅、娱乐场所、门厅或多层车库等公共活动用房。

高层塔楼和裙房的组合方式大体上可归纳为并列式、插入式、围合式三种方式。在条件允许时，高低层的组合也可几种方式并用。

并列式适用于占地较大的基地。其低层裙房有条件在群体组合及局部处理上运用传统手法，体现民族风格，同时也有助于衬托高层，活跃外部空间，突出建筑个性。插入式适于用地较紧的高层建筑，围合式也适合于体量大但用地较紧的高层建筑。

不论是采用哪种组合方式，在平面布置时，都应考虑，在发生火灾时，登高消防车能够靠近高层主体建筑，迅速抢救人员和扑灭火灾。规范规定，高层建筑的底边至少有一个长边或周边长度的1/4且不小于一个长边长度不应布置高度大于5m，进深大于4m的裙房，并且在此范围内必须设有直通室外的楼梯或直通楼梯间的出口，也就是说，高层塔楼的疏散楼梯间和消防电梯前室必须在留出的1/4周边范围内，以便获得直通室外的出口。

根据北京、上海、广州等大中城市的实践经验，在发生火灾时，消防车辆要迅速靠近起火建筑，消防人员要尽快到达着火层（火场），一般是通过直通室外的楼梯间或出入口进入起火层，开展对该层及其上、下层的扑救作业；而登高消防车功能试验证明，高度在5m，进深在4m的附属建筑，才不会影响扑救作业。

例如，1991年5月28日，大连饭店（高层建筑）发生火灾，云梯车救出无法逃生的人员；

1993年5月13日南昌万寿宫商城（高层建筑）发生火灾，云梯车发挥了很大作用，在这座建筑倒塌之前6min，云梯车把楼内所有人员疏散完毕；1979年7月29日，肯尼亚内罗毕市中心一座17层的办公楼发生火灾，由于大楼平面布置较为合理，为使用登高消防车创造了条件，减少了火灾损失；1970年7月23日美国新奥尔良市路易斯安那旅馆发生的火灾，1973年11月28日，日本熊本县太洋百货商店的大火，1985年4月19日，我国哈尔滨市天鹅饭店的火灾，都是由于平面布置比较合理，登高消防车能够靠近高层主体建筑而救出了不少火场被困人员。反之，1984年1月4日，韩国釜山市一家旅馆发生火灾，由于大楼总平面不合理，周围都有裙房，街道又狭窄，交通拥挤，尽管消防队出动数十辆各种消防车，也无法靠近火场，只能进入狭窄的街道和旅馆大楼背面，进行人员抢救和灭火行动。云梯车虽说能伸至楼顶，但没有适当位置供它停靠，消防队员只能从楼顶放下救生绳和绳梯，让直升机发挥营救人员的作用，这样延误了扑救时间，致使38人葬身火海。

当然，对于"留出高层塔楼1/4的周边长度不布置和主体建筑相连的高度在5m，进深在4m以上的裙房"实在有困难并且当地的地理环境又容许，如傍山或靠近立交桥的高层建筑，也可让消防车驶上裙房的平屋顶上，这时裙房设计必须满足以下几点要求：

1）裙房的承重柱、梁、楼板应满足一级耐火等级建筑的要求；

2）各种承重构件应能承受最大型消防车的载重量；

3）上屋面的坡道坡度应符合公路设计的有关规定；

4）屋面应留有足够消防车作业的面积；

5）屋面应设消火栓和水泵结合器。

一般来说，高层建筑大多设有裙房，如大型的公共建筑和临街的高层住宅（低层设商店的所谓"商住楼"）。裙房是人群较集中的场所，火灾危险性大，发生火灾后，疏散困难。它设计的合理与否，还直接关系着高层主体的安危，所以对它的防火安全也应予以特别关注。

六、人员密集的厅、室防火设计

设在高层建筑内的宴会厅、多功能厅、观众厅、大会议厅等公共活动用房，常常是人员密集的场所，对于这类公共活动用房，宜设在首层或二、三层。这样，一旦发生火灾时，能尽快使人员疏散，同时也能省去不少用于疏散设施的建设费用，可达到既方便又经济的目的。

目前国内外不少高层建筑的设计者为了充分利用顶层视野宽阔的有利条件，以及有利结构上的处理，对顶层设计公共活动用房的做法愈来愈感兴趣。如上海某百货公司顶层设有一个能容纳千人的礼堂兼电影厅；广州某大厦顶层设有能容纳两、三百人的餐厅。国外从 20 世纪 60 年代就已开始了高层旅馆顶层设旋转餐厅，以提供环视条件，现在已成为豪华旅馆的象征，这似乎已成为一种时尚。

在高层建筑顶层设公共活动用房可以满足人们登高远眺的心理愿望。白天人们在顶层可凭窗小憩，远近山水、大街小巷，尽收眼底。夜晚，顶层公共活动用房又在吸引人们吃、喝、娱乐的同时，伴着满天星斗，遥看万家灯火。然而，这种顶层公共活动用房都是安全疏散较困难的部分。所以《高层民用建筑设计防火规范》规定，高层建筑内的观众厅、会议厅、多功能厅等人员密集场所，应设在首层或二、三层，当必须设在其他楼层时，应符合下列要求：

（1）容纳人数不宜超过 400 人；

（2）一个厅、室的安全出口不应少于两个；

（3）必须设置火灾自动报警系统和自动喷水灭火系统；

（4）幕布和窗帘应采用经阻燃处理的织物。

高层建筑内的歌舞厅、卡拉 OK 厅（含具有卡拉 OK 功能的餐厅）、夜总会、录像厅、放映厅、桑拿浴室（除洗浴部分外）、游艺厅（含电子游艺厅）、网吧等歌舞娱乐放映游艺场所，应设在首层或二、三层；宜靠外墙设置，不应布置在袋形走道的两侧和尽端，其最大容纳人数按录像厅、放映厅为 1.0 人/m² ，其他场所为 0.5 人/m² 计算，面积按厅室建筑面积计算；并应采用耐火极限不低于 2.00h 的隔墙和 1.00h 的楼板与其他场所隔开，当墙上必须开门时应设置不低于乙级的防火门。

当必须设置在其他楼层时，尚应符合下列规定：

1）不应设置在地下二层及二层以下，设置在地下一层时，地下一层地面与室外出入口地坪的高差不应大于 10m；

2）一个厅、室的建筑面积不应超过 200m²；

3）一个厅、室的出口不应少于两个，当一个厅、室的建筑面积小于 50m²，可设置一个出口；

4）应设置火灾自动报警系统和自动喷水灭火系统；

5）应设置防烟、排烟设施，并应符合本规范有关规定；

6）疏散走道和其他主要疏散路线的地面或靠近地面的墙上，应设置发光疏散指示标志。

地下商店应符合下列规定：

1）营业厅不宜设在地下三层及三层以下；

2）不应经营和储存火灾危险性为甲、乙类储存物品属性的商品；

3）应设火灾自动报警系统和自动喷水灭火系统；

4）当商店总建筑面积大于 20000m² 时，应采用防火墙进行分隔，且防火墙上不得开设门窗洞口；

5）应设防烟、排烟设施，并应符合规范有关规定；

6）疏散走道和其他主要疏散路线的地面或靠近地面的墙面上，应设置发光疏散指示标志。

托儿所、幼儿园、游乐厅等儿童活动场所不应设置在高层建筑内，当必须设在高层建筑内时，应设置在建筑物的首层或二、三层，并应设置单独出入口。

七、辅助用房防火设计

高层建筑，尤其是规模宏大，功能复杂的商层建筑，都设有各种类型的辅助用房，这些房间内常有易燃、易爆及危险物品，所以它们的消防设计同样十分重要。

不少高层建筑，特别是一些高级的大型旅馆、综合楼、办公楼等，都设有燃油或燃气锅炉房和自备发电机房、空调机房、汽车库等火灾危险性大的房间，这些房间最好脱离高层主体建筑和裙房，单独建造。但由于城市用地紧张和其他因素，许多高层建筑做不到这一点，这些辅助用房只能布置在高层主体建筑、裙房或地下室内。这样就应该采取有效的防火安全措施。

燃油或燃气锅炉、油浸电力变压器、充有可燃油的高压电容器和多油开关等宜设置在高层建筑外的专用房间内。当设备受条件限制需与高层建筑贴邻布置时，应设置在耐火等级不低于二级的建筑内，并应采用防火墙与高层建筑隔开，且不应贴邻人员密集场所。当上述设备受条件限制需布置在高层建筑中时，不应布置在人员密集场所的上一层、下一层或贴邻，并应符合下列规定：

（一）锅炉房

（1）燃油和燃气锅炉房、变压器室应布置在建筑物的首层或地下一层靠外墙部位，但常（负）压燃油、燃气锅炉可设置在地下二层；当常（负）压燃气锅炉房距安全出口的距离大于 6.0m 时，可设置在屋顶上。采用相对密度（与空气密度比值）大于等于 0.75 的可燃气体作燃料的锅炉，不得设置在建筑物的地下室或半地下室。

（2）锅炉房、变压器室的门均应直通室外或直通安全出口；外墙上的门、窗等开口部位的上方应设置宽度不小于 1.0m 的不燃烧体防火挑檐或高度不小于 1.2m 的窗槛墙。

（3）锅炉房、变压器室与其他部位之间应采用耐火极限不低于 2.00h 的不燃烧体隔墙和 1.50h 的楼板隔开。在隔墙和楼板上不应开设洞口；当必须在隔墙上开门窗时，应设置耐火极限不低于 1.20h 的防火门窗。

（4）当锅炉房内设置储油间时，其总储存量不应大于 1.0m³，且储油间应采用防火墙与锅炉间隔开；当必须在防火墙上开门时，应设置甲级防火门。

（5）锅炉的容量应符合现行国家标准《锅炉房设计规范》（GB 50041—2008)的规定。

（6）应设置火灾报警装置和除卤代烷以外的自动灭火系统。

（7）燃气、燃油锅炉房应设置防爆泄压设施和独立的通风系统。

目前国内外不少高层建筑将燃油、燃气锅炉房布置在高层主体建筑的平屋顶上。从发展趋势看，锅炉房设在屋顶会越来越多，如果采取了有效安全防火措施，可以防止和减少火灾爆炸事故发生，应该是允许的。

（二）可燃油油浸电力变压器室，高低压配电室的防火

变压器内的绝缘物和支架，大多是可燃物，并有大量的绝缘油。一旦发生故障或严重过载产生电弧时，将使变压器内的绝缘油迅速发生热分解出氢气、甲烷、乙烯等可燃气体，压力骤增，造成外壳爆裂大量喷油或者析出的可燃气体与空气混合形成爆炸混合物，在电弧或火花的作用下引起燃烧爆炸，高温绝缘油流到哪里；火就会烧到哪里，致使火势蔓延。高低压配电室中的一些设备，如充有可燃油的高压电容器、多油开关等为增加绝缘和降低运行温度，采用了大量的可燃油，火灾危险性也较大。所以《高层民用建筑设计防火规范》规定：

（1）变压器室之间、变压器室与配电室之间，应采用耐火极限不低于 2.00h 的不燃烧体墙隔开。

（2）油浸电力变压器、多油开关室、高压电容器室，应设置防止油品流散的设施。油浸电力变压器下面应设置储存变压器全部油量的事故储油设施。

（3）应设置火灾报警装置和除卤代烷以外的自动灭火系统。

（三）自备发电机房的防火

为使消防用电设备不受故障、检修及火灾断电的影响，高层建筑除采用双回路供电外，常自备柴油发电设备，自备发电可作为第二电源。

自备发电机房宜单独设置，宜放在高层主体建筑或裙房的首层或地下一层，柴油发电机房布置在高层建筑和裙房内时，应符合下列规定：

（1）可布置在建筑物的首层或地下一、二层，不应布置在地下三层及以下。

（2）应采用耐火极限不低于 2.00h 的隔墙和 1.50h 的楼板与其他部位隔开，门应采用甲级防火门。

（3）机房内应设置储油间，其总储存量不应超过 8h 的需要量，且储油间应采用防火墙与发电机间隔开；当必须在防火墙上开门时，应设置能自动关闭的甲级防火门。

（4）应设置火灾自动报警系统和除卤代烷 1211、1301 以外的自动灭火系统。

（四）汽车库的防火

汽车库的火灾发生几率较高，最好单独建造，如天津凯悦饭店的双层汽车库脱离主体建筑，单独设置。有不少国内外的高层建筑为了节省用地，方便管理，将汽车库设在高层建筑的地下室或其他层，如深圳国贸中心、北京长城饭店、西苑饭店等，均在地下层设有汽车库。

根据实践经验和参考国外有关资料，规范对附设在高层民用建筑内的汽车停车库作了防火规定：设在高层建筑内的汽车停车库，其设计应符合现行国家标准《汽车库、修车库、停车场设计防火规范》（GB 50067—97)的规定。

第五节　中庭防火设计

一、中庭的火灾危险性

中庭是一种贯通数层，乃至数十层，具有很高顶棚的封闭式空间，这种空间不同于以往的在建筑物内划分成层状的空间，因而防火分区被上下贯通的大空间所破坏。因此，当中庭防火设计不合理时，就会有火灾危害，急速扩大的可能性。其危险在于：

1. 火灾不受限制地急剧扩大

中庭空间一旦具有室外火灾环境条件，会由通风支配型燃烧转变为燃料支配型燃烧，因此，很容易使火势迅速扩大。

2. 烟气迅速扩散

由于中庭空间形似烟囱，因此易产生烟囱效应。若在中庭下层发生火灾，烟火就进入中庭，若在上层发生火灾，中庭空间的烟气不能向外排出去时，就会向周围层间扩散，并进而扩散到整栋建筑物，危险性很大。

3. 疏散危险

由于烟气迅速扩散，整幢楼的人员有同时疏散急迫感，人们争先恐后夺门抢道，极易出现人员伤亡。

4. 不能阻止火灾在楼层间扩大

中庭空间的顶棚很高，采取以往的灭火探测和自动喷水灭火装置等方法不能达到火灾早期探测和初期灭火的效果，因为即使在顶棚下设置了自动水喷头，由于太高，而温度达不到额定值水喷头就无法感受而动作。

5. 扑救活动可能受到的影响

1）要在数层楼进行灭火；

2）消防队员不得不沿多数疏散人员逃生的相反方向进入，这就会在出入的通道上相撞；

3）火灾迅速扩大，应该阻止火势扩大的地方很多，很难确定从何处着手；

4）烟雾迅速扩散并充满空间，严重影响扑救活动；

5）火灾时，屋顶和墙面上的玻璃因受热破裂而散落，对消防队员造成威胁。

中庭存在的上述问题，大部分都有互为因果的关系。因此，必须采取有效措施才能得到妥善解决。

还应当考虑到中庭用途的变化，这种变化会严重影响已有的可燃材料的种类和数量。例如以中庭空间为特色而吸引大量观众的演唱会等，以及随之而带来的座位、台架、戏剧照明设备和其他附属设备，这些都增加了火灾的危险性。

所以，中庭的防火性能是需要设计者煞费苦心予以考虑的。世界各国对中庭设计的规范制定或经验推广都非常谨慎，说明其防火难度确实较大。

二、国外规范关于中庭防火的规定

国外关于中庭防火最早的规范是美国 NFPA101《生命安全规范》（Life safety eode）。

今天，我们看到美国许多高层建筑中设置了中庭，并且贯通 20 层甚至 30 层或更高的楼层，都是在该规范的等效规定条件下产生的。例如 NFPA101《生命安全规范》（1981

年版)中，有这种等效规定，这是当时包括中庭在内的建筑物结构的最低标准。根据其中条款规定的条件，允许在旅馆和公寓中建造中庭，并且稍作修改，也允许在商贸楼和办公楼中设置中庭，其具体的防火规定内容大致如下：

1）中庭宽度不得小于 20 英尺（约 6m），且最小水平投影面积为 1000 英尺（约 93m²）。

2）建筑物的用途要规定在中等火灾危险等级范围以内，危险等级高的建筑物不能设置中庭。

3）中庭应是开敞的，在楼内人员遇到危险时，能清楚地看清着火情况。

4）紧急出入口应与中庭分开。

5）建筑物内部所有地方都要设自动水喷头。中庭的屋顶离地面高度大于 55 英尺（约 17m）时，中庭上部可不装水喷头。中庭高度小于 17m 时，可装自动水喷头。

6）要设置烟气控制系统。根据条件，顶部设机械排烟设备即可。但是要根据中庭的高度和容积确定大致的排烟量。每小时换气 4～6 次。

7）烟气控制系统或排烟系统应与设在中庭顶部的感烟探测器、自动喷水灭火装置和报警系统联动。

8）建筑物每 3 层可直接向中庭敞开（高度不限）。

9）中庭要用不小于 1h 的耐火隔板或水幕保护的玻璃墙与相邻的空间隔开。

10）中庭建筑贯通空间超过 6 层或中庭高度超过 75 英尺（约 22.86m）时，对于烟气控制和自动灭火设备的所有电气设备应设有事故（紧急）备用电源。

澳大利亚也执行大致相同的规定，但值得注意的是用具体数字表示假定的火灾规模。把火灾面积规定为 9（3×3）m²，火灾持续时间为 30min，发热量为 1.5×10⁵MJ。

英国 1980 年出版了《GLC 备忘录》，其中规定，在地上 24m 以下的高度都要设自喷水灭火装置，屋顶排烟口的开口面积占中庭面积的 1.25％（自动排烟时）5％（手动排烟时）。

1985 年出版了《GLC 的备忘录》的修订本，其中规定，装有自动喷水灭火装置时，可不作隔断的只限中庭最下部 3 层（且在离地面高度 24m 以下），而且最低限度必须由两屋顶排烟口保证。中庭每小时换气 6 次。若采用自然通风换气，中庭的高度只允许建 12m。排烟口面积占中庭面积的 10％以上，其中至少有一半的排烟口面积是自动操作。

三、我国规范的规定

根据国内外高层建筑中庭防火设计实际做法，参考国外有关规范的规定，我国《高层民用建筑设计防火规范》修订时，对中庭防火设计作了如下要求：

高层建筑中庭防火分区面积应按上、下层连通的面积叠加计算，当超过一个防火分区面积时，应符合下列规定：

1）房间与中庭回廊相通的门、窗，应设自行关闭的乙级防火门、窗，如图 4-17 所示。

2）与中庭相通的过厅、通道等，应设乙级防火门或耐火极限大于 3.00h 的防火卷帘分隔。主要起防烟防火势分隔作用，而不论是中庭还是过厅、通道及其他部位起火，都能起阻烟阻火作用，防止其相互蔓延扩大。

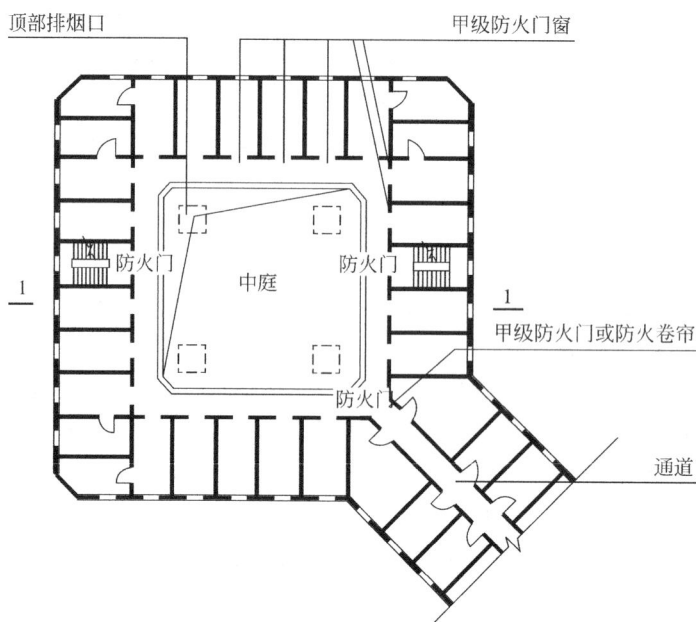

图 4-17　中庭防火要求

注：1. 图中所示的防火门窗均应该在火灾时自行关闭；

2. 与中庭相通的过厅、通道等处也可设置耐火极限大于等于 3.00h 火灾时能自动降落的防火卷帘。

3）中庭每层回廊应设有自动喷水灭火系统，以提高扑救初期火灾的实际效果。喷头要求 间距不小于 2m，也不能大于 2.8m，主要目的在于提高灭火和隔火的效能。

4）中庭每层回廊应设火灾自动报警系统。主要起到早报警，尽早扑救，减少火灾损失的作用。

5）设置排烟设施。

表 4-9 是部分国内外中庭消防设计的实例。

国内外部分中庭建筑情况一览表　　　　　　　　　　　　　　　　　表 4-9

序号	建筑名称	层数(层)	中庭设置特点及消防设施
1	北京京广大厦	12	中庭 12 层高，回廊设有自动报警、自动喷水和水幕系统
2	广州白天鹅宾馆	31	中庭开度为 70mm×11.5m，高 10.8m
3	厦门海景大酒店	26	中庭 6 层高，回廊设有自动报警、自动喷水灭火系统，设有排烟系统、防火门
4	西安(阿房宫)凯悦饭店	13	中庭 10 层，高 36.9m，回廊有自动报警、自动喷水灭火系统
5	厦门水仙大厦	18	中庭 3 层高，设有自动报警和自动喷水灭火系统
6	厦门闽南贸易大厦	33	中庭设在裙房紧靠主体建筑旁的连接处，设有自动报警和自动喷水灭火系统
7	上海金贸大厦	88	中庭高 152m，直径达 27m，设有火灾自动报警和自动喷水灭火设备
8	美国旧金山海厄特摄政旅馆	22	中庭 22 层高，各种小空间与大空间相配合，信息交融

序号	建筑名称	层数(层)	中庭设置特点及消防设施
9	美国亚特兰大桃树广场旅馆	70	中庭6层高，设有自动报警、自动喷水水幕设备
10	新加坡泛太平洋酒店	37	中庭35层高，设有自动报警喷水和排烟设备
11	日本新宿NS大厦	30	贯通30层，一、二层楼店铺用防火门和卷帘分隔，3楼设2台ITV摄影机，探测器

第六节　高层建筑的安全疏散

合理布置安全疏散设施，并正确地加以管理和使用，是保证高层建筑人员安全疏散的基本条件。对于一般高层民用建筑，主要安全疏散设施系指疏散楼梯、公共走道和安全出口、消防电梯，对于高层写字楼、宾馆、饭店，还有辅助疏散设施，如疏散阳台、缓降器、救生袋等，超高层建筑还有避难层等。在建筑设计时，应根据高层建筑的规模、使用性质、容纳人数和火灾时不同人的心理状态，合理设置各种设施，为安全疏散创造条件。

一、避难心理与行动

发生火灾时，人员的行动常受以下避难心理的支配：

1)"归巢性"，人有习惯于走老路的"归巢"本能。疏散时首先奔向经常使用的出入口或楼梯，如原路被烟火切断，则不得已而掉头另寻出路。

2)趋光性与向阔性，人有趋于明亮方向和开阔空间的本能，若这些部位未设安全出口，则反而逃入死胡同。

3)恐烟性，人有害怕烟火的本能，即使处于安全场合或出口附近，若前方发现火光烟雾，也会奔向相反方向。

4)合流性，人对群集行动怀有信任感而愿随大流，火灾时因惊慌失去判断能力，则会盲目随人流而蜂拥奔逃，这样往往造成拥挤、碰撞。

疏散时，人员的行动往往由于自身的心理因素，具有多向性和盲目性，若只设一个方向的出口，可能导致人员无法脱险。因此必须为避难者设置两个不同方向的疏散路线。

二、水平方向的安全疏散

(一)房间门的要求

1)房间面积不大于60m² 时，可设一个门(最小宽度0.9m)，超过时应拉开距离设两个或更多的门。房间最远点距房门不大于15m。

2)大型厅堂门总宽度按0.65m/100人计算，任一点距门不大于30m，如图4-18所示。

3)大房间出口宜分散设置，并在两个以上，每出口宽度宜为1.4m左右。

4)走道尽端房间，面积不超过75m² 的可设一个门，门净宽不小于1.4m，如图4-19所示。

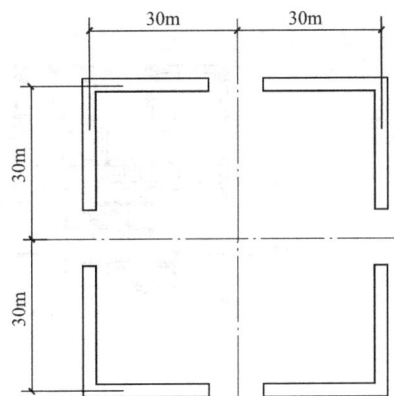

图4-18　大厅疏散距离

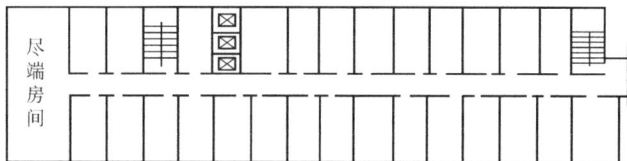

图 4-19 走道尽端房间疏散

（二）疏散走道的要求

1. 疏散走道的形状

1）联系安全出口的走道宜简明直接，尽量避免宽度和方向上的较大变化；

2）不要成 S 形或 U 形，且在行人高度（1.8m）范围内不能有突出物；

3）尽量布置成环形走道、双向走道、人字形走道或无尽端房间的走道，如图 4-20、图 4-21 所示；

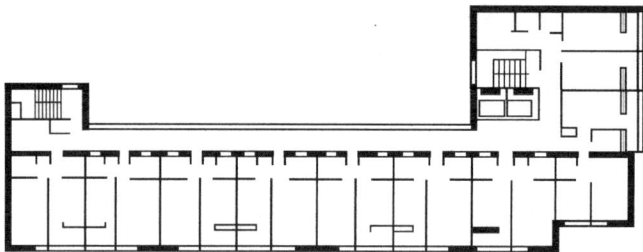

上海漕溪北路13层住宅

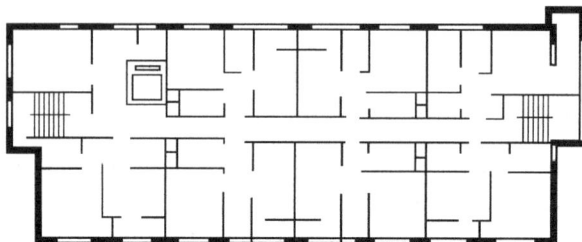

上海中百九店1、2号住宅

图 4-20 无尽端房间的走道

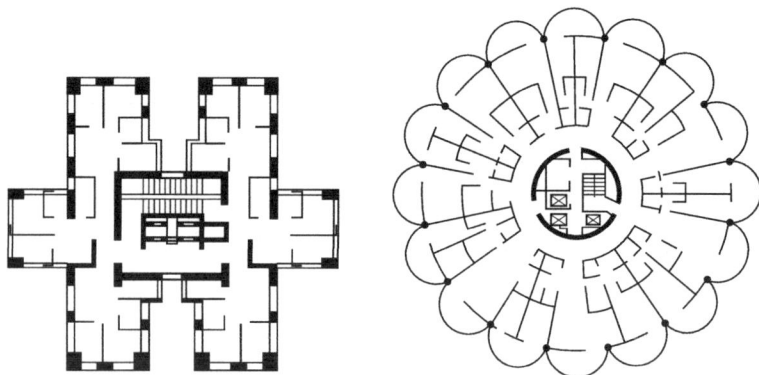

香港丰祥大厦图

美国芝加哥马里纳双塔

图 4-21 塔式高层的走道（一）

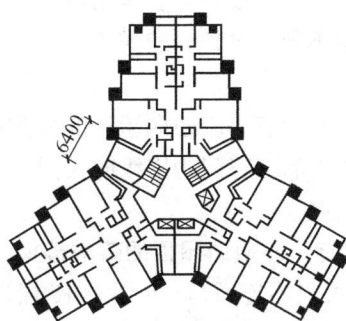

塔式住宅平面示意

图 4-21　塔式高层的走道(二)

4) 避免设置袋形走道。

2. 疏散走道长度

走道长度考虑从房间或户门到最近的外出口或疏散楼梯间的最大水平距离,见表 4-10 所列,它受以下因素的影响:

安 全 疏 散 距 离　　　　　　　　表 4-10

高层建筑名称		房间门或户门到最近的外部出口或楼梯间的最大安全疏散距离(m)	
		位于两个安全出口之间的房间	位于袋形走道两侧或尽端的房间
医院	病房部分	24	12
	其他部分	30	15
教学楼、旅馆、展览馆		30	15
其他建筑		40	20

1) 火灾时烟气对人的影响:据实测,人在浓烟中停留超过半分钟则可能受害。即使按疏散速度 1m/s 计算,人的安全行走距离也只有 30m。

2) 建筑物内人员情况:人员的类别、身体状况都影响疏散速度。

3) 人员密集程度:人群疏散的水平行动速度与人数有关,当人员密度为 1.5 人/m² 时,速度约为 1m/s;人员密度为 3 人/m² 时,速度则为 0.5m/s 左右。

4) 人员对疏散路线熟悉程度:熟悉环境时疏散快。

3. 走道的构造

1) 走道两边侧墙为耐火极限 1h 的不燃烧体,且砌至梁板底填实。墙、顶棚用不燃或难燃材料。

2) 走道地面不设踏步或门槛,有高差时设斜道。

3) 走道地毯须经阻燃处理,防火门扇下部稍留缝隙,以便地毯穿过。

(三) 安全出口的要求

安全出口是指保证人员安全疏散的楼梯或底层直通室外地平面的出口。

1. 安全出口的数量

通常在标准层或防火分区两端各设一个安全出口,即经常有人停留的部位,均应进行双向疏散，但符合下列条件之一的，可设一个安全出口：

1）18 层及 18 层以下，每层不超过 8 户，建筑面积不超过 650m² ，且设有一座防烟楼梯间和消防电梯的塔式住宅。

2）18 层及 18 层以下每个单元设有一座通向屋顶的疏散楼梯，单元之间的楼梯通过屋顶连通，单元与单元之间设有防火墙，户门为甲级防火门，窗间墙宽度、窗槛墙高度大于1.2m 且为不燃烧体墙的单元式住宅。

3）超过 18 层，每个单元设有一座通向屋顶的疏散楼梯，18 层以上部分每层相邻单元楼梯通过阳台或凹廊连通(屋顶可以不连通)，18 层及 18 层以下部分单元与单元之间设有防火墙，且户门为甲级防火门，窗间墙宽度、窗槛墙高度大于 1.2m 且为不燃烧体墙的单元式住宅。

2. 双向疏散的布局

1）两个或两个以上楼梯间构成的双向疏散

每个防火分区不少于 2 个安全出口。

(1) 简洁体型常在两端设楼梯，其中一座楼梯常结合电梯布置(图 4-22)；

(2) 平面有变化时，常靠电梯布置主楼梯，两端布置疏散楼梯(图 4-23)；

(3) 设置环形走道，环形走道对双向疏散十分有利，超高层建筑为满足抗风、抗震的要求，常采用筒体结构形式。其特点是将楼梯、电梯及辅助用房集中设置，形成"核心"，以抵抗巨大的水平风力。"核"的布置方式有多种(图 4-24、图 4-25)。

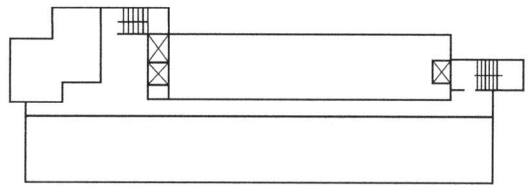

图 4-22 苏州饭店平面示意

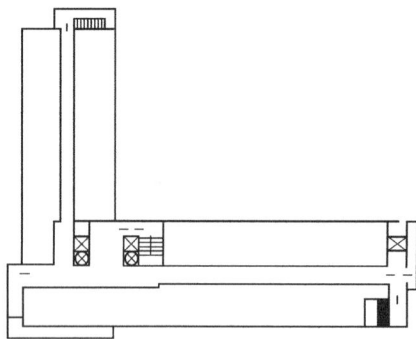

图 4-23 成都西藏饭店平面示意

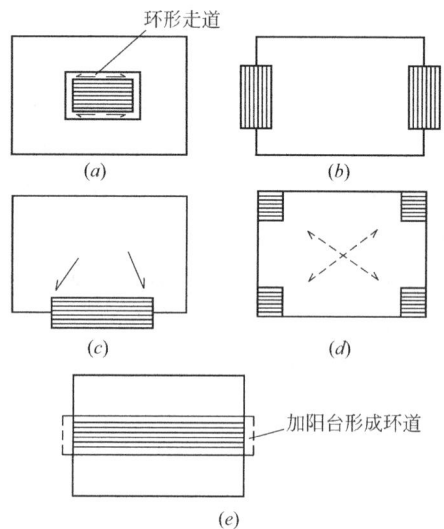

图 4-24 "核"的平面布置方式
(a)中心核；(b)两侧核；(c)侧核；
(d)分散核；(e)贯通核

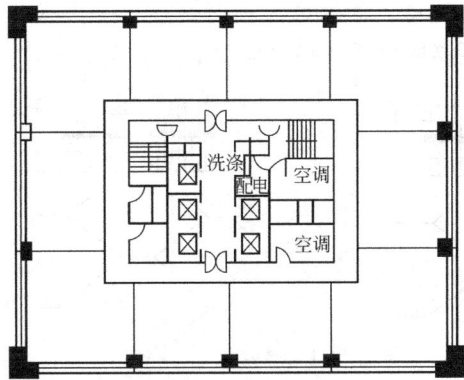

走道围绕核呈环状布置

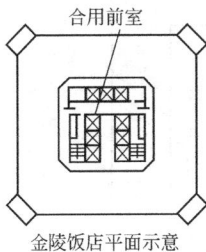

合用前室

金陵饭店平面示意

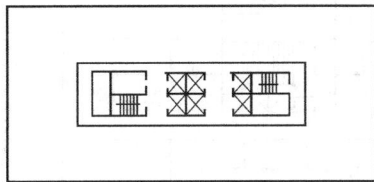

日内瓦洲际旅馆平面示意

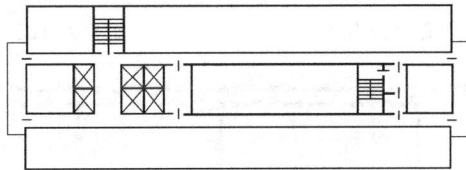

北京燕京饭店标准层平面

图 4-25 "核"的布置方式

2）一个楼梯间构成双向疏散

（1）设置环形走道，开设两个门。但只有一个楼梯间，安全性较低，只宜在允许设一个楼梯时（塔式住宅）使用，也可加设辅助疏散设施（图 4-26）。

（2）设置剪刀式楼梯，塔式高层建筑，两座疏散楼梯宜独立设置，当确有困难时，可设置剪刀楼梯，并应符合下列规定：

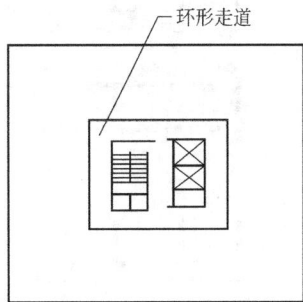

环形走道

图 4-26 设环形走道

a. 剪刀楼梯间应为防烟楼梯间。设有不同疏散方向的前室、走道、前室两道门应为自行关闭的乙级防火门；

b. 满足安全疏散要求，剪刀楼梯的梯段之间，应设置耐火极限不低于 1.00h 的不燃烧体墙分隔。

c. 剪刀楼梯应分别设置前室。塔式住宅确有困难时可设置一个前室，但两座楼梯应分别设加压送风系统。

高度大于 18m 的塔式住宅，以及高度大于 24m 的塔式公共建筑可设剪刀楼梯。

剪刀楼梯可节省交通面积，使交通部分集中，有利平面布置。它如同两座楼梯，可构成双向疏散(图 4-27)。但须注意：为保证火灾时一旦有一个入口被火封住另一个入口仍能使用，应使两个入口的距离尽量远一些，至少不小于 5m。

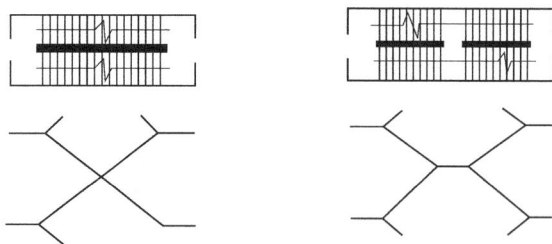

剪刀式楼梯示意图

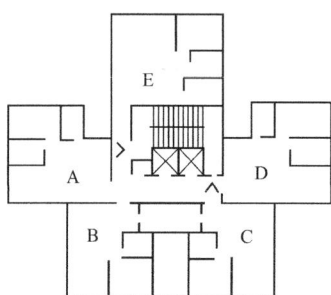

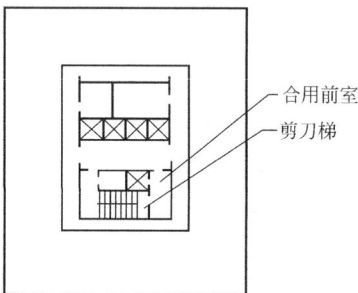

香港某塔式住宅　　　　　　　联谊大厦平面示意

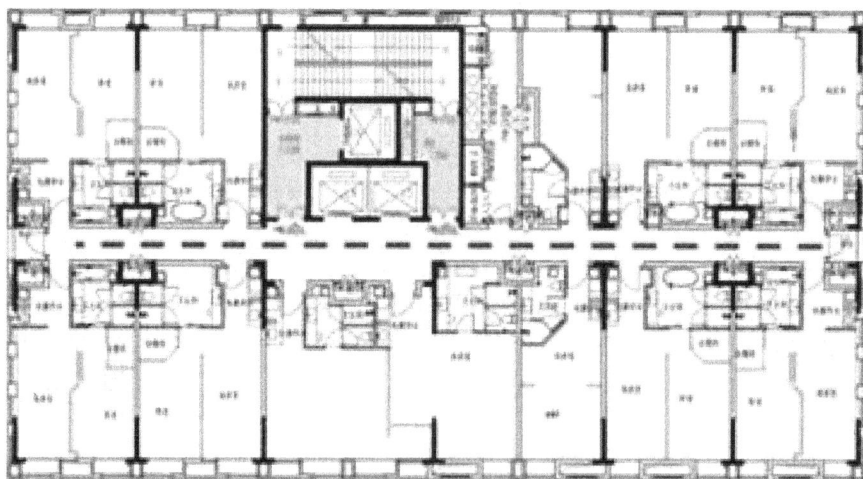

某公寓楼平面图

图 4-27　剪刀楼梯

三、垂直方向的安全疏散

(一)疏散楼梯

疏散楼梯间的功能，最重要的是阻止起火层的烟火通过楼梯间向其他层蔓延，使起火层以上其他层人员取得充裕的疏散时间，避免火灾对人员生命安全构成威胁。

1. 防烟楼梯间

平面设计时，在楼梯间入口之前，设有能阻止烟、火进入的前室或阳台、凹廊的楼梯间，称为防烟楼梯间。

按照前室的空间特点，可分为开敞型和封闭型两种形式(图 4-28～图 4-30)。

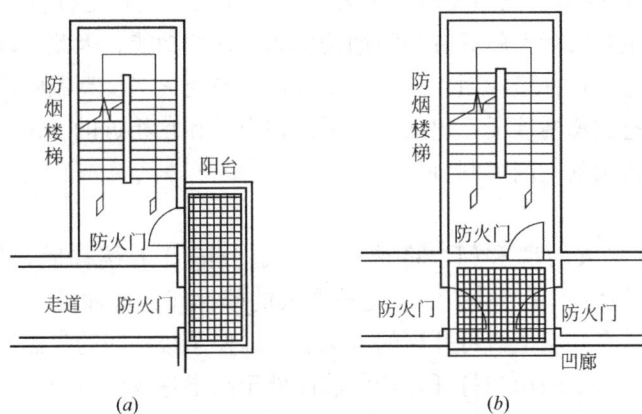

图 4-28 开敞式防烟楼梯
(a)带阳台防烟楼梯间；(b)带凹廊的防烟楼梯间

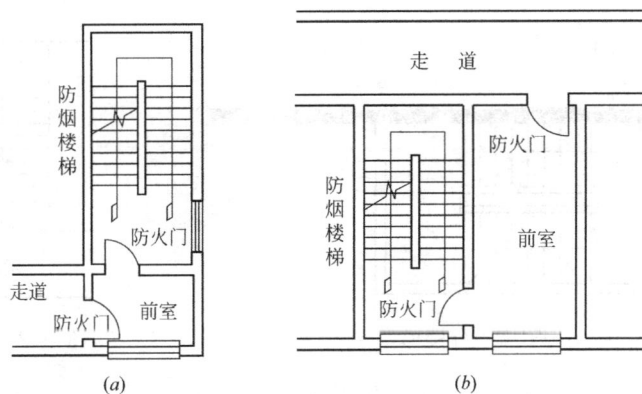

图 4-29 开敞式防烟楼梯
(a)设在走道尽端的防烟楼梯间；(b)设在走道中间部位的防烟楼梯间

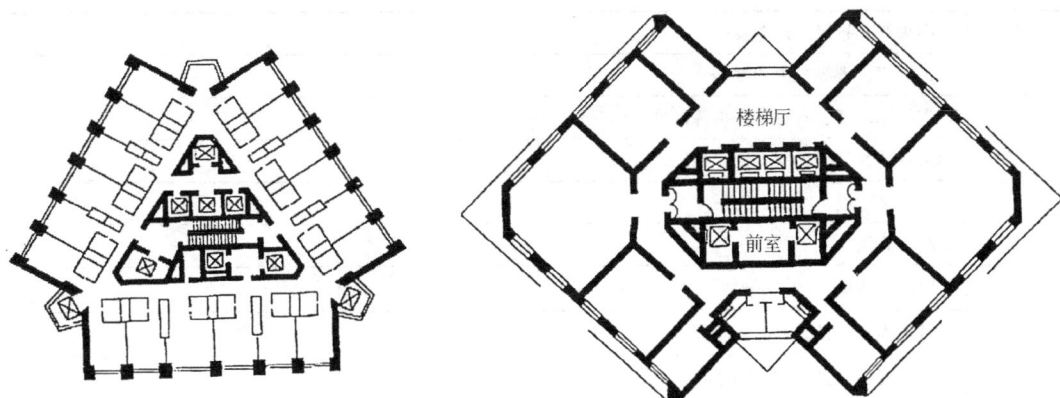

图 4-30 封闭式前室

2. 室外楼梯

室外楼梯是在建筑外墙上设置的全开敞的小型楼梯。它通常设于体量端部，如图 4-31 所示。室外楼梯由于三边无墙，只要出口、梯段、倾斜度符合《高层民用建筑设计防火规范》的规定，实际上就具有和防烟楼梯间一样的功能。因此，许多高层建筑都采用了室外楼梯。不过，这种楼梯因无耐火的墙围护，易受火焰、高温的侵袭，还会引起高空恐惧感。要求设有楼梯的墙面，包括楼梯平台在内，和它相近的 2m 距离内，除了每层出口之外，不允许再设其他门窗洞口。

3. 封闭楼梯间

这是采用一道耐火的墙和门，将楼梯与走道分隔开的楼梯间，如图 4-32 所示。图 4-22 所示的苏州饭店，其两端的即为此种形式的楼梯间。这种楼梯间必须设在高层建筑中的外墙部位，并在外墙上有可开启的玻璃窗，以便于楼梯间的自然通风和采光。发生火灾时，把楼梯间外墙上的窗户打开，若外墙面处于高层建筑的负压区，起火层人员进入楼梯间带入的烟，即可从窗户比较顺利地排向室外，不会使起火层以上的人员进入楼梯间时遭到烟的威胁。这种楼梯间能在一定程度上阻挡烟火，且因只设一道防火门，面积指标及造价方面均较经济。楼梯间入口的门必须为乙级防火门。

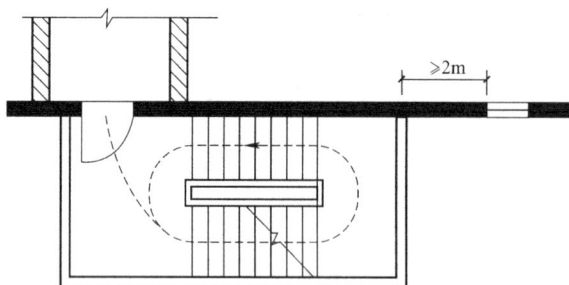

图 4-31　室外楼梯

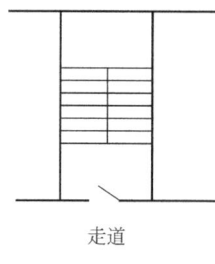

图 4-32　封闭楼梯

在设计高层建筑时，防烟楼梯间或封闭楼梯间可按表 4-11 选用。

防烟楼梯间、封闭楼梯间的选择　　　　　　　　　　　　　　表 4-11

高度超过 50m 的下列建筑，采用防烟楼梯间	
1	中央级、省级广播电视楼
2	大区级、省级电力调度楼
3	省级邮政楼、省级防火指挥调度楼(省级包括省级单列市)
4	重要的办公楼、科研楼、档案楼
5	藏书量超过 100 万册的书库
6	高级旅馆
7	医院病房楼
8	每层面积超过 800m² 的电信楼、财贸金融楼
9	每层面积超过 1000m² 的商业楼、展览楼、综合楼、百货楼
10	每层面积超过 1200m² 的商住楼

	高度超过 50m 的下列建筑，采用防烟楼梯间
11	高级住宅
12	塔式住宅
13	超过 11 层的通廊式住宅
14	19 层及 19 层以下的单元式住宅
	高度超过 24m，但在 50m 以下的下列建筑采用封闭楼梯间
1	市级、县级广播电视楼
2	地、市级、县级电力调度楼
3	地、市级、县级邮政楼
4	地、市级、县级防灾指挥调度楼
5	办公楼、科研楼、档案楼
6	藏书量 100 万册以下的书库
7	每层面积 800m² 以下的商业楼
8	财贸金融楼
9	每层面积 1000m² 以下的商业楼
10	展览楼、综合楼
11	每层面积 1200m² 以下的商住楼
12	10 层以下的通廊式住宅
13	12～18 层的单元式住宅(11 层以下的单元式住宅，户门为乙级防火门时，允许户门开向楼梯间)
14	和高层主体直接相连的裙房部分

4. 疏散楼梯的设置要求

以上几种疏散楼的安全性高低各异，分别适用于高度、重要性不同的高层建筑。在设计选用时，还应注意以下问题：

1) 楼梯前室有防烟及暂时避难的双重功能，其面积不能太小。规范规定，前室的面积，公共建筑不应小于 6m²，居住建筑不应小于 4.5m²。

2) 前室及楼梯间的门均应为乙级防火门，并应开向疏散方向。若采用单扇门时，其净宽度宜在 0.9m 以上，以免造成拥挤、堵塞，要注意门开启时，不能阻碍疏散人员的流动，如图 4-33 所示。

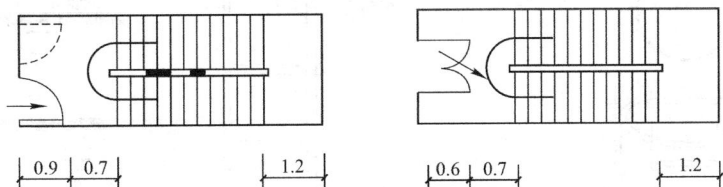

图 4-33 楼梯平台要求

(二) 辅助安全疏散设施

高层建筑设计中，安全出口的配置应按双向疏散的原则。但设计时往往受功能、体形等多种影响而难以避免袋形走道，若发生火灾，在浓烟烈火中，被困人员不能通过楼梯进行疏散。所以规范要求，公共建筑内袋形走道尽端的阳台、凹廊，宜设上下层连通的辅助疏散设施。在住宅设计中布置两个正规楼梯间非常困难时，也宜配置这类辅助设施。

1. 阳台紧急疏散楼梯

这种梯子折叠在平面尺寸为 600mm×600mm，厚度和阳台悬挑的钢筋混凝土板厚度相近的箱子里。安装后的箱体盖板略高于阳台地面约 30~50mm，基本上不会给阳台空间的正常使用带来不便。使用时打开箱盖，梯子即自动缓缓落下。设计时箱体必须和阳台板受力钢筋焊接牢固。阳台上的孔洞，每层都要错开位置，避免一通到底，造成不安全感，如图 4-34 所示。

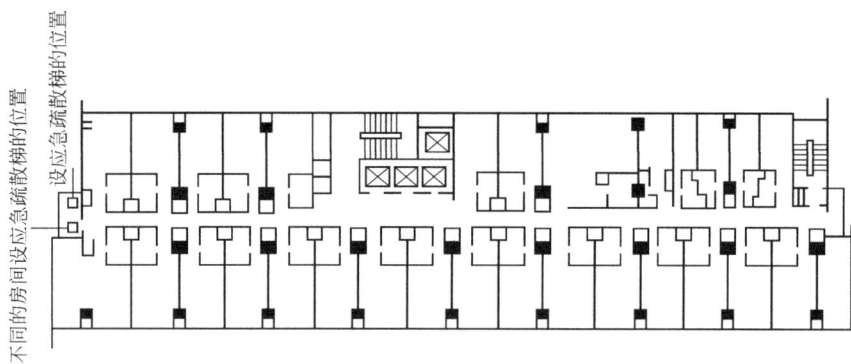

图 4-34　哈尔滨天鹅饭店平面示意

2. 铁爬梯

这种梯是在洞口下的墙体内埋设钢筋踏步，如图 4-35 所示。必须以墙面为依托，所以受一定限制。同时，距地面 1.5m 以上部分宜设保护罩，防止人员未抓牢时仰面跌下。

3. 折叠梯

这种梯采用金属或其他材料制作，平时可垂下或盘卷折叠，既能靠墙又可离开设置，离开墙面时会前后摆动而下行困难，靠墙时应有横撑支撑，如图 4-36 所示。

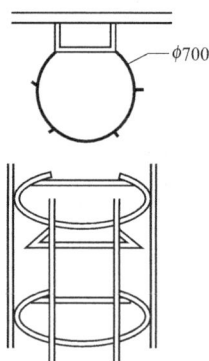

图 4-35　铁爬梯

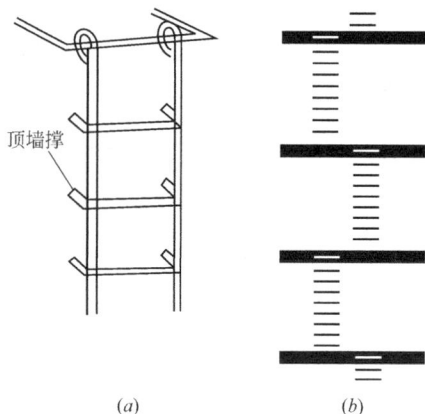

(a)　　　　(b)

图 4-36　折叠梯

4. 避难袋（救生袋）

避难袋在某些高层建筑可作为辅助安全设施。它由纤维织成的三层不同使用要求的口袋组合而成：最外面是耐火层，用耐火玻璃纤维织成，可抗 800℃ 以上的高温；中间层是弹性很好的纤维层，能束抱人体控制下滑速度；最里层的纤维含 KEVLAR，张力极大而柔轻，摩擦力不大，使进入的人员以舒适的速度向下滑降。

当仅用于一个楼层时，可将避难袋固定在楼板直径约 500mm 的洞口上。平时存放在洞口上部的箱子或圆桶里，使用时只要打开箱子或圆桶，避难袋即自行落下，如图 4-37 所示。

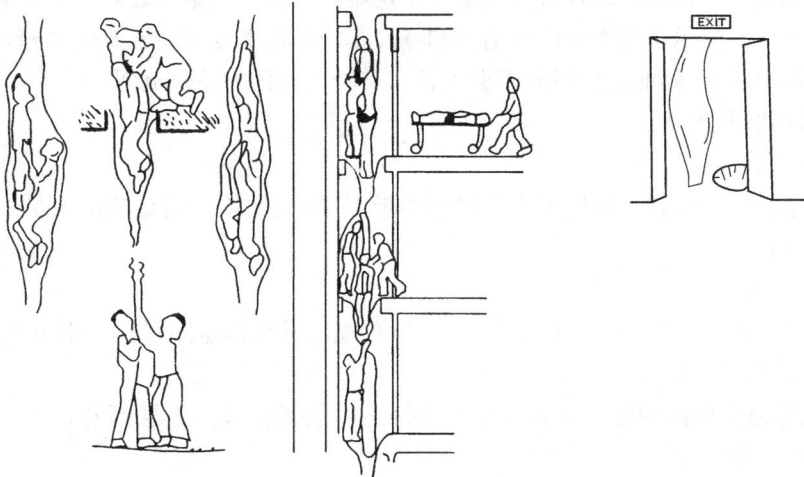

图 4-37　避难袋使用功能示意图

5. 缓降器

这是一种从高层建筑上下滑自救的装置，消防人员可带一人下滑。它由调速器、绳索及吊带组成，使用时将其挂在支架或固定物上，将吊带套在腋下，并将绳盘抛向楼下，人员可跳出窗外，靠自重以 1m/s 的速度下降，如图 4-38 所示。可设于袋形走道尽端，又可装在一般走道、阳台乃至房间中或屋顶上。

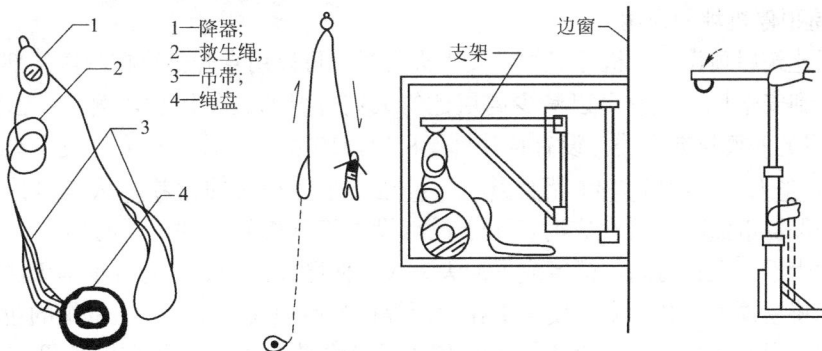

1—降器;
2—救生绳;
3—吊带;
4—绳盘

图 4-38　缓降器

四、避难层和避难区（间）

（一）设避难层的必要性

避难层或避难间，属火灾时的避难场所。我国有关部门测试：人们在楼梯上下行走，平均疏散速度为 0.225m/s，估算跑完一层楼约需 40s，跑完 10 层约需 6～7min，要使所有人由数十层高楼疏散到室外，有可能长达 1h。加上人们相互拥挤，消防人员登楼抢救，难免相互对撞，既影响疏散，又会造成以外事故。另外，火灾产生有毒烟气，而且爆燃一般是 3～8min，这么短的时间，人员不能全部疏散到室外。设计避难层，只需跑完若干层楼梯就能安全。

所以，我国规范规定：高度大于 100m 的公共建筑，应设置避难层。

（二）避难层的起始高度和间隔层数

避难层的设置，自高层建筑首层至第一个避难层或两个避难层之间，不宜超过 15 层。这主要与消防人员能承受的最大体力消耗和登高车的作业高度等因素有关。相互间隔一般为 15 层，既可控制区间的疏散时间不会太长，又能在较佳的扑救范围。

（三）避难层形式

1. 与设备层结合

设备管道应集中布置，并用耐火极限不小于 1h 的墙围护，满足疏散人员的停留面积的要求 5 人/m²。

2. 专用避难层

避难层或避难区，须用耐火极限不小于 2h 的墙与其他部位隔开，并用甲级防火门。

（四）避难层形式要求

1）通向避难层的防烟楼梯应在避难层分隔，同层错位或上下层断开，但人员均必须经避难层方能上下。

2）避难层的净面积应能满足设计避难人员避难的要求，并宜按 5 人/m² 计算。

3）避难层可兼作设备层，但设备管道宜集中布置。

4）避难层应设消防电梯出口。

5）避难层应设消防专线电话，并应设有消火栓和消防卷盘。

6）封闭式避难层应设独立的防烟设施。

7）避难层应设有应急广播和应急照明，其供电时间不应小于 1h，照度不应低于 1.0lx。

五、屋顶直升机停机坪

（一）屋顶停机坪的作用

在高层建筑屋顶设直升机停机坪，发生火灾时，可以用直升机将在高楼顶部躲避火灾的人员疏散到安全地区，它可以减少高层建筑火灾造成的人员伤亡，例如：巴西圣保罗市，高 31 层的安德拉斯大楼，设有直升机停机坪，1972 年 2 月 4 日大楼发生火灾，当时楼内有 1000 多人。当局出动 11 架直升机，经过 4 个多小时的营救，从屋顶救出 400 多人。巴西圣保罗市焦玛大楼火灾时，由于没有设置直升机停机坪，同时由于火势发展迅猛，火灾发生后不太长时间，就行成了冲天大火，使已经出动的直升机根本无法靠近大楼屋顶，不能将屋顶人员救下来，使不少在屋顶等待救援的人，死于高温浓烟的包围。

火灾实例说明层数多、高度大、人员集中的公共建筑，有必要在屋顶设直升机停机坪，有必要同时设置消火栓，以防大火冲天，飞机无法降落。因此，我国规范规定：高度超过 100m，且标准层建筑面积大于 1000m² 的公共建筑，宜设屋顶停机坪或供直升机救助的设施。

目前，对屋顶设置直升机停机坪各国没有统一的规定，日本规定：凡高于 31m 的高层建筑，必须在屋顶设置用于消防的直升机停机坪。

直升机停机坪除了可以救助避难人员外，在消防电梯出故障时，可以空运消防人员与必要的消防器材到屋顶，自上而下展开灭火，可及时控制火势蔓延。

（二）停机坪的设置要求

1）合理选用停机坪的形式。停机坪平面形状可根据具体条件，当采用圆形或方形平面时，其尺寸应满足直升机旋翼直径要求。

2）高层建筑屋顶设直升机停机坪，可直接设在屋顶上，但要避开屋顶突出的机房、楼梯间、水箱间、天线、避雷针，应保持不小于 5m 的距离，这样不影响直升机降落、起飞操作。

3）可设在屋顶设备房（水箱间、电梯间）的上部，但应在周围设高度为 800～1000mm 的护栏。

4）出口不应少于两个，每个出口宽度不宜小于 0.9m。

5）在停机坪的适当位置应设置消火栓，以保证避难人员和直升机的安全。

6）停机坪四周应设置航空障碍灯，并应设置应急照明

第七节　消　防　电　梯

一、设置消防电梯的必要性

高层建筑竖直高度大，一旦发生火灾，消防队员必须携带专用器材迅速登上高楼灭火和救助伤残者，如果通过普通电梯上楼将受到断电及烟火的威胁。若沿楼梯到达起火层，既费时又会过多地消耗体力，还会与疏散人流发生碰撞。这样影响消防队员的扑救能力，还会延误初期灭火的有利时机。20 世纪 80 年代初，有关部门曾对 15 名年龄 20～22 岁的消防队员进行登高测试，测试结果是 50% 的消防队员带着不很重的消防器材，登上 8～9 层还可以，但再高的楼层会遇到更多的困难，完成攀登灭火会力不从心，因此有必要设置消防电梯。

二、消防电梯的设置要求

（一）设置范围

1）一类公共建筑；

2）塔式住宅；

3）12 层及以上的单元式、通廊式住宅；

4）高度超过 32m 的二类高层公共建筑。

（二）设置要求（既满足扑救需要，又节约投资）

1）每层建筑面积不大于 1500m² 时，设 1 台；

2）面积大于 1500m²，但小于 4500m² 时，设 2 台；

3）面积大于 4500m² 时，设 3 台；

4）消防电梯可与客梯或工作电梯兼用，但要符合消防电梯的要求；

5）消防电梯宜分设在不同的防火分区。

（三）平面布置

1）消防电梯宜设前室，前室应能防火防烟，如图 4-39 所示，为平面紧凑，满足兼用

时的日常使用，消防电梯和防烟楼梯可合用前室，如图 4-40、图 4-41 所示。

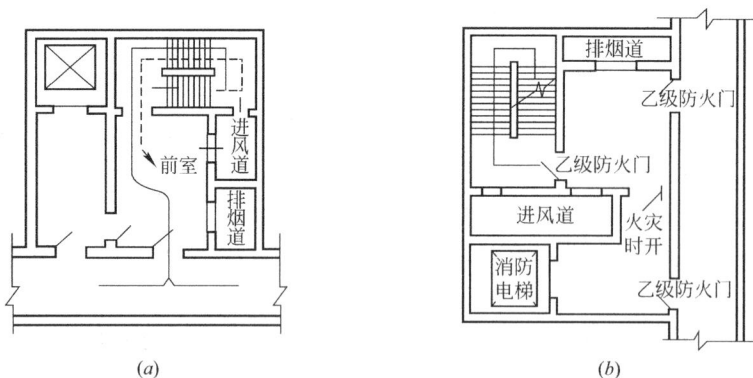

图 4-39　防烟楼梯间与消防电梯间各设前室

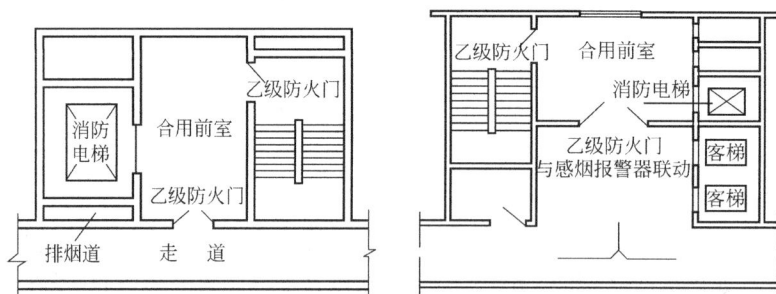

图 4-40　防烟楼梯和消防电梯的合用前室

消防电梯前室面积：住宅不小于 4.5m²，公共建筑不小于 6m²；

合用前室面积：居住建筑不小于 6m²，公共建筑不小于 10m²。

2）消防电梯间前室宜靠外墙设置，在首层应设置直通室外的出口或由不小于 30m 的安全通道通向室外。

3）消防电梯井须与其他竖井分开单独设置，不可将其他电缆设于梯井内。

4）消防电梯井、机房与相邻其他电梯井、机房之间，用耐火极限不小于 2h 的隔墙隔开，隔墙上设甲级防火门，如图 4-42 所示。

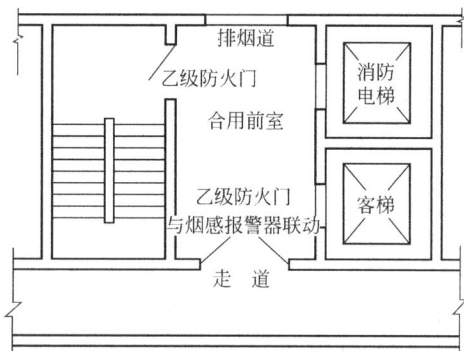

图 4-41　消防电梯与客梯、防烟楼梯
合用前室时的自然排烟

5）消防电梯轿厢尺寸及载重量应符合要求：净面积不小于 1.4m²，载重量不小于 800kg。

6）消防电梯轿厢的内装修应采用不燃烧材料。

7）动力与控制电缆、电线应采取防水措施。

8）消防电梯轿厢内应设专用电话，并应在首层设供消防队员专用的操作按钮。

9）消防电梯间前室门口宜设挡水设施。消防电梯的井底应设排水设施，排水井容量

不应小于 $2.0m^3$，排水泵的排水量不应小于 $10L/s$。

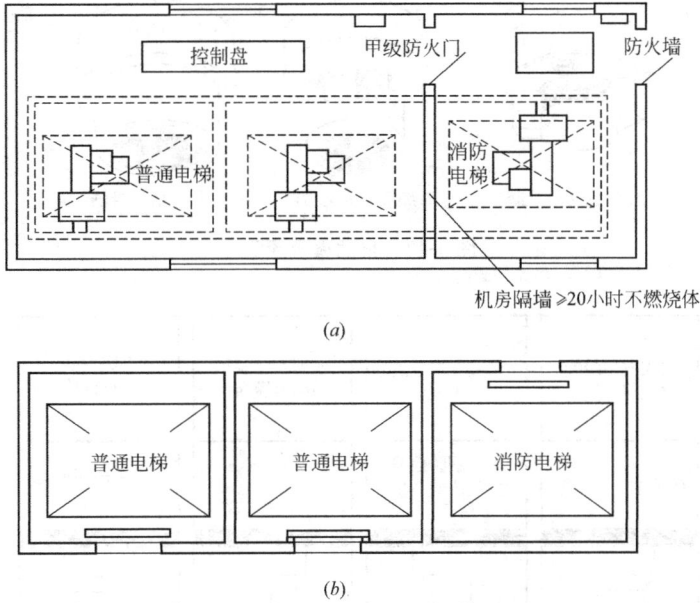

图 4-42 消防电梯机房和消防电梯井的平面布置示意图
(a)电梯机房；(b)电梯井

第八节 火灾报警装置

当建筑物起火后，若能及早发现和通报火灾，并及时疏散和采取有效措施控制和扑灭火灾，则可大大减少伤亡和损失，所以报警和灭火都非常重要。按照火灾的发展过程，报警系统可分为感知和通报两个阶段。

一、感知阶段的报警

感知阶段的报警是把起火信息迅速报告楼内的防火控制中心或安全保卫部门。报警方式分为人员报警和自动报警。

（一）人员报警

1）电话报告消防控制中心；

2）警铃报警；

3）微型报话机向有关部门报警。

（二）自动报警

火灾早期报警至为重要。现代建筑安装了火灾自动报警系统。它是建筑物的神经系统，感受、接收着发生火灾的信号并及时报警，发出警报。

自1890年英国首先使用感温式火灾探测器以来，世界上许多国家都已经研究和生产出多种火灾自动报警装置。自动报警系统是现代建筑中最重要的消防设施之一，自动报警是通过自动装置向消防控制中心发出报警信号，根据火灾报警器(探头如图 4-43 所示)的不同，分为烟感、温感、光感、复合等多种形式，适应不同场所。火灾报警信号确定后，将自动或通知值班人员手动启动其他灭火设施和疏散设施，确保建筑和人员安全(图 4-44)。

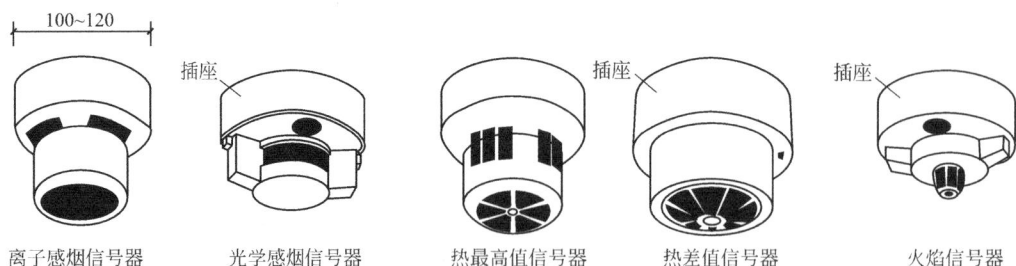

100~120	插座	插座	插座
离子感烟信号器	光学感烟信号器	热最高值信号器	热差值信号器	火焰信号器

图 4-43　自动火警探头

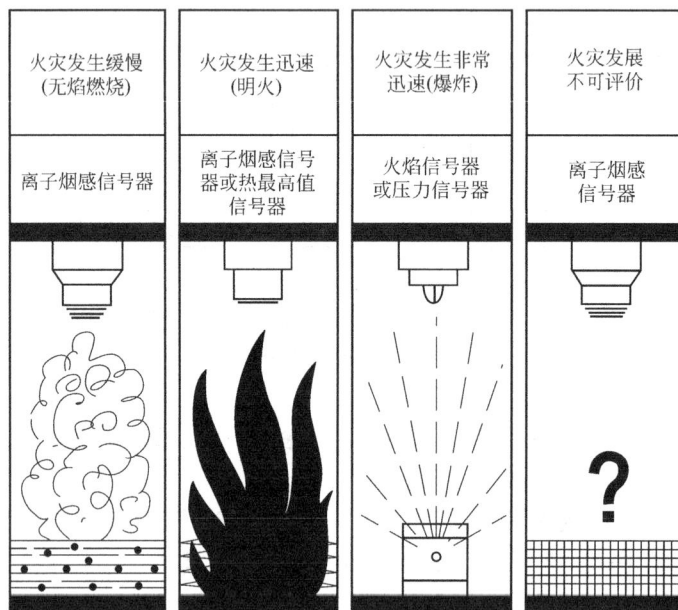

火灾发生缓慢 (无焰燃烧)	火灾发生迅速 (明火)	火灾发生非常 迅速(爆炸)	火灾发展 不可评价
离子烟感信号器	离子烟感信号器或热最高值信号器	火焰信号器或压力信号器	离子烟感信号器

图 4-44　火灾信号器

目前新型的消防控制系统，已把建筑物中的防火、防盗、防地震、楼宇自动化等技术纳入同一管理体系，并使用计算机管理。

《高层民用建筑设计防火规范》规定，下列情况应设火灾自动报警系统：

1）火灾自动报警系统、火灾应急广播和消防控制室。

2）建筑高度超过 100m 的高层建筑，除游泳池、溜冰场、卫生间外，均应设火灾自动报警系统。

3）除住宅、商住楼的住宅部分、游泳池、溜冰场外，建筑高度不超过 100m 的一类高层建筑的下列部位应设置火灾自动报警系统：

（1）医院病房楼的病房、贵重医疗设备室、病历档案室、药品库。

（2）高级旅馆的客房和公共活动用房。

（3）商业楼、商住楼的营业厅，展览楼的展览厅。

（4）电信楼、邮政楼的重要机房和重要房间。

（5）财贸金融楼的办公室、营业厅、票证库。

（6）广播电视楼的演播室、播音室、录音室、节目播出技术用房、道具布景。

（7）电力调度楼、防灾指挥调度楼等的微波机房、计算机房、控制机房、动力机房。

（8）图书馆的阅览室、办公室、书库。

（9）档案楼的档案库、阅览室、办公室。

（10）办公楼的办公室、会议室、档案室。

（11）走道、门厅、可燃物品库房、空调机房、配电室、自备发电机房。

（12）净高超过 2.60m 且可燃物较多的技术夹层。

（13）贵重设备间和火灾危险性较大的房间。

（14）经常有人停留或可燃物较多的地下室。

（15）电子计算机房的主机房、控制室、纸库、磁带库。

4）二类高层建筑的下列部位应设火灾自动报警系统：

（1）财贸金融楼的办公室、营业厅、票证库。

（2）电子计算机房的主机房、控制室、纸库、磁带库。

（3）面积大于 50m² 的可燃物品库房。

（4）面积大于 500m² 的营业厅。

（5）经常有人停留或可燃物较多的地下室。

（6）性质重要或有贵重物品的房间。

旅馆、办公楼、综合楼的门厅、观众厅，设有自动喷水灭火系统时，可不设火灾自动报警系统。

二、通报阶段的报警

这是当消防控制中心接到起火信息，且判断证实后，迅速向楼内传达，并分别发出紧急疏散和采取各种措施的指示，并向消防部门报告。

三、消防控制中心

（一）设置消防控制中心的必要性

消防控制中心设有报警和控制设备，能接收、显示、处理火灾报警信号，发出火灾的声、光信号，事故广播和安全疏散指令；可控制消防水泵、固定灭火装置、通风空调系统，以及电动的防火门、阀门、防火卷帘、防烟排烟设施，还可显示电源、消防电梯运行情况，也可指挥疏散、扑救工作，如图 4-45 所示。

规范规定：设有火灾自动报警系统和自动灭火系统或设有火灾自动报警系统和机械防烟排烟设施的高层建筑，应设消防控制中心。

（二）设置要求

1）消防控制室一般宜设在建筑物的首层或底下一层、直通室外并靠近入口的地方。

2）应采用耐火极限不小于 3h 的墙和不小于 2h 的楼板与其他部位隔开，并设直通室外的安全出口（走道长不小于 20m），其旁边须有消防车道，以利消防车靠拢，还应接近消防电梯。

3）消防控制中心宜设 2 个出口，门应有一定耐火能力，开向疏散方向，门上应有明显标志牌或标志灯。

4）消防控制室面积应按设施多少而定，一般 30～80m²。大型控制中心则不受此限制。

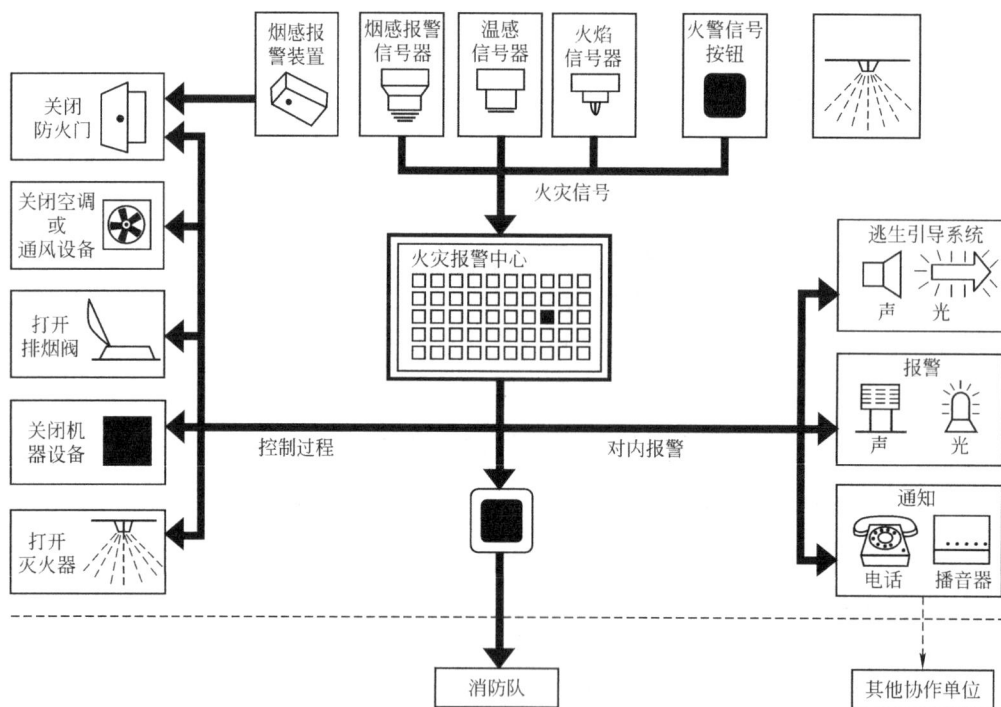

图 4-45　消防控制中心功能

第五章　建筑室内装修设计防火

第一节　建筑装修设计概述

建筑装修设计是指在建筑主体完成之后对建筑中包括顶棚、地面、墙面、隔断的装修以及固定家具、窗帘、帷幕、床罩、家具包布、固定饰物等的设计。

建筑装修设计也是建筑设计的一部分。按建筑施工的顺序和过程划分，建筑的施工又可分为两个阶段，即主体建筑工程施工和建筑装修工程施工。主体建筑工程施工阶段主要完成建筑支撑和主要围护分隔部分，如基础、柱、墙、梁和楼板、屋顶、楼梯等部分；装修工程施工阶段是指在主体工程基础上(表面装修工程)，并安装门、窗、水、暖、电设备(以及其他装修设计中的内容)等。建筑室内装修设计经常是在建筑工程施工完成之后，再由专业的室内设计师完成。特别是一些标准要求较高、技术含量较高、使用功能特殊的建筑，装修设计是由专门的设计机构来完成。

建筑装修设计包括建筑内部装修设计和建筑外部装修设计两部分。一般建筑外部装修设计与建筑主体施工同步进行，往往包括在主体工程之中，为了满足耐久、防水等要求，其装修材料运用多以无机不燃烧体材料为主，对建筑消防安全影响不是很大。但有时为了提高外墙的保温隔热性能，可能采用如聚氨酯等可燃材料作为外墙保温层，如 2010 年 11 月上海静安区高层公寓火灾就是由防护网燃烧引燃外墙保温层聚氨酯燃烧，而酿成重大火灾事故。建筑内部装修，为了满足使用功能和美化环境，选用材料繁多，尤其是使用较多可燃物时，并配以诸多家具设备，增加了建筑的火灾危险性。所以，在装修设计防火中，多集中在建筑内部装修上。

与建筑装修设计密切相关的还有建筑装饰设计。装饰是指在物体表面附着并使其美观的装饰物和陈列物。

无论是叫建筑内部装修设计、建筑内部装饰设计还是叫室内设计，只要涉及顶棚、地面、墙面、隔断、家具、装饰织物等，都要很好地解决好设计防火的问题。

一、建筑室内装修的火灾危险性

建筑内部采用可燃、易燃性材料装修的火灾危险性表现在以下三个方面。

(一)可燃的内装修材料增加了建筑的火灾荷载

建筑的可燃内装修，如可燃的吊顶、墙裙、墙纸、床被、窗帘、隔断、踢脚板、地板、地毯、家具等，可燃物品随处可见，增加了火灾发生的几率。而且，随着内装修可燃材料的增加，火灾的持续时间和燃烧的猛烈程度也相应增大，对建筑物的破坏就会更加严重，消防人员抢险救火的难度就更大。

一些建筑室内火灾荷载比较见表 5-1 所列。我国规范规定，高层建筑内存放可燃物的平均重量大于 $200kg/m^2$ 的房间，当不设自动灭火系统时，其梁、柱、楼板和墙的耐火极限应提高 0.5h。

国外火灾荷载统计比较　　　　　　　　表 5-1

建筑物类型部位	火灾荷载（kg/m²）		
	日本	加拿大	捷克
办公室	10～35	50	40
设计、研究室	10～85	—	—
会议、接待室	3～10	—	—
一般教室	—	30	25
特别教室	—	—	45
住宅、公寓	—	45	40
旅馆	4～16	—	30
医院	10～14	20	25
食堂、餐厅	—	—	20
体育馆、舞厅	—	—	15
剧场观众厅	—	—	30
图书馆书库	—	—	120

（二）可燃的内装修材料会助长火灾蔓延

建筑一旦发生火灾，可燃的内装修就成了火势蔓延的重要因素，火势可以沿顶棚和墙面及地面的可燃装修从房间蔓延到走廊，再从走廊蔓延到各类竖井，如敞开的楼梯间、电梯井、管道井等，并向上层蔓延。火势也可能从外墙洞口向上蔓延，引燃上一层的窗、窗帘、窗纱等，使火灾扩大。

（三）可燃内装修材料燃烧时产生大量烟雾和毒气

由于内装修的可燃物大量增加，室内一经火源点燃，就将会加热周围内装修的可燃材料，并使之分解出大量的可燃、有毒气体。室内装修常用的木材（包括木材制品）、塑料、油漆等，在燃烧时大都产生烟雾和毒气。

国内外大量的火灾统计资料表明，在火灾中丧生的有 50％左右是被烟气熏死的，近年来，由于内装修中使用了大量的新型材料，如 PRC 墙纸、聚氨酯、聚苯乙烯泡沫塑料及大量的合成纤维，被烟气致死的比例有所增加。

建筑内部采用可燃、易燃材料装修引发的火灾和造成危害的例子是很多的。

例如，美国 50 层的纽约宾馆，使用了大量的塑料，大楼外墙用泡沫塑料作隔热层，内壁为聚乙烯板装饰，其内的隔间层也用聚乙烯、聚苯乙烯泡沫塑料制作，室内的家具、靠背椅和沙发都填充了大量的天然泡沫乳胶和软质的聚氨酯泡沫等。这座大楼 1970 年 8 月发生火灾，在 34 层吊顶内电线起火，火种首先在吊顶内、隔墙内蔓延，然后波及家具和外墙的隔热层，各种塑料燃烧以后产生大量的烟雾，使燃烧区内温度达到 1200℃左右。大火经过 5 个多小时才被扑灭，两人在电梯内因烟气中毒死亡，其他损失也很惨重。

1994 年 12 月 8 日下午新疆克拉玛依市友谊馆发生火灾，1994 年 11 月 27 日辽宁阜新市"艺苑"歌舞厅发生特大火灾，2000年3月29日河南焦作天堂音像俱乐部火灾，都与内装修材料有关。

二、建筑内部装修设计防火原则

在进行建筑内部装修设计时，往往会出现装修效果与使用安全的矛盾，而设计者常常是重视装修效果，忽视使用安全，所以许多火灾都是起因于装修材料的燃烧。因此，要正确处理装修效果和使用安全的矛盾，积极选用不燃和难燃材料，做到安全适用、技术先进、经济合理。设计基本原则如下：

（一）重视室内装修环节的设计防火

无数火灾实例证明，火灾的发生、蔓延以及造成人员伤亡和财产损失都是由于建筑使用易燃、可燃材料装修造成的，也是在室内装修环节的设计防火失误、失败造成的。建筑的耐火设计、分区设计、疏散设计及防烟排烟、自动报警、自动灭火系统设计，不能代替装修设计防火。装修设计防火影响着房间甚至整个建筑的消防安全。所以，凡是涉及建筑室内装修设计内容的，室内设计、室内装饰设计、装潢设计、内环境艺术设计、室内景观设计等都要重视设计防火问题。

（二）保证建筑设计防火方案的完整性和延展性

建筑设计环节形成的设计防火方案有如下特点：

（1）它是以完整的建筑为对象进行的防火设计，像确立建筑物的耐火等级、防火分区、安全疏散等。

（2）这个建筑的完整性的防火方案，在主体建筑施工中，即构成"室"的过程，有的已经形成，有的虽然没有形成，但有了靠室内设计和施工中来体现和实现的要求，像吊顶、地面、隔墙等。

（3）建筑设计并未包揽代替室内设计，它提供给室内设计师的是再创作的"室"，如墙体中预留的门、窗、洞口，卫生间只做干管、干线而不配洁具设备。楼板中只埋线、走管，但不配灯具等。

建筑设计防火方案的这些特点，说明在建筑防火中，室内设计师在室内设计工作环节，首先，要保证建筑设计防火方案的连续性，在没有好的替代方案的前提下，不能破坏建筑设计防火方案的完整性；其次，在室内设计环节，完成和完善建筑设计防火不能或无法完成的设计防火内容；再次，在室内设计的二次创作中，解决好室内设计与安全防火的矛盾，使室内设计防火与建筑设计防火一脉相承，并能得到延伸和扩展，要做到这一点，室内设计师就要熟悉建筑设计防火的各项法规，且在室内设计工作开始前对建筑设计防火方案有完整准确的理解，以便在设计中很好地把握。

（三）严格执行国家现行的有关防火的规范

我国现行的《建筑内部装修设计防火规范》，其中包括总则、装修材料的分类和分级、民用建筑、工业厂房四个部分。其中在民用建筑一节中又分为一般规定、单多层民用建筑、高层民用建筑、地下民用建筑。基本可以满足室内装修设计防火的需要。

（四）不用、少用可燃、易燃材料

按建筑火灾致因理论，消灭、减少、控制危险源是防止或减少火灾的根本技术措施。建筑室内装修设计中不用、少用易燃、可燃材料，或是通过内部装修设计使用不燃材料使原来建筑设计中危险源的隔离和个体保护标准有所加强，提高救援灭火设施的效率，都是积极的消防安全对策。

第二节　建筑装修材料的分类和分级

一、建筑装修材料的分类

（一）按材质分

1）无机材料：石材、陶瓷、石棉板。

2）金属材料：铝合金构配件、装饰板、不锈钢。

3）非金属材料：木材（胶合板、碎料板、刨花板）。

4）塑料材料：隔热、隔声层、器具或设备外罩、零件。

5）纺织品：地毯、窗帘、挂毯等（因纺织品引起火灾占50%）。

（二）按使用部位和功能分

1）顶棚装饰材料；

2）墙面装饰材料；

3）地面装饰材料；

4）隔断装饰材料；

5）固定家具；

6）装饰织物；

7）其他装饰材料。

二、建筑装修材料防火性能分级

为了有利于《建筑内部装修设计防火规范》（GB 50222—95）的实施和材料的检测，按照现行国家标准《建筑材料燃烧性能分级方法》（GB 8624—2006）的要求，根据装修材料的不同燃烧性能，将建筑装修材料分为以下等级（见表5-2）。

装饰织物燃烧性能判定 　　　　　　　　　　　　　　　　　　　　　表5-2

级别	损毁长度(mm)	持续时间(s)	阻燃时间(s)
B_1	≤150	≤5	≤5
B_2	≤200	≤15	≤10

三、装修材料燃烧性能试验方法

装修材料的燃烧性能等级应按以下规定由专业检测机构检测进行确定，其中B_3级装修材料可不进行检测。

1）A级装修材料的试验方法，应符合现行国家标准《建筑材料不燃性试验方法》（GB 5464—1999）的规定，即不论材料属于哪一类，只要符合不燃性试验方法规定的条件，均定为A级材料。

2）B_1级顶棚、墙面、隔断装修材料的试验方法，应符合现行国家标准《建筑材料难燃性试验方法》（GB/T 8625—2005）的规定；B_2级顶棚、墙面、隔断装修材料的试验方法，应符合现行国家标准《建筑材料可燃性试验方法》（GB/T 8626—2007）的规定。

3）B_1级和B_2级地面装修材料的试验方法：应符合现行国家标准《铺地材料临界辐射通量的测定——辐射热法》的规定。经辐射热源法试验，当最小辐射通量大于或等于

$0.45W/cm^2$ 时，定为 B_1 级；当最小辐射通量大于或等于 $0.22W/cm^2$ 时，定为 B_2。

4）装饰织物的试验方法，应符合现行国家标准《纺织织物阻燃性能测试——垂直法》的规定。装饰织物，经垂直法试验，并符合表 5-2 的条件，应分别定为 B_1 级和 B_2 级。

5）塑料装修材料的试验方法，应符合国家现行标准《塑料燃烧性能试验方法——氧指数法》、《塑料燃烧性能试验方法——垂直燃烧法》和《塑料燃烧性能试验方法——水平燃烧法》的规定。塑料装修材料经氧指数法、垂直和水平法试验并符合表 5-3 的条件，应分别定为 B_1 级和 B_2 级。

塑料燃烧性能判定　　　　　　　　　　　表 5-3

级别	氧指数法	水平燃烧法	垂直燃烧法
B_1	≥32	1 级	0 级
B_2	≥27	1 级	1 级

6）固定家具及其他装饰材料的燃烧性能等级应按材质分别进行测试。

四、建筑装修材料的分级及选用

常用建筑装饰材料燃烧性能的计划分如表 5-4 所示。

常用建筑内部装修材料燃烧性能等级划分举例　　　　　　表 5-4

材料类别	级别	材料举例
各部位材料	A	花岗石、大理石、水磨石、水泥制品、混凝土制品、石膏板、石灰制品、黏土制品、玻璃、瓷砖、陶瓷锦砖、钢铁、铝、铜合金等
顶棚材料	B_1	纸面石膏板、纤维石膏板、水泥刨花板、矿棉装饰吸声板、玻璃棉装饰吸声板、珍珠岩装饰吸声板、难燃胶合板、难燃中密度纤维板、岩棉装饰板、难燃木材、铝箔复合材料、难燃酚醛胶合板、铝箔玻璃钢复合材料等
墙面材料	B_1	纸面石膏板、纤维石膏板、水泥刨花板、矿棉板、玻璃棉板、珍珠岩板、难燃胶合板、难燃中密度纤维板、防火塑料装饰板、难燃双面刨花板、多彩涂料、难燃墙纸、难燃仿花岗石装饰板、难燃玻璃钢等
	B_2	各类天然木材、木制人造板、竹材、纸质装饰板、装饰微薄木贴面板、印刷木纹人造板、塑料贴面装饰板、聚酯装饰板、复塑装饰板、塑纤板、胶合板、塑料壁纸、无纺贴墙布、天然材料壁纸、人造革等
地面材料	B_1	硬 PVC 塑料地板、水泥刨花板、水泥木丝板、氯丁橡胶地板等
	B_2	半硬质 PVC 塑料地板、PVC 卷材地板、木地板、氯纶地毯等
装饰织物	B_1	经阻燃处理的各类难织物等
	B_2	纯毛装饰布、纯麻装饰布、经阻燃处理的其他织物
其他装饰材料	B_1	聚氯乙烯塑料、酚醛塑料、聚碳酸酯塑料、聚四氟乙烯塑料
	B2	经阻燃处理的聚乙烯、聚苯乙烯、玻璃钢、化纤织物、木制品等

但要说明的几点是：

1）安装在钢龙骨上的纸面石膏板，可作为 A 级装修材料使用；

2）当胶合板表面涂覆一级饰面型防火涂料时，可作为 B_1 级装饰材料使用；

3）单位重量小于 $300g/m^2$ 的纸质、布质壁纸，当粘贴在 A 级基材上时，可作为 A 级装饰材料使用。

4）施涂于 A 级基材上的无机装饰涂料，可作为 A 级装饰材料使用；施涂于 A 级基材上，湿涂覆比小于 1.5kg/m² 的有机装饰涂料，可作为 B₁ 级装饰材料使用。

5）当采用不同装修材料分几层装修同一部位时，各层的材料只有贴在等于或高于其耐火等级的材料上，这些装修材料的燃烧性能等级的确认才是有效的。但用一些隔声、保温材料与其他不燃、难燃材料复合形成一个整体的复合材料时，应进行整体试验。

第三节　建筑内各部位装修防火要求

一、民用建筑内部装修设计防火一般规定

在建筑内部装修设计防火工作中，把一些具有公共性的问题及建筑的特殊房间和特殊部位进行明确的统一规定，对多层民用建筑和高层民用建筑内部装修设计防火工作会带来方便。我国现行规范《建筑内部装修设计防火规范》（GB 50222—95)作了如下规定。

（一）对特殊房间的要求

1）无窗房间。除地下建筑外，无窗房间的内部装修材料的燃烧性能等级，除 A 级外，应在有关规定的基础上提高一级。

2）存放文物的房间。图书室、资料室、档案室和存放文物的房间，其顶棚、墙面应采用 A 级装修材料，地面应采用不低于 B₁ 级的装修材料。

3）计算机房。大、中型电子计算机房，中央控制室，电话总机房等放置特殊贵重设备的房间，其顶棚和墙面应采用 A 级装修材料，地面及其他装修应使用不低于 B₁ 级的装修材料。

4）消防泵房等。消防水泵房、排烟机房等其内部所有装修均应采用 A 级装饰材料。

5）楼梯间。无自然采光的楼梯间、封闭楼梯间、防烟楼梯间的顶棚、墙面和地面均应采用 A 级装修材料。

6）中厅等。建筑物内设有上下层相连通的中庭、走马廊、开敞楼梯、自动扶梯时，其连通部位的顶棚、墙面应采用 A 级装修材料，其他部位应使用不低于 B₁ 级的装修材料。

7）厨房。建筑物内的厨房，其顶棚、墙面、地面应采用 A 级装修材料。

8）餐厅。经常使用明火器具的餐厅等，装修材料的燃烧性能等级，除 A 级外，应在有关规定的基础上提高一级。

9）门厅等。建筑物各层的水平疏散走道和安全出口门厅，其顶棚装饰材料应采用 A 级装修材料，其他部位采用不低于 B₁ 级的装修材料。

（二）对特殊部位的要求

1）顶棚和墙面。顶棚和墙面上局部采用一些多孔或泡沫塑料时，其厚度不应大于 15mm，面积不得超过该房间顶棚和墙面积的 10％。

2）挡烟垂壁。挡烟垂壁应采用 A 级装修材料制作。

3）变形缝。变形缝其两侧的基层应采用 A 级材料，表面装饰应采用不低于 B₁ 级的装修材料。

4）配电箱。建筑内部的配电箱不应直接安装在低于 B₁ 级的装修材料上。

5）照明灯具。照明灯具的高温部位，当靠近非 A 级装修材料时，应采取隔热、散热等防火措施。灯饰所用材料的燃烧性能等级不应低于 B_1 级。

6）B_3 级材料。公共建筑内不宜设置采用 B_3 级饰物材料制成的壁挂、雕塑、模型、标本，当需要设置时，不应靠近火源或热源。

7）消火栓。建筑内部消火栓箱的门不能被装饰物遮掩，消火栓四周材料颜色应与消火栓门箱的颜色有明显区别。

8）疏散标志。内部装修不应遮挡消防设施和疏散指示标志及出口，并且不妨碍消防设施和疏散走道的正常使用。

二、建筑内各部位装修防火要求

建筑内部装修涉及的范围，包括装修部位及使用的装修材料与制品。顶棚、墙面、地面、隔断等的装修是最基本的部位；窗帘、帷幕、床罩、家具包布均属于装饰织物，容易引起火灾；大型、笨重家具是与建筑结构永久固定在一起，或不轻易改变位置，如壁橱、陈列柜、大型货架、档案柜。这些在设计时应按《建筑内部装修设计防火规范》的要求选择恰当的材料。

（一）单层、多层民用建筑内部装修防火要求

1）对于单层、多层民用建筑内部各部位装修材料的燃烧性能等级应不低于表 5-5 的要求。

单层、多层民用建筑内部各部位装修材料的燃烧性能等级　　　　　表 5-5

建筑物及场所	建筑规模性质	装修材料燃烧性能等级							
		顶棚	墙面	地面	隔断	固定家具	窗帘	帷幕	其他
候机楼的候机大厅、商店、餐厅、贵宾候机室、售票厅等	建筑面积大于 10000m² 的候机楼	A	A	B_1	B_1	B_1	B_1		B_1
	建筑面积不大于 10000m² 的候机楼	A	B_1	B_1	B_1	B_2	B_2		B_2
汽车站、火车站、轮船客运站的候车（船）室、餐厅、商场	建筑面积大于 10000m² 的车站码头	A	B_1	B_1	B_1	B_2	B_2		B_1
	建筑面积不大于 10000m² 的车站码头	B_1	B_1	B_1	B_2	B_2	B_2		B_2
影院、会堂、礼堂、剧院、音乐厅	超过 800 座位	A	A	B_1	B	B_1	B_2	B_2	B_1
	不超过 800 座位	A	B_1	B_1	B_1	B_2	B_2	B_2	B_2
体育馆	超过 3000 座位	A	A	B_1	B_1	B_1	B_2	B_2	B_2
	不超过 3000 座位	A	B_1	B_1	B_1	B_2	B_2	B_2	B_2
商场营业厅	每层建筑面积＞3000m² 或总建筑面积＞9000m² 的营业厅	A	B_1	A	A	B_1			B_2
	每层建筑面积 1000～3000m² 或总建筑面积为 3000～9000m² 的营业厅	A	B_1	B_1	B_1	B_2	B_1		
	每层建筑面积小于 1000m² 或总建筑面积小于 3000m² 的营业厅	B_1	B_1	B_1	B_2	B_2	B_2		
饭店旅馆的客房及公共活动用房	设有中央空调系统的饭店、旅馆	A	B_1	B_1	B_1	B_2	B_2		B_2
	其他饭店、旅馆	B_1	B_1	B_1	B_2	B_2	B_2		
歌舞厅、餐馆等娱乐、餐饮建筑	营业面积大于 100m²	A	B_1	B_1	B_1	B_2	B_2		B_2
	营业面积不大于 100m²	B_1	B_1	B_1	B_2	B_2	B_2		B_2

建筑物及场所	建筑规模性质	装修材料燃烧性能等级							
		顶棚	墙面	地面	隔断	固定家具	窗帘	帷幕	其他
托幼建筑、医院病房楼、疗养院、养老院		A	B_1	B_1	B_1	B_2	B_1		B_2
纪念馆、展览馆、博物馆、图书馆、档案馆等	国家级、省级	A	B_1	B_1	B_1	B_2	B_1		B_2
	省级以下	B_1	B_1	B_1	B_2	B_2	B_2		B_2
办公楼、综合楼	设有中央空调系统的办公楼、综合楼	A	B_1	B_1	B_1	B_2	B_1		B_2
	其他办公楼、综合楼	B_1	B_1	B_1	B_2	B_2			B_2
住宅	高级住宅	B_1	B_1	B_1	B_1	B_2	B_2		B_2
	普通住宅	B_1	B	B_1	B_2	B_2			

2）单层、多层民用建筑内面积小于 100m² 的房间，当采用防火墙和甲级防火门窗与其他部位分隔时，其装修材料的燃烧性能等级可在表 5-5 的基础上降低一级。

3）当单层、多层民用建筑需做内部装修的空间内装有自动灭火系统时，除顶棚外，其内部装修材料的燃烧性能等级可在表 5-5 规定的基础上降低一级；当同时装有火灾自动报警装置和自动灭火系统时，其顶棚装修材料的燃烧性能等级可在表 5-5 规定的基础上降低一级，其他装修材料的燃烧性能等级可不限制。

4）有关条文说明：

（1）表中给出的装修材料燃烧性能等级是允许使用材料的基准级别，表中空格位置表示允许使用 B_3 级材料。

（2）表中将机场候机楼划分为两个防火等级，其中 10000m² 以上的候机楼为第一级，10000m² 以下的候机楼为第二级。鉴于候机楼中包含的空间很多，而尤以候机大厅、商店、餐厅、贵宾候机室等部位重要，且人员较为密集，所以装修要求特指这些部位。

（3）与候机楼相比，火车站、汽车站和轮船码头等无论在数量上还是在装修层次上，都有很大的差异。对这部分建筑的处理，总体上应宜粗不宜细，为此，也参照候机楼的建筑面积划分法分成两类。要求的部位主要限定在候车(船)室、餐厅、商场等公共空间。

（4）电影院、会堂、礼堂、剧院、音乐厅均属公共娱乐场所，且在一定的时间内人员高度密集。从使用功能上看，这几种建筑的装修要求是有区别的，其中应以剧院和音乐厅的要求为特殊，因此，将它们单列出来似乎更合理。但是，考虑到影院发展趋势对音响、舒适的要求提高，以及礼堂类建筑的减少和异化，所以将它们与剧院、音乐厅合为一类也是一种简化处理的办法。另外，随着人们观赏水平的提高和多样化，几千人同看一个节目的可能性降低了，为此，这类建筑的座位不宜设置太多。鉴于此，在表中将影院等建筑的防火级别用 800 个座位来划分。考虑到这类建筑物在火灾发生时逃生困难，以及它们的窗帘和幕布具有较大的火灾危险性，所以，要求均采用 B_1 级材料制成的窗帘和幕布，这个要求相对而言是较高的。

（5）国内各大中城市早些时候兴建的体育馆，容量规模多在 3000 人以上，所以，在《建筑设计防火规范(2001 年版)》（GBJ 16—87)中将体育馆观众厅容量规模的最低限规定为3000人。而《建筑内部装修设计防火规范》(GB 50222—95)中将体育馆类建筑用3000个座位数分为两类,就是考虑一方面适应《建筑设计防火规范》的有关要求,另一方面适应目前客观存在的且今后有可能出现的一些小型的体育馆建筑。

(6)表中对商场营业厅划分了三个档次,具体的划分面积指标参照了《建筑防火设计规范》中的有关规定。商场的数量在各类公共建筑中高居榜首,其规模千差万别。但它们共有的特性是可燃货物多,人员高度聚集,成分复杂。商场火灾的后果十分严重,而关键的部位又是营业厅,所以,针对不同的营业厅面积提出了相应的要求。

(7)有关规范对设有中央空调系统的饭店、旅馆建筑提出了专门的防火设计,其目的是为了防止火灾在这类建筑中的蔓延。鉴于事实上已存在的这种不同的处理方式,在表5-5中依有无中央空调系统将旅馆类建筑划为两个防火要求层次。虽然旅馆建筑中包括了许多不同功能的空间,但表中的要求是特指客房和公共活动场所这两个部分。

(8)表5-5中所说的歌舞厅、餐厅等娱乐、餐饮类建筑是专指那些独立建造、专门用于该类用途的建筑物。这些年,这类新建、改建建筑发展很快,并且普遍进行了高档豪华的装修,一些很严重的火灾也发生在这些地方。鉴于这些建筑一般不具备自动灭火系统,加之位于闹市区,内部人员密度大,有明火和高强度的照明设备,所以,应是内装修防火控制的重点。从表中数值要求看,还是属于偏高的。

(9)在表5-5中将幼儿园、托儿所、医院病房楼、疗养院、养老院等类建筑归为一大类,是基于两种考虑:一是这些建筑基本上均为社会福利型建筑,因而作豪华高档装修的可能性不大;二是居住在这些建筑中的人不同程度地存在着思维和行动上的障碍。如儿童智力未完善、缺乏独立判断和自我保护的能力;而医院等建筑中的病人和老人,或暂时或永久地丧失了智能和体能,一旦出现火灾,同样不具备正常人的应变能力。为此,对这类建筑物提高装修材料的燃烧性能等级是必要的和合理的。需要指出的是,对它们着重提高了窗帘的防火要求,这是为了防止用火不慎而导致窗帘的迅速燃烧。

(10)纪念馆、展览馆等建筑物重要与否,常常是由其内含物品的价值决定的。一般地说,收藏级别越高的或展览规模越大的,其重要程度越高。为此表5-5中对国家级和省级的建筑物装修材料燃烧性能等级要求较高,而对其他的则要求低一些。

(11)表5-5中对办公楼和综合楼的要求参考了旅馆、饭店的划分方法,其思路是一致的。

(12)表5-5中将住宅划分为高级住宅和普通住宅两种。高级住宅一般是指别墅、公寓类的特殊住宅,而普通住宅是指一般居民使用的常规设计的住宅。

(13)表5-5中是对单层和多层民用建筑的基本要求,但在设计的时候也会遇到一些特殊情况,需要局部放宽。因此,对于单层、多层民用建筑内面积小于100m²,当采用防火墙和耐火极限不低于1.2h的防火门窗与其他部分分隔时,其装修材料的燃烧性能等级可以在表5-5的基础上降低一级。

(14)如果建筑物大部分房间的装修材料选用均可以满足相关规范的要求,而在某一局部或某一房间要求特殊装修设计而导致不能满足相关规范的规定时,且该部位又无法设置自动报警和自动灭火系统时,可在一定的条件下,对这些局部空间适当地放松要求,即房间的面积不超过100m²,并且该房间与其他空间之间应用防火墙和甲级防火门、窗进行分隔，以保证在该部位即使发生火灾也不至于波及其他部位。

（15）当单层、多层民用建筑内装有自动灭火系统时，除顶棚外，其内部装修材料的燃烧性能等级可在表 5-5 规定的基础上降低一级；当同时装有火灾自动报警装置和自动灭火系统时，其顶棚装修材料的燃烧性能等级可在表 5-5 规定的基础上降低一级，其他装修材料的燃烧性能等级可不限制。

（二）高层民用建筑内部装修设计防火

1.《建筑内部装修设计防火规范》的规定

1）高层民用建筑内部各部位装修材料的燃烧性能等级，不应低于表 5-6 中的规定

2）除 100m 以上的高层民用建筑及大于 800 座位的观众厅、会议厅，顶层餐厅外，当设有火灾自动报警装置和自动灭火系统时，除顶棚外，其内部装修材料的燃烧性能等级可在表 5-7 规定的基础上降低一级。

3）高层民用建筑的裙房内面积小于 500m² 的房间，当设有自动灭火系统，并且采用耐火等级不低于 2h 的隔墙、甲级防火门窗与其他部位分隔时，顶棚、墙面、地面的装修材料的燃烧性能等级可在表 5-6 规定的基础上降低一级。

高层民用建筑内部装修材料的燃烧性能等级 表 5-6

建筑物	建筑规模性质	装修材料燃烧性能等级									
		顶棚	墙面	地面	隔断	固定家具	装饰织物				其他装饰材料
							窗帘	帷幕	床罩	家具包布	
高层旅馆	不少于 800 座位的观众厅、会议厅、顶层餐厅	A	B₁	B₁	B₁	B₁	B₁	B₁		B₁	B₁
	不多于 800 座位的观众厅、会议厅	A	B₁	B₁	B₁	B₂	B₁	B₁		B₂	B₁
	其他部位	A	B₁	B₁	B₂	B₂	B₂	B₂	B₁	B₂	B₁
商业楼、展览楼、综合楼、商住楼、医院病房楼	一类建筑	A	B₁	B₁	B₁	B₂	B₁	B₂		B₁	B₁
	二类建筑	B₁	B₁	B₂	B₂	B₂	B₂	B₂		B₂	B₂
电信楼、财贸金融楼、邮政楼、广播电视楼、电力调度楼、防灾指挥调度楼	一类建筑	A	A	B₁	B₁	B₁	B₁	B₁		B₁	B₁
	二类建筑	B₁	B₁	B₂	B₂	B₂	B₂	B₂		B₂	B₂
教学楼、办公楼、科研楼、档案楼、图书馆	一类建筑	A	B₁	B₁	B₁	B₂	B₁	B₂		B₁	B₁
	二类建筑	B₁	B₁	B₂	B₂	B₂	B₂	B₂		B₂	B₂
住宅、普通旅馆	一类普通旅馆、高级住宅	A	B₁	B₂	B₁	B₂	B₁		B₁	B₂	B₁
	二类普通旅馆、普通住宅	B₁	B₁	B₂	B₂	B₂	B₂		B₂	B₂	B₂

4）电视塔等特殊高层建筑的内部装修，装修织物应不低于 B₁ 级，其他均应采用 A 级装修材料。

2. 有关条文说明

1) 表 5-6 中建筑物类别、场所及建筑规模是根据《高层民用建筑设计防火规范》(GB 50045—95)中的有关内容并结合室内装修设计的特点加以划分的。

2) 按照《高层民用建筑设计防火规范》的定义，高级旅馆均为一类高层建筑，它特指具备星级条件且设有空调系统的旅馆。将高级旅馆按内部划分为三种情况：第一种情况指其内部大于 800 个座位的观众厅、会议厅，以及设在顶层或高空的餐厅(包括观光厅)。

800 个座位是《高层民用建筑设计防火规范》划分会议厅的一个指标，对多于 800 个座位的观众厅、会议厅，因人员多，理应提出高一些的装修要求。而顶层或高空餐厅因其功能特殊且位置特别，加之具有相当数量的人员，所以也被列入到最高一个级别中；第二种情况指小于或等于 800 个座位的观众厅、会议厅；第三种情况指高级旅馆的其他部位。

3) 将商业楼、展览楼、综合楼、商住楼、医院病房楼等列为一大类建筑，是考虑到这些建筑在使用功能上有相近之处，并且它们被划为一类和二类建筑的依据，主要是高度值和层面积值。

4) 综合楼特指由两种及两种以上用途的楼层组成的公共建筑。

5) 商住楼是指由底部商业营业厅与住宅组成的高层建筑。

6) 将电信楼、财贸金融楼、邮政楼、广播电视楼、电力调度楼、防灾指挥调度楼集中成一个大类别，基于两种考虑：一是这些建筑物均为国家或地方政治与经济等重要部门所在地，具有综合协调与指挥功能；二是它们的一、二类划分是以中央、省以及省以下的概念做出的。

7) 教学楼、办公楼、科研楼、档案楼、图书馆归为一大类，主要考虑到它们的建造形式和使用功能基本相似(图书馆有些不同)，并且从内装修的角度看，它们的设计方法和装修的档次也大同小异。

8) 普通旅馆是以 50m 为界划分一类和二类高层建筑的。而高级住宅是指建筑装修标准高和设有空气调节系统的住宅。这种高级住宅均属一类高层建筑。普通住宅也被划分为两类，18 层及 18 层以下的为二类，19 层及 19 层以上的为一类。但在表 5-6 中将所有的普通住宅均归到二类普通旅馆栏中，这主要是从普通居民住宅的实际情况出发，从内装修的角度将它们作了一定的调整。

9) 高层建筑的火灾危险程度较之单层、多层建筑而言要高，因此，人们的防范措施也更加全面和严格，这在各有关的建筑设计防火规范中也有体现。由于高层建筑包含的范围很广，各种建筑差别很大，对一些层数不太高，公众也不是高度聚集的空间部位，在已有其他一些防火系统的情况下，可以考虑将它们的装修防火等级在基准要求的水平上作适当地降低，即，除 100m 以上的高层民用建筑及大于 800 个座位的观众厅、会议厅、顶层餐厅外，当设有火灾自动报警装置和自动灭火系统时，除顶棚外，其内部装修材料的燃烧性能等级可在表 5-6 规定的基础上降低一级。

10) 建筑内部装修设计防火规范从装修防火的角度规定：电视塔等特殊高层建筑的内部装修，均应采用 A 级装修材料。

规范之所以这样规定，主要是针对设立在高空中可允许公众入内观赏和进餐的塔楼而定的。这是由于建筑形式所限，人员在塔楼出现火灾的情况下逃生困难，所以对此类建筑物在内装修设计上作出了十分严格的要求。

(三)地下民用建筑内部装修设计防火

地下民用建筑是指单层、多层、高层民用建筑的地下部分,单独建造在地下的民用建筑以及平战结合的地下人防工程。

地下建筑因其所处的位置特殊,所以对火灾十分敏感。一旦出现火灾,人员的疏散避难以及对火灾的扑救都十分困难,往往会造成很大的经济损失。而降低火灾发生概率的关键,就在于控制可燃装修的数量。

1.《建筑内部装修设计防火规范》的规定

1)地下民用建筑内部各部位装修材料的燃烧性能等级,不应低于表5-7的规定。

2)地下民用建筑的疏散走道和安全出口的门厅,其顶棚、墙面和地面的装修材料应采用A级装修材料。

3)单独建造的地下民用建筑的地上部分,其门厅、休息室、办公室等内部装修材料的燃烧性能等级可在表5-7的基础上降低一级要求。

4)地下商场、地下展览厅的售货柜台、固定货架、展览台等,应采用A级装修材料。

地下民用建筑内部各部位装修材料的燃烧性能等级 表5-7

建筑物及场所	装修材料燃烧性能等级						
	顶棚	墙面	地面	隔断	固定家具	装饰织物	其他装饰材料
休息室、办公室、旅馆的客房及公共活动用房	A	B_1	B_1	B_1	B_1	B_1	B_2
娱乐场所、旱冰场、舞厅、展览厅等医院的病房、医疗用房	A	A	B_1	B_1	B_1	B_1	B_2
电影院的观众厅、商场的营业厅	A	A	A		B_1	B_1	B_2
停车场、人行通道、图书资料库、档案库	A	A	A	A	A		

2. 有关条文说明

1)对地下建筑物装修防火要求的宽严主要取决于人员的密度。对人员比较密集的商场营业厅、电影院观众厅等在选用装修材料时,应考虑的防火等级要高。而对旅馆客房、医院病房,以及各类建筑的办公用房,因其单位空间同时容纳的人员较少且经常有专人管理,所以选用装修材料燃烧性能等级时给予适当放宽。对于图书馆、资料类的库房,因其本身的可燃物数量大,所以要求全部采用不燃材料装修。

2)表中娱乐场所是指建在地下的体育及娱乐建筑,如球类、棋类以及其他文体娱乐项目的比赛与练习场所。

第六章　工业建筑防火设计

第一节　工业建筑及火灾危险的分类

一、工业建筑的分类

工业建筑是指用于工业生产、储存的建筑，分为两部分，一是厂房，二是库房。

（一）按厂房的用途分

1）主要生产厂房。主要生产厂房指用于完成主要产品从原材料到成品的加工工艺过程的各类厂房，例如机械厂的铸造、锻造、机加、装配车间等。

2）辅助生产厂房。辅助生产厂房指为主要生产车间服务的各类厂房，如机修和工具等车间。

3）动力用厂房。动力用厂房指为工厂提供能源的各类厂房，如发电站、锅炉房、煤气站等。

4）储藏用房间。储藏用房间指储藏各类原材料、半成品或成品的仓库，如金属材料库、备品备件库等。

5）运输工具用房。运输工具用房指停放、检修各种运输工具的库房等，如汽车库、电瓶车库等。

（二）按生产状况分

1）冷加工厂房。冷加工厂房指在正常温度状态下进行生产的车间，如机加工、装配等。

2）热加工厂房。热加工厂房指在高温或熔化状态下进行生产的车间，生产中产生大量的热及有害气体、烟尘，如冶炼、铸造、轧钢和锻造等车间。

3）恒温、恒湿厂房。恒温、恒湿厂房指在稳定的温度和湿度状态下进行生产的车间，如纺织车间和精密仪器车间等。

4）洁净厂房。洁净厂房指为保证生产质量，在无尘、无菌、无污染的高洁净状态下进行生产的车间，如集成电路车间、医药车间等。

（三）按厂房层数分

1）单层厂房。单层厂房指广泛应用于机械、冶金等工业。适用于有大型设备及加工件，有较大荷载和大型起重设备的，需要水平方向组织工艺流程和运输的生产项目。

2）多层厂房。多层厂房特指两层及两层以上的，但建筑高度小于或等于24m的厂房。多用于电子、精密仪器、食品和轻工业。适用于设备、产品较轻，竖向布置工艺流程的项目。

3）混合厂房。混合厂房指同一厂房内既有多层，也有单层，多用于电力、化工工业。

4）高层厂房。高层厂房指建筑高度超过24m的两层及两层以上的厂房、库房以及建筑高度超过 24m 的高架仓库。

5）地下厂房。地下厂房特指建造在地下的，用于工业生产的厂房。它们多用于机械、五金、服装、针织等行业。

二、生产的火灾危险性分类

火灾危险性分类的目的，是为了在建筑防火要求上，有区别地对待各种不同危险类别的生产或储存，使建造的建筑既有利于节约投资，又有利于保证安全。

生产的火灾危险性分类是按生产过程中使用或加工的物品的火灾危险性进行分类的。

库房储存物品的火灾危险性分类，是按物品在储存过程中的火灾危险性进行分类的。

现行《建筑设计防火规范》将生产的火灾危险性划分为甲、乙、丙、丁、戊五类，火灾危险性依次递减。相应的厂房建筑也被划分为甲、乙、丙、丁、戊五类。生产的火灾危险性分类见表 6-1 所列。

生产的火灾危险性分类　　　　　　　　　　　　　　表 6-1

生产类别	火灾危险性特征
甲	使用或产生下列物质的生产： 1. 闪点小于 28℃ 的液体； 2. 爆炸下限小于 10% 的气体； 3. 常温下能自行分解或在空气中氧化，即能导致迅速自燃或爆炸的物质； 4. 常温下受到水或空气中水蒸气的作用，能产生可燃气体并引起燃烧或爆炸的物质； 5. 遇酸、受热、撞击、摩擦、催化以及遇有机物或硫磺等易燃的无机物，极易引起燃烧或爆炸的强氧化剂； 6. 受撞击、摩擦或与氧化剂、有机物接触时能引起燃烧或爆炸的物质； 7. 在密闭设备内操作温度等于或超过物质本身自燃点的生产
乙	使用或产生下列物质的生产： 1. 闪点大于等于 28℃，但小于 60℃ 的液体； 2. 爆炸下限大于等于 10% 的气体； 3. 不属于甲类的氧化剂； 4. 不属于甲类的化学易燃危险固体； 5. 助燃气体； 6. 能与空气形成爆炸性混合物的浮游状态的粉尘、纤维，以及闪点大于等于 60℃ 的液体雾滴
丙	使用或产生下列物质的生产： 1. 闪点大于等于 60℃ 的液体； 2. 可燃固体
丁	具有下列情况的生产： 1. 对非燃烧物质进行加工，并在高热或熔化状态下经常产生强辐射热、火花或火焰的生产； 2. 利用气体、液体、固体作为燃料或将气体、液体进行燃烧作其他用的各种生产； 3. 常温下使用或加工难燃烧物质的生产
戊	常温下使用或加工非燃烧物质的生产

同一座厂房或厂房的任一防火分区内有不同火灾危险性生产时，该厂房或防火分区内的生产火灾危险性分类应按火灾危险性较大的部分确定。当符合下述条件之一时，可按火灾危险性较小的部分确定：

1）火灾危险性较大的生产部分占本层或本防火分区面积的比例小于5％或丁、戊类厂房内的油漆工段小于10％，且发生火灾事故时不足以蔓延到其他部位或火灾危险性较大的生产部分采取了有效的防火措施；

2）丁、戊类厂房内的油漆工段，当采用封闭喷漆工艺，封闭喷漆空间内保持负压、油漆工段设置可燃气体自动报警系统或自动抑爆系统，且油漆工段占其所在防火分区面积的比例小于等于20％。

生产的火灾危险性分类举例见表6-2所列。

生产的火灾危险性分类举例　　　　　　　　　　　　　　　表 6-2

生产类别	举 例
甲	1. 闪点小于28℃的油品和有机溶剂的提炼、回收或洗涤部位及其泵房，橡胶制品的涂胶和胶浆部位，二硫化碳的粗馏、精馏工段及其应用部位，青霉素提炼部位，原料药厂的非纳西汀车间的烃化、回收及电感精馏部位，皂素车间的抽提、结晶及过滤部位，冰片精制部位，农药厂乐果厂房，敌敌畏的合成厂房、磺化法糖精厂房，氯乙醇厂房，环氧乙烷、环氧丙烷工段，苯酚厂房的磺化、蒸馏部位，焦化厂吡啶工段，胶片厂片基厂房，汽油加铅室，甲醇、乙醇、丙酮、丁酮异丙醇、醋酸乙酯、苯等的合成或精制厂房，集成电路工厂的化学清洗间（使用闪点小于28℃的液体），植物油加工厂的浸出厂房； 2. 乙炔站，氢气站，石油气体分馏（或分离）厂房，氯乙烯厂房，乙烯聚合厂房，天然气、石油伴生气、矿井气、水煤气或焦炉煤气的净化（如脱硫）厂房压缩机室及鼓风机室，液化石油气罐瓶间，丁二烯及其聚合厂房，醋酸乙烯厂房，电解水或电解食盐厂房，环己酮厂房，乙基苯和苯乙烯厂房，化肥厂的氢氮气压缩厂房，半导体材料厂使用氢气的拉晶间，硅烷热分解室； 3. 硝化棉厂房及其应用部位，赛璐珞厂房，黄磷制备厂房及其应用部位，三乙基铝厂房，染化厂某些能自行分解的重氮化合物生产，甲胺厂房，丙烯腈厂房； 4. 金属钠、钾加工厂房及其应用部位，聚乙烯厂房的一氯二乙基铝部位、三氯化磷厂房，多晶硅车间三氯氢硅部位，五氧化磷厂房； 5. 氯酸钠、氯酸钾厂房及其应用部位，过氧化氢厂房，过氧化钠、过氧化钾厂房，次氯酸钙厂房； 6. 赤磷制备厂房及其应用部位，五硫化二磷厂房及其应用部位； 7. 洗涤剂厂房石蜡裂解部位，冰醋酸裂解厂房
乙	1. 闪点大于等于28℃，且小于60℃的油品和有机溶剂的提炼、回收、洗涤部位及其泵房，松节油或松香蒸馏厂房及其应用部位，醋酸酐精馏厂房，己内酰胺厂房，甲酚厂房，氯丙醇厂房，樟脑油提取部位，环氧氯丙烷厂房，松针油精制部位，煤油罐桶间； 2. 一氧化碳压缩机室及净化部位，发生炉煤气或鼓风炉煤气净化部位，氨压缩机房； 3. 发烟硫酸或发烟硝酸浓缩部位，高锰酸钾厂房，重铬酸钠（红矾钠）厂房； 4. 樟脑或松香提炼厂房，硫磺回收厂房，焦化厂精萘厂房； 5. 氧气站，空分厂房； 6. 铝粉或镁粉厂房，金属制品抛光部位，煤粉厂房，面粉厂的碾磨部位，活性炭制造及再生厂房，谷物筒仓工作塔，亚麻厂的除尘器和过滤器室
丙	1. 闪点大于等于60℃的油品和有机液体的提炼、回收工段及其抽送泵房，香料厂的松油醇部位和乙酸松油脂部位，苯甲酸厂房，苯乙酮厂房，焦化厂焦油厂房，甘油、桐油的制备厂房，油浸变压器室，机器油或变压器油灌桶间，柴油灌桶间，润滑油再生部位，配电室（每台装油量大于60kg的设备），沥青加工厂房，植物油加工厂的精炼部位； 2. 煤、焦炭、油母页岩的筛分、转运工段和栈桥或储仓，木工厂房，竹、藤加工厂房，橡胶制品的压延、成型和硫化厂房，针织品厂房，纺织、印染、化纤生产的干燥部位，服装加工厂房，棉花加工和打包厂房，造纸厂备料、干燥厂房，印染厂成品厂房，麻纺厂粗加工厂房，谷物加工厂房，卷烟厂的切丝、卷制、包装厂房，印刷厂的印刷厂房，毛涤厂选毛厂房，电视机、收音机装配厂房，显像管厂装配工锻烧车间，磁带装配厂房，集成电路工厂的氧化扩散间、光刻间，泡沫塑料厂的发泡、成型、印片压花部位，饲料加工厂房

生产类别	举　　例
丁	1. 金属冶炼、锻造、铆焊、热轧、铸造、热处理厂房; 2. 锅炉房,玻璃原料熔化厂房,灯丝烧拉部位,保温瓶胆厂房,陶瓷制品的烘干、烧成厂房,蒸汽机车库,石灰焙烧厂房,电石炉部位,耐火材料烧成部位,转炉厂房,硫酸车间焙烧部位,电极煅烧工段配电室(每台装油量不超过60kg的设备); 3. 铝塑材料的加工厂房,酚醛泡沫塑料的加工厂房,印染厂的漂炼部位,化纤厂后加工润湿
戊	制砖车间,石棉加工车间,卷扬机室,不染液体的泵房和阀门室,不燃液体的净化处理工段,金属(镁合金除外)冷加工车间,电动车库,钙镁磷肥车间(熔烧炉除外),造纸厂或化学纤维厂的浆料蒸煮工段,仪表、机械或车辆装配车间,氟利昂厂房,水泥厂的轮窑厂房,加气混凝土厂的材料准备、构件制作厂房

三、储存物品的火灾危险性分类

库房存放物品的火灾危险性是按物品在存放过程中的火灾危险性进行分类的,分为甲、乙、丙、丁、戊五类,其中固体五类,液体三类,气体两类。储存物品的火灾危险性分类及举例见表 6-3、表 6-4 所列。

储存物品的火灾危险性分类　　　　　　　　　　表 6-3

存储物品类别	火灾危险性特征
甲	1. 闪点小于28℃的液体; 2. 爆炸下限小于10%的气体,以及受到水或空气中水蒸气的作用,能产生爆炸下限小于10%气体的固体物质; 3. 常温下能自行分解或在空气中氧化即能导致迅速自燃或爆炸的物质; 4. 常温下受到水或空气中水蒸气的作用能产生可燃气体并引起燃烧或爆炸的物质; 5. 遇酸、受热、撞击、摩擦以及遇有机物或硫磺等易燃的无机物,极易引起燃烧或爆炸的强氧化剂; 6. 受撞击、摩擦或与氧化剂、有机物接触时能引起燃烧
乙	1. 闪点大于等于28℃,但小于60℃的液体; 2. 爆炸下限大于等于10%的气体; 3. 不属于甲类的氧化剂; 4. 不属于甲类的化学易燃危险固体; 5. 助燃气体; 6. 常温下与空气接触能缓慢氧化,积热不散引起自燃的物品
丙	1. 闪点小于等于60℃的液体; 2. 可燃固体
丁	难燃烧物品
戊	非燃烧物品

同一座仓库或仓库的任一防火分区内储存不同火灾危险性物品时,该仓库或防火分区的火灾危险性应按其中火灾危险性最大的类别确定。

丁、戊类储存物品的可燃包装重量大于物品本身重量1/4的仓库,其火灾危险性应按丙类确定。

存储物品的火灾危险性分类举例　　　　　　　　　　表 6-4

存储物品类别	举　　例
甲	1. 己烷,戊烷,石脑油,环戊烷,二硫化碳,苯,甲苯,甲醇,乙醇,乙醚,蚁酸甲酯,醋酸甲酯,硝酸乙酯,汽油,丙酮,丙烯,乙醚,60度以上的白酒; 2. 乙炔,氢,甲烷,乙烯,丙烯,丁二烯,环氧乙烷,水煤气,硫化氢,氯乙烯,液化石油气,电石,碳化铝; 3. 硝化棉,硝化纤维胶片,喷漆棉,火胶棉,赛璐珞棉,黄磷; 4. 金属钾、钠、锂、钙、锶,氢化锂,四氢化锂铝,氢化钠; 5. 氯酸钾,氯酸钠,过氧化钾,过氧化钠,硝酸铵; 6. 赤磷,五硫化磷,三硫化磷

存储物品类别	举　　例
乙	1. 煤油，松节油，丁烯醇，异戊醇，丁醚，醋酸丁酯，硝酸戊酯，乙酰丙酮，环己胺，溶剂油，冰醋酸，樟脑油，蚁酸； 2. 氨气，液氯； 3. 硝酸铜，铬酸，亚硝酸钾，重铬酸钠，铬酸钾，硝酸，硝酸汞，硝酸钴，发烟硫酸，漂白粉； 4. 硫磺，镁粉，铝粉，赛璐珞板(片)，樟脑，萘，生松香，硝化纤维漆布，硝化纤维色片； 5. 氧气，氟气； 6. 漆布及其制品，油布及其制品，油纸及其制品，油绸及其制品
丙	1. 动物油，植物油，沥青，蜡，润滑油，机油，重油，闪点不小于60℃的柴油，糖醛，50～60度的白酒； 2. 化学、人造纤维及其织物，纸张，棉、毛、丝、麻及其织物，谷物，面粉，天然橡胶及其制品，竹、木及其制品，中药材，电视机、收录机等电子产品，计算机房已录数据的磁盘储存间
丁	自熄性塑料及其制品，酚醛泡沫塑料及其制品，水泥刨花板
戊	钢材，铝材，玻璃及其制品，搪瓷制品，陶瓷制品，不燃气体，玻璃棉，岩棉，陶瓷棉，硅酸铝纤维，矿棉，石膏及其无纸制品，水泥，石，膨胀珍珠岩

表中提到的闪点是用闭杯法测定的，把闪点28℃作为甲、乙类划分的界限，是因为我国南方最热月平均温度是28℃左右，在这样的气温下，液体系气遇到火源就闪燃起火，所以把28℃作为甲、乙类划分的界限。

一般来说，不管是按生产的分类，还是按储存物品的分类，凡接触到易燃易爆化学危险物品的生产厂房和库房，都应属于甲、乙类。而所谓甲、乙类的区别也主要是在正常条件下发生火灾或爆炸危险性大小的区别，危险性大的属于甲类；丙类生产，是对可燃物体如焦油、甘油、木材、棉花等的加工生产；丁类生产，是指对钢材等金属的热加工，对难燃材料如树脂、塑料的冷加工，以及在煤炭、可燃气体、易燃或可燃液体做燃料的生产，如锅炉房、汽车库等；戊类生产，是在常温下对非燃烧材料如黑色金属冷加工的生产。

需要注意的是，当一座厂房或仓库里，生产或储存了几种或很多种不同火灾危险性的物品时，它的类别就要按其中火灾危险性较大的物品级别来确定。如胶鞋厂成型和硫化工段间，有上光和烘干工序时，就要考虑上光和烘干中蒸发汽油蒸气的危险性较大，需要按照甲类的生产来设计。但如果火灾危险性较大的部分所占面积的比例较小时，如大型机械厂总装配车间喷漆部分的面积不大，而且安装了良好的排气装置，危险性气体对整个车间的影响就比较小，这样的车间仍可以按火灾危险性较小的戊类生产来考虑。如果在生产过程中使用或产生易燃、可燃物质的数量很少，不足以构成爆炸和火灾危险的，也可以按实际情况确定其火灾危险性的类别，如钟表修理间等。

第二节　工业建筑的耐火设计

一、厂房(仓库)的耐火等级与构件的耐火极限

工业建筑在选定耐火等级的时候，主要是根据生产的火灾危险性和存储物品的火灾危险性分类确定的。此外，也要考虑建筑的规模大小和高度等因素。设计时应符合以下要求：

1）厂房（仓库）的耐火等级可分为一、二、三、四级。其构件的燃烧性能和耐火极限不应低于表 6-5 的规定。

厂房（仓库）建筑构件的燃烧性能和耐火极限（h） 表 6-5

名称		耐火等级			
构件		一级	二级	三级	四级
墙	防火墙	不燃烧体 3.00	不燃烧体 3.00	不燃烧体 3.00	不燃烧体 3.00
	承重墙	不燃烧体 3.00	不燃烧体 2.50	不燃烧体 2.00	难燃烧体 0.50
	楼梯间和电梯井的墙	不燃烧体 2.00	不燃烧体 2.00	不燃烧体 1.50	难燃烧体 0.50
	疏散走道两侧的隔墙	不燃烧体 1.00	不燃烧体 1.00	不燃烧体 0.50	难燃烧体 0.25
	非承重外墙	不燃烧体 0.75	不燃烧体 0.50	不燃烧体 0.50	难燃烧体 0.25
	房间隔墙	不燃烧体 0.75	不燃烧体 0.50	不燃烧体 0.50	难燃烧体 0.25
柱		不燃烧体 3.00	不燃烧体 2.50	不燃烧体 2.00	难燃烧体 0.50
梁		不燃烧体 2.00	不燃烧体 1.50	不燃烧体 1.00	难燃烧体 0.50
楼板		不燃烧体 1.50	不燃烧体 1.00	不燃烧体 0.75	难燃烧体 0.50
屋顶承重构件		不燃烧体 1.50	不燃烧体 1.00	不燃烧体 0.50	燃烧体
疏散楼梯		不燃烧体 1.50	不燃烧体 1.00	不燃烧体 0.75	燃烧体
吊顶（包括吊顶格栅）		不燃烧体 0.25	不燃烧体 0.25	不燃烧体 0.15	燃烧体

注：二级耐火等级建筑的吊顶采用不燃烧体时，其耐火极限不限。

2）下列建筑中的防火墙，其耐火极限应按表 6-5 的规定提高 1.00h：

（1）甲、乙类厂房；

（2）甲、乙、丙类仓库。

3）一、二级耐火等级的单层厂房（仓库）的柱，其耐火极限可按表 6-5 的规定降低 0.50h。

4）下列二级耐火等级建筑的梁、柱可采用无防火保护的金属结构，其中能受到甲、乙、丙类液体或可燃气体火焰影响的部位，应采取外包敷不燃材料或其他防火隔热保护措施：

（1）设置自动灭火系统的单层丙类厂房；

（2）丁、戊类厂房（仓库）。

5）一、二级耐火等级建筑的非承重外墙应符合下列规定：

（1）除甲、乙类仓库和高层仓库外，当非承重外墙采用不燃烧体时，其耐火极限不应低于 0.25h；当采用难燃烧体时，不应低于 0.50h。

（2）4 层及 4 层以下的丁、戊类地上厂房（仓库），当非承重外墙采用不燃烧体时，其耐火极限不限；当非承重外墙采用难燃烧体的轻质复合墙体时，其表面材料应为不燃材料、内填充材料的燃烧性能不应低于 B₂ 级。B₁、B₂ 级材料应符合现行国家标准《建筑材料燃烧性能分级方法》（GB 8624—2006）的有关要求。

6）二级耐火等级厂房（仓库）中的房间隔墙，当采用难燃烧体时，其耐火极限应提高 0.25h。

7）二级耐火等级的多层厂房或多层仓库中的楼板，当采用预应力和预制钢筋混凝土楼板时，其耐火极限不应低于0.75h。

8）一、二级耐火等级厂房（仓库）的上人平屋顶，其屋面板的耐火极限分别不应低于1.50h和1.00h。一级耐火等级的单层、多层厂房（仓库）中采用自动喷水灭火系统进行全保护时，其屋顶承重构件的耐火极限不应低于1.00h。

二级耐火等级厂房的屋顶承重构件可采用无保护层的金属构件，其中能受到甲、乙、丙类液体火焰影响的部位应采取防火隔热保护措施。

9）一、二级耐火等级厂房（仓库）的屋面板应采用不燃烧材料，但其屋面防水层和绝热层可采用可燃材料；当丁、戊类厂房（仓库）不超过4层时，其屋面可采用难燃烧体的轻质复合屋面板，但该板材的表面材料应为不燃烧材料，内填充材料的燃烧性能不应低于B_2级。

10）除本规范另有规定者外，以木柱承重且以不燃烧材料作为墙体的厂房（仓库），其耐火等级应按四级确定。

11）预制钢筋混凝土构件的节点外露部位，应采取防火保护措施，且该节点的耐火极限不应低于相应构件的规定。

二、厂房的耐火等级、层数、面积和平面布置

根据厂房的火灾危险性、类别，厂房的耐火等级、层数和每个防火分区的最大允许建筑面积应符合表6-6的规定。

厂房的耐火等级、层数和防火分区的最大允许建筑面积　　　　　　表6-6

生产类别	厂房的耐火等级	最多允许层数	每个防火分区的最大允许建筑面积（m²）			
			单层厂房	多层厂房	高层厂房	地下、半地下厂房，厂房的地下室、半地下室
甲	一级	除生产必须采用多层者外，宜采用单层	4000	3000	—	—
	二级		3000	2000	—	—
乙	一级	不限	5000	4000	2000	—
	二级	6	4000	3000	1500	—
丙	一级	不限	不限	6000	3000	500
	二级	不限	8000	4000	2000	500
	三级	2	3000	2000	—	—
丁	一级、二级	不限	不限	不限	4000	1000
	三级	3	4000	2000	—	—
	四级	1	1000	—	—	—
戊	一级、二级	不限	不限	不限	6000	1000
	三级	3	5000	3000	—	—
	四级	1	1000	—	—	—

注：本表中"—"表示不允许。

在进行厂房的平面设计时应注意以下几点：

1）防火分区之间应采用防火墙分隔。除甲类厂房外的一、二级耐火等级单层厂房，

当其防火分区的建筑面积大于表 6-6 规定，且设置防火墙确有困难时，可采用防火卷帘或防火分隔水幕分隔。采用防火卷帘时应符合相应规范的规定；采用防火分隔水幕时，应符合现行国家标准《自动喷水灭火系统设计规范》(GB 50084)的有关规定。

2）除麻纺厂房外，一级耐火等级的多层纺织厂房和二级耐火等级的单层、多层纺织厂房，其每个防火分区的最大允许建筑面积可按表 6-6 的规定增加 0.5 倍，但厂房内的原棉开包、清花车间均应采用防火墙分隔。

3）一、二级耐火等级的单层、多层造纸生产联合厂房，其每个防火分区的最大允许建筑面积可按表 6-6 的规定增加 1.5 倍。一、二级耐火等级的湿式造纸联合厂房，当纸机烘缸罩内设置自动灭火系统，完成工段设置有效灭火设施保护时，其每个防火分区的最大允许建筑面积可按工艺要求确定。

4）一、二级耐火等级的谷物筒仓工作塔，当每层工作人数不超过 2 人时，其层数不限。

5）一、二级耐火等级卷烟生产联合厂房内的原料、备料及成组配方、制丝、储丝和卷接包、辅料周转、成品暂存、二氧化碳膨胀烟丝等生产用房应划分独立的防火分隔单元，当工艺条件许可时，应采用防火墙进行分隔。其中制丝、储丝和卷接包车间可划分为一个防火分区，且每个防火分区的最大允许建筑面积可按工艺要求确定。但制丝、储丝及卷接包车间之间应采用耐火极限不低于 2.00h 的墙体和 1.00h 的楼板进行分隔。厂房内各水平和竖向分隔间的开口应采取防止火灾蔓延的措施。

6）厂房内设置自动灭火系统时，每个防火分区的最大允许建筑面积可按表 6-6 的规定增加 1.0 倍。当丁、戊类的地上厂房内设置自动灭火系统时，每个防火分区的最大允许建筑面积不限。

7）使用或储存特殊贵重的机器、仪表、仪器等设备或物品的建筑，其耐火等级应为一级。

8）建筑面积小于等于 300m² 的独立甲、乙类单层厂房，可采用三级耐火等级的建筑。

9）使用或产生丙类液体的厂房和有火花、赤热表面、明火的丁类厂房，均应采用一、二级耐火等级建筑，当上述丙类厂房的建筑面积小于等于 500m²，丁类厂房的建筑面积小于等于 1000m² 时，也可采用三级耐火等级的单层建筑。

10）甲、乙类生产场所不应设置在地下或半地下。

11）厂房内严禁设置员工宿舍。

12）办公室、休息室等不应设置在甲、乙类厂房内，当必须与本厂房贴邻建造时，其耐火等级不应低于二级，并应采用耐火极限不低于 3.00h 的不燃烧体防爆墙隔开和设置独立的安全出口。

13）在丙类厂房内设置的办公室、休息室，应采用耐火极限不低于 2.50h 的不燃烧体隔墙和 1.00h 的楼板与厂房隔开，并应至少设置 1 个独立的安全出口。如隔墙上需开设相互连通的门时，应采用乙级防火门。

三、仓库的耐火等级、层数、面积和平面布置

仓库的耐火等级、层数和面积应符合表 6-7 的规定。

库房的耐火等级、层数和占地面积　　表 6-7

储存物品分类		耐火等级	最多允许层数	每座仓库的最大允许占地面积和每个防火分区的最大允许建筑面积(m²)						库房地下室和半地下室
				单层仓库		多层仓库		高层仓库		
				每座仓库	防火分区	每座仓库	防火分区	每座仓库	防火分区	防火墙间
甲	3.4项*	一级	1	180	60	—	—	—	—	—
	1、2、5、6项*	一、二级	1	750	250	—	—	—	—	—
乙	1、3、4项*	一、二级	3	2000	500	900	300	—	—	—
		三级	1	500	250	—	—	—	—	—
	2、5、6项*	一、二级	5	2800	700	1500	500	—	—	—
		三级	1	900	300	—	—	—	—	—
丙	1项*	一、二级	5	4000	1000	2800	700	—	—	150
		三级	1	1200	400	—	—	—	—	—
	2项*	一、二级	不限	6000	1500	4800	1200	4000	1000	300
		三级	3	2100	700	1200	400	—	—	—
丁		一、二级	不限	不限	3000	不限	1500	8000	1200	500
		三级	3	3000	1000	1500	500	—	—	—
		四级	1	2100	700	—	—	—	—	—
戊		一、二级	不限	不限	不限	不限	2000	6000	1500	1000
		三级	3	3000	1000	2100	700	—	—	—
		四级	1	2100	700	—	—	—	—	—

注：本表中"—"表示不允许，* 为表 6-6 中对应的项号。

在进行仓库的平面设计时应注意以下几点：

1）仓库内严禁设置员工宿舍。

2）甲、乙类仓库内严禁设置办公室、休息室等，并不应贴邻建造。

3）在丙、丁类仓库内设置的办公室、休息室，应采用耐火极限不低于 2.50h 的不燃烧体隔墙和 1.00h 的楼板与库房隔开，并应设置独立的安全出口。如隔墙上需开设相互连通的门时，应采用乙级防火门。

4）仓库中的防火分区之间必须采用防火墙分隔。

5）石油库内桶装油品仓库应按现行国家标准《石油库设计规范》（GB 50074）的有关规定执行。

6）一、二级耐火等级的煤均化库，每个防火分区的最大允许建筑面积不应大于 12000m²。

7）独立建造的硝酸铵仓库、电石仓库、聚乙烯等高分子制品仓库、尿素仓库、配煤仓库、造纸厂的独立成品仓库以及车站、码头、机场内的中转仓库，当建筑的耐火等级不低于二级时，每座仓库的最大允许占地面积和每个防火分区的最大允许建筑面积可按表 6-7 的规定增加 1 倍。

8）一、二级耐火等级粮食平房仓的最大允许占地面积不应大于 12000m²，每个防火分区的最大允许建筑面积不应大于 3000m²；三级耐火等级粮食平房仓的最大允许占地面积不应大于 3000m²，每个防火分区的最大允许建筑面积不应大于 1000m²；

9）一、二级耐火等级冷库的最大允许占地面积和防火分区的最大允许建筑面积，应按现行国家标准《冷库设计规范》(GB 50072—2010)的有关规定执行。

10）酒精度为 50%(v/v)以上的白酒仓库不宜超过 3 层。

11）甲、乙类厂房(仓库)内不应设置铁路线。丙、丁、戊类厂房(仓库)，当需要出入蒸汽机车和内燃机车时，其屋顶应采用不燃烧体或采取其他防火保护措施。

第三节　工业建筑的防火间距

一、厂房的防火间距

厂房之间及其与乙、丙、丁、戊类仓库，民用建筑等之间的防火间距不应小于表 6-8 的规定。

厂房之间及其与乙、丙、丁、戊类仓库、民用建筑等之间的防火间距　　　表 6-8

名称			甲类厂房	单层、多层乙类厂房(仓库)	单层、多层丙、丁、戊类厂房(仓库)			高层厂房(仓库)	民用建筑		
					耐火等级				耐火等级		
					一、二级	三级	四级		一、二级	三级	四级
			防火间距(m)								
甲类厂房			12.0	12.0	12.0	14.0	16.0	13.0	25.0		
单层、多层乙类厂房			12.0	10.0	10.0	12.0	14.0	13.0	25.0		
单层、多层、丁类厂房	耐火等级	一、二级	12.0	10.0	10.0	12.0	14.0	13.0	10.0	12.0	14.0
		三级	14.0	12.0	12.0	14.0	16.0	15.0	12.0	14.0	16.0
		四级	16.0	14.0	14.0	16.0	18.0	17.0	14.0	16.0	18.0
单层、多层戊类厂房		一、二级	12.0	10.0	10.0	12.0	14.0	13.0	6.0	7.0	9.0
		三级	14.	12.0	12.0	14.0	16.0	15.0	7.0	8.0	10.0
		四级	16.0	14.0	14.0	14.0	16.0	15.0	9.0	10.0	12.0
高层厂房			13.0	13.0	13.0	15.0	17.0	13.0	13.0	15.0	17.0
室外变、配电站变压器总油量(t)	≥5、≤10				12.0	15.0	20.0	12.0	15.0	20.0	25.0
	>10、≤50		25.0	25.0	15.0	20.0	25.0	15.0	20.0	25.0	30.0
	>50				20.0	25.0	30.0	20.0	25.0	30.0	35.0

在按表 6-8 确定厂房防火间距时，还应注意以下问题：

1）甲类厂房与重要公共建筑之间的防火间距不应小于 50.0m，与明火或散发火花地点之间的防火间距不应小于 30.0m，与甲、乙、丙类液体储罐，可燃、助燃气体储罐，液化石油气储罐，可燃材料堆场的防火间距，应符合相关规定。

2）散发可燃气体、可燃蒸气的甲类厂房与铁路、道路等的防火间距不应小于表 6-9 的规定，但甲类厂房所属厂内铁路装卸线当有安全措施时，其间距可不受表 6-9 规定的限制。

甲类厂房与铁路、道路等的防火间距(m)　　　　　　表 6-9

名称	厂外铁路线中心线	厂内铁路线中心线	厂外道路路边	厂内道路路边	
				主要	次要
甲类厂房	30.0	20.0	15.0	10.0	5.0

注：厂房与道路路边的防火间距按建筑距道路最近一侧路边的最小距离计算。

3）高层厂房与甲、乙、丙类液体储罐，可燃、助燃气体储罐，液化石油气储罐，可燃材料堆场（煤和焦炭场除外）的防火间距，应符合规范的有关规定，且不应小于 13.0m。

4）当丙、丁、戊类厂房与公共建筑的耐火等级均为一、二级时，其防火间距可按下列规定执行：

（1）当较高一面外墙为不开设门窗洞口的防火墙，或比相邻较低一座建筑屋面高15.0m 及以下范围内的外墙为不开设门窗洞口的防火墙时，其防火间距可不限；

（2）相邻较低一面外墙为防火墙，且屋顶不设天窗，屋顶耐火极限不低于 1.00h，或相邻较高一面外墙为防火墙，且墙上开口部位采取了防火保护措施，其防火间距可适当减小，但不应小于 4.0m。

5）厂房外附设有化学易燃物品的设备时，其室外设备外壁与相邻厂房室外附设设备外壁或相邻厂房外墙之间的距离，不应小于表 6-8 的规定。用不燃烧材料制作的室外设备，可按一、二级耐火等级建筑确定。总储量小于等于 15m³ 的丙类液体储罐，当直埋于厂房外墙外，且面向储罐一面 4.0m 范围内的外墙为防火墙时，其防火间距可不限。

6）同一座 U 形或山形（图 6-1）厂房中相邻两翼之间的防火间距，不宜小于表 6-8 的规定，但当该厂房的占地面积小于表 6-6 条规定的每个防火分区的最大允许建筑面积时，其防火间距可为 6.0m。

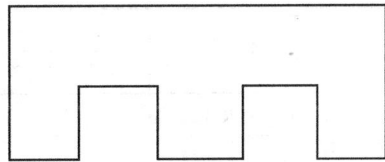

图 6-1　U 形或山形的各类厂房

7）除高层厂房和甲类厂房外，其他类别的数座厂房占地面积之和小于表 6-6 规定的防火分区最大允许建筑面积（按其中较小者确定，但防火分区的最大允许建筑面积不限者，不应超过10000m²）时，可成组布置。当厂房建筑高度小于等于 7.0m 时，组内厂房之间的防火间距不应小于 4.0m；当厂房建筑高度大于 7.0m 时，组内厂房之间的防火间距不应小于 6.0m。

组与组或组与相邻建筑之间的防火间距，应根据相邻两座耐火等级较低的建筑，按表 6-8 的规定确定。

二、仓库的防火间距

甲类仓库之间及其与其他建筑、明火或散发火花地点、铁路、道路等的防火间距不应小于表 6-10 的规定，

乙、丙、丁、戊类仓库之间及其与民用建筑之间的防火间距，不应小于表 6-11 的规定。

甲类仓库之间及其与其他建筑、明火或散发火花地点、铁路等的防火间距(m)　表 6-10

名　称	甲类仓库及其储量(t)			
	甲类储存物品第 3、4 项		甲类储存物品第 1、2、5、6 项	
	≤5	>5	≤10	>10
重要公共建筑	50.0			
甲类仓库	20.0			
民用建筑、明火或散发火花地点	30.0	40.0	25.0	30.0
其他建筑　一、二级耐火等级	15.0	20.0	12.0	15.0
其他建筑　三级耐火等级	20.0	25.0	15.0	20.0
其他建筑　四级耐火等级	25.0	30.0	20.0	25.0
电力系统电压为 35～500kV 且每台变压器容量在 10MVA 以上的室外变、配电站工业企业的变压器总油量大于 5t 的室外降压变电站	30.0	40.0	25.0	30.0
厂外铁路线中心线	40.0			
厂内铁路线中心线	30.0			
厂外道路路边	20.0			
厂内道路路边　主要	10.0			
厂内道路路边　次要	5.0			

注：表 6-2 中甲类仓库之间的防火间距，当第 3、4 项物品储量小于等于 2t，第 1、2、5、6 项物品储量小于等于 5t 时，不应小于 12.0m，甲类仓库与高层仓库之间的防火间距不应小于 13m。

乙、丙、丁、戊类仓库之间及其与民用建筑之间的防火间距(m)　表 6-11

建筑类型		单层、多层乙、丙、丁、戊类仓库						高层仓库	甲类厂房
		单层、多层乙、丙、丁类仓库			单层、多层戊类仓库			一、二级	一、二级
	耐火等级	一、二级	三级	四级	一、二级	三级	四级	一、二级	一、二级
单层、多层乙、丙、丁、戊类仓库	一、二级	10.0	12.0	14.0	10.0	12.0	14.0	13.0	12.0
	三级	12.0	14.0	16.0	12.0	14.0	16.0	15.0	14.0
	四级	14.0	16.0	18.0	14.0	16.0	18.0	17.0	16.0
高层仓库	一、二级	13.0	15.0	17.0	13.0	15.0	17.0	13.0	13.0
民用建筑	一、二级	10.0	12.0	14.0	6.0	7.0	9.0	13.0	25.0
	三级	12.0	14.0	16.0	7.0	8.0	10.0	15.0	
	四级	14.0	16.0	18.0	9.0	10.0	12.0	17.0	

设计时，还应注意：

1）单层、多层戊类仓库之间的防火间距，可按本表减少 2.0m。

2）两座仓库相邻较高一面外墙为防火墙，且总占地面积小于等于表 6-7 中一座仓库的最大允许占地面积规定时，其防火间距不限。

3）除乙类第 6 项物品外的乙类仓库，与民用建筑之间的防火间距不宜小于 25.0m，与重要公共建筑之间的防火间距不宜小于 30.0m，与铁路、道路等的防火间距不宜小于表 6-10 中甲类仓库与铁路、道路等的防火间距。

4) 当丁、戊类仓库与公共建筑的耐火等级均为一、二级时，其防火间距可按下列规定执行：

(1) 当较高一面外墙为不平设门窗洞口的防火墙，或比相邻较低一座建筑屋面高15.0m 及以下范围内的外墙为不开设门窗洞口的防火墙时，其防火间距可不限。

(2) 相邻较低一面外墙为防火墙，且屋顶不设天窗，屋顶耐火极限不低于 1.00h，或相邻较高一面外墙为防火墙，且墙上开口部位采取了防火保护措施，其防火间距可适当减小，但不应小于 4.0m。

5) 当较高一面外墙为不开设门窗洞口的防火墙，或比相邻较低一座建筑屋面高15.0m 及以下范围内的外墙为不开设门窗洞口的防火墙时，其防火间距可不限。

6) 相邻较低一面外墙为防火墙，且屋顶不设天窗、屋顶耐火极限不低于 1.00h，或相邻较高一面外墙为防火墙，且墙上开口部位采取了防火保护措施，其防火间距可适当减小，但不应小于 4.0m。

7) 库区围墙与库区内建筑之间的间距不宜小于 5.0m，且围墙两侧的建筑之间还应满足相应的防火间距要求。

第四节 工业建筑的安全疏散

一、厂房的安全疏散

厂房的安全疏散设计应满足以下要求：

(一) 安全出口

1) 厂房的安全出口应分散布置。每个防火分区，以及一个防火分区的每个楼层，其相邻 2 个安全出口最近边缘之间的水平距离不应小于 5.0m(图 6-2)。

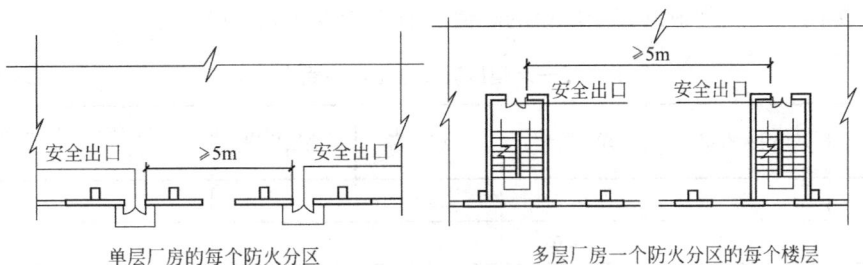

图 6-2 安全出口距离

2) 厂房的每个防火分区，以及一个防火分区内的每个楼层，其安全出口的数量应经计算确定，且不应少于 2 个。当符合下列条件时，可设置 1 个安全出口：

(1) 甲类厂房，每层建筑面积小于等于 100m²，且同一时间的生产人数不超过 5 人；

(2) 乙类厂房，每层建筑面积小于等于 150m²，且同一时间的生产人数不超过 10 人；

(3) 丙类厂房，每层建筑面积小于等于 250m²，且同一时间的生产人数不超过 20 人；

(4) 丁、戊类厂房，每层建筑面积小于等于 400m²，且同一时间的生产人数不超过 30 人；

(5) 地下、半地下厂房或厂房的地下室、半地下室，其建筑面积小于等于 50m²，经常停留人数不超过 15 人。

3）地下、半地下厂房或厂房的地下室、半地下室，当有多个防火分区相邻布置，并采用防火墙分隔时，每个防火分区可利用防火墙上通向相邻防火分区的甲级防火门作为第二安全出口，但每个防火分区必须至少有 1 个直通室外的安全出口（图 6-3）。

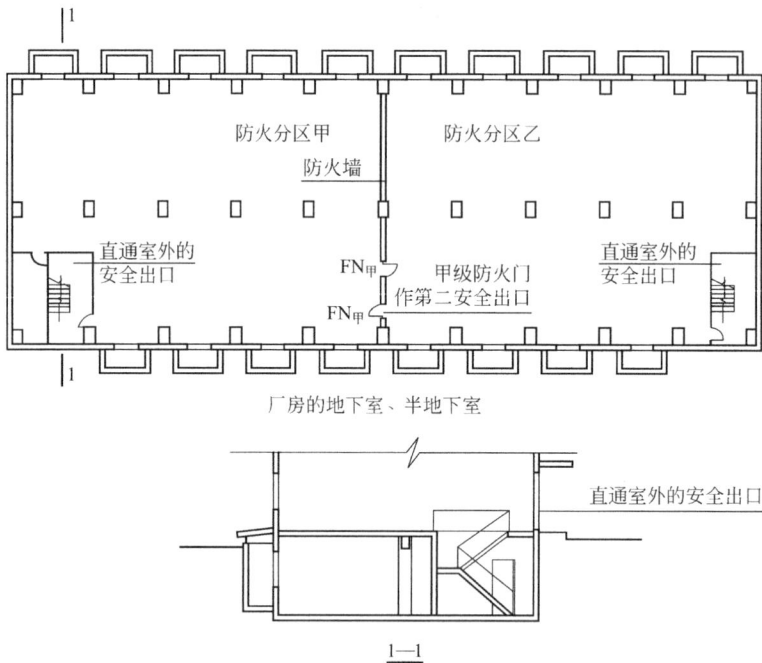

图 6-3　厂房地下室、半地下室

4）厂房内任一点到最近安全出口的距离不应大于表 6-12 的规定。

厂房内任一点到最近安全出口的距离(m)　　　　　　表 6-12

生产类别	耐火等级	单层厂房	多层厂房	高层厂房	地下、半地下厂房或厂房的地下室、半地下室
甲	一、二级	30.0	25.0	—	—
乙	一、二级	75.0	50.0	30.0	—
丙	一、二级	80.0	60.0	40.0	30.0
	三级	60.0	40.0	—	
丁	一、二级	不限	不限	50.0	45.0
	三级	60.0	50.0	—	
	四级	50.0	—		
戊	一、二级	不限	不限	75.0	60.0
	三级	100.0	75.0	—	
	四级	60.0	—		

（二）疏散宽度

厂房内的疏散楼梯、走道、门的各自总净宽度应根据疏散人数，按表 6-13 的规定经计算确定。但疏散楼梯的最小净宽度不宜小于 1.1m，疏散走道的最小净宽度不宜小于

1.4m，门的最小净宽度不宜小于 0.9m。当每层人数不相等时，疏散楼梯的总净宽度应分层计算，下层楼梯总净宽度应按该层或该层以上人数最多的一层计算(图 6-4)。

首层外门的总净宽度应按该层或该层以上人数最多的一层计算，且该门的最小净宽度不应小于 1.2m。

厂房疏散楼梯、走道和门的净宽度指标(m/100 人)　　　　　　　　表 6-13

厂房层数	一、二层	三层	≥四层
宽度指标	0.6	0.8	1.0

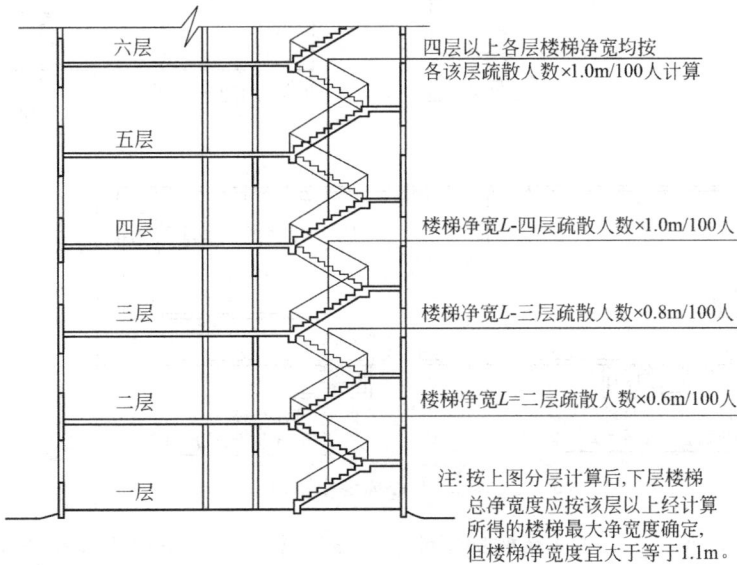

图 6-4　疏散楼梯净宽度

(三) 疏散楼梯、电梯

1) 高层厂房和甲、乙、丙类多层厂房应设置封闭楼梯间或室外楼梯。建筑高度大于 32m 且任一层人数超过 10 人的高层厂房，应设置防烟楼梯间或室外楼梯。

2) 室外楼梯、封闭楼梯间、防烟楼梯间的设计，应符合第四章第六节介绍的有关规定。

3) 建筑高度大于 32m 且设置电梯的高层厂房，每个防火分区内宜设置一部消防电梯。消防电梯可与客、货梯兼用，消防电梯的防火设计应符合第四章第七节介绍的规定。

4) 符合下列条件的建筑可不设置消防电梯：

(1) 高度大于 32m 且设置电梯，任一层工作平台人数不超过 2 人的高层塔架；

(2) 局部建筑高度大于 32m，且升起部分的每层建筑面积小于等于 50m² 的丁、戊类厂房。

二、仓库的安全疏散

(一) 安全出口

1) 仓库的安全出口应分散布置。每个防火分区，以及一个防火分区的每个楼层，其相邻 2 个安全出口最近边缘之间的水平距离不应小于 5m。

2）每座仓库的安全出口不应少于 2 个，当一座仓库的占地面积小于等于 300m² 时，可设置 1 个安全出口。仓库内每个防火分区通向疏散走道、楼梯或室外的出口不宜少于 2 个，当防火分区的建筑面积小于等于 100m² 时，可设置 1 个(图 6-5)。通向疏散走道或楼梯的门应为乙级防火门。

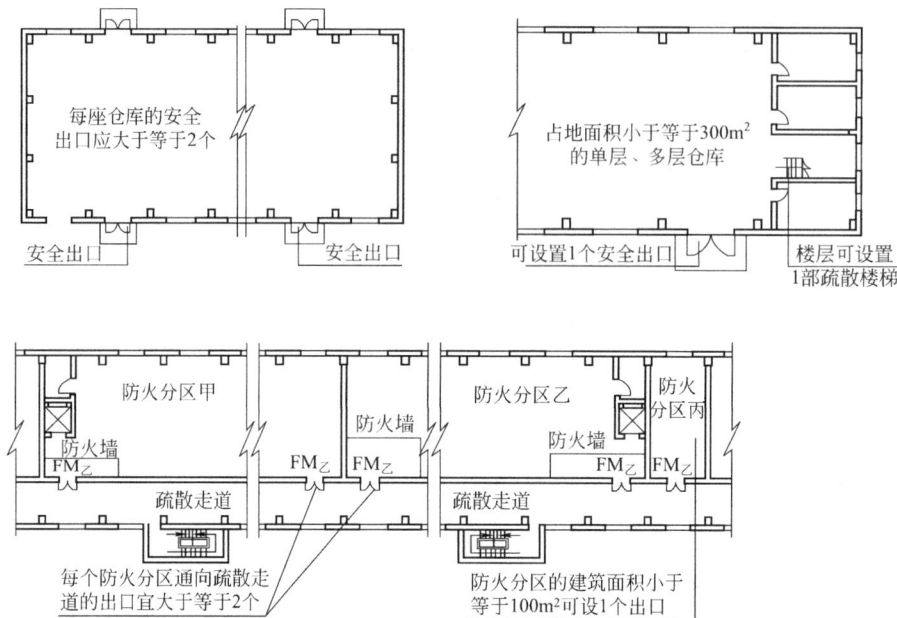

图 6-5　仓库安全出口

3）地下、半地下仓库或仓库的地下室、半地下室的安全出口不应少于 2 个；当建筑面积小于等于 100m² 时，可设置 1 个安全出口。

地下、半地下仓库或仓库的地下室、半地下室当有多个防火分区相邻布置，并采用防火墙分隔时，每个防火分区可利用防火墙上通向相邻防火分区的甲级防火门作为第二安全出口，但每个防火分区必须至少有 1 个直通室外的安全出口。

4）粮食筒仓、冷库、金库的安全疏散设计应分别符合现行国家标准《冷库设计规范》(GB 50072—2010)和《粮食钢板筒仓设计规范》(GB 50322—2001)等的有关规定。

5）粮食筒仓上层面积小于 1000m²，且该层作业人数不超过 2 人时，可设置 1 个安全出口。

（二）疏散楼梯、电梯

1）高层仓库应设置封闭楼梯间。

2）除一、二级耐火等级的多层戊类仓库外，其他仓库中供垂直运输物品的提升设施宜设置在仓库外，当必须设置在仓库内时，应设置在井壁的耐火极限不低于 2.00h 的井筒内。室内外提升设施、通向仓库入口上的门应采用乙级防火门或防火卷帘。

3）建筑高度大于 32.0m 且设置电梯的高层仓库，每个防火分区内宜设置一台消防电梯。消防电梯可与客、货梯兼用，消防电梯的防火设计应符合第四章第七节介绍的规定。

第七章 地震灾害与防灾减灾

地震是一种突发性、破坏性极大的自然灾害，它以其突发性及释放的巨大能量在瞬间造成大量建筑物和设施的毁坏而成灾，所造成的巨大破坏和损失居各种自然灾害之首，全球平均每年要发生百万次地震，具有破坏性的地震上千次以上。就各种自然灾害所造成的死亡人数而言，全世界死于地震的占各种自然灾害死亡总人数的58%。我国大陆地震占全球大陆地震的1/3，因地震死亡人数占全球的1/2。2008年5月12日汶川8.0级大地震是继1976年唐山大地震时隔32年后，发生在我国的又一次毁灭性地震，造成了几十万人伤亡和数千亿元的直接和间接经济损失。随着我国城市化进程的加快，在城市中人口、基础设施、财富等高度聚集的同时，抗震防灾能力若没有得到相应的重视和提高，将会使人民的生命、财产遭到巨大的损失。因此，在建设活动中，必须考虑地震这个主要的环境地质因素，并采取必要的防震减灾措施。

第一节　概　　述

一、地震的基本概念

地球表面的板块在不断地运动着。至于板块为什么会运动，则是一个尚在探索研究的课题。尽管其运动的原动力尚没有一个统一看法，各种学说也很多，但板块在不断地运动，是可以观测出来的，是无疑的。由于板块的运动，使板块不同部位的岩层受到了挤压、拉伸、旋扭等各种力的作用，当地下那些构造比较脆弱的处所，承受不了各种力的作用时，岩层就会突然发生破裂、错动，或者因局部岩层塌陷、火山喷发等发出震动，并以波的形式传到地表引起地面的颠簸和摇晃，同时激发出一种向四周传播出去的地震波，地震波传到地面时，引起地面震动，这就是地震。

地壳或地幔中发生地震的地方称为震源。震源在地面上的垂直投影称为震中。震中可以看作地面上震动的中心，震中附近地面震动最大，远离震中地面震动减弱。

震源与地面的垂直距离，称为震源深度(图7-1)。通常把震源深度在70km以内的地震称为浅源地震，70～300km的称为中源地震，300km以上的称为深源地震。目前出现的最深的地震是720km。绝大部分的地震是浅源地震，震源深度多集中于5～20km左右，中源地震比较少，而深源地震为数更少。

同样大小的地震，当震源较浅时，波及范围较小，破坏性较大；当震源深

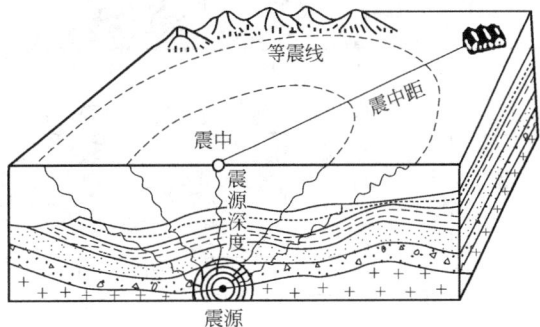

图7-1　震源与震中图

度较大时，波及范围虽较大，但破坏性相对较小。多数破坏性地震都是浅震。深度超过l00km的地震，在地面上不会引起灾害。

地面上某一点到震中的直线距离，称为该点的震中距（图4-1）。震中距在1000km以内的地震，通常称为近震，大于1000km的称为远震。引起灾害的一般都是近震。

围绕震中的一定面积的地区，称为震中区，它表示一次地震时震害最严重的地区。强烈地震的震中区往往又称为极震区。

地震发生时，震源处产生剧烈振动，以弹性波方式向四周传播，此弹性波称地震波。地震波按传播方式分为两种类型：体波和面波。体波又分为纵波和横波。纵波是推进波，地壳中传播速度为5.5～7km/s，最先到达震中，又称P波，它使地面发生上下振动，破坏性较弱。横波是剪切波，在地壳中的传播速度为3.2～4.0km/s，第二个到达震中，又称S波，它使地面发生前后、左右抖动，破坏性较强。面波又称L波，是由纵波与横波在地表相遇后激发产生的混合波。其波长大，振幅强，只能沿地表面传播，是造成建筑物强烈破坏的主要因素。

地震对地表面及建筑物的破坏是通过地震波实现的。纵波引起地面上、下颠簸，横波使地面水平摇摆，面波则引起地面波状起伏。纵波先到，横波和面波随后到达，由于横波、面波振动更剧烈，造成的破坏也更大。随着与震中距离的增加，振动逐渐减弱，破坏逐渐减小，直至消失。

二、地震的活动及地震分布

世界上的地震主要集中在以下三个地震带：一是环太平洋地震带，世界上约80%的地震都发生在这一带。二是从印度尼西亚西部沿缅甸至我国横断山脉、喜马拉雅山区，穿越帕米尔高原，沿中亚细亚到地中海及附近一带，称为欧亚地震带。我国正好处在上述两大地震带之间。第三个地震带是海岭地震带，它分布在大西洋、印度洋、太平洋东部、北冰洋和南极洲周边的海洋中，长度有6万多公里（图7-2）。

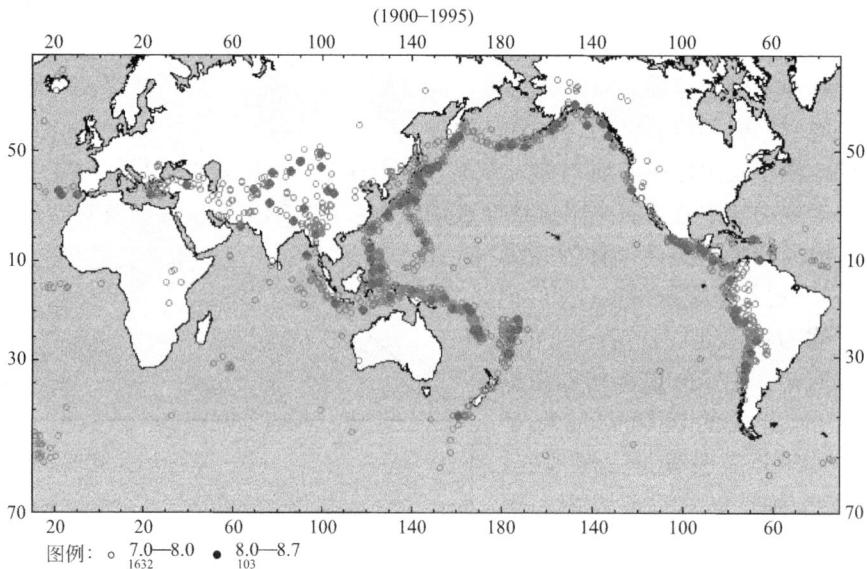

图7-2　全球强震分布图

我国的地震活动主要分布在五个地区：一是台湾省及其附近海域；二是西南地区，主要是西藏、四川西部和云南中、西部；三是西北地区，主要是甘肃河西走廊、宁夏、天山南北麓；四是华北地区，太行山两侧、汾渭河谷、京津地区、山东中部和渤海湾；五是东南沿海，广西、广东、福建等地。在我国发生的地震又多又强，且大多数是浅源地震，震源深度大都在 20km 以内。我国地震烈度为Ⅶ度和Ⅶ度以上地区的面积为 397 万 km²，占国土面积的 41%；Ⅵ度和Ⅵ度以上地区的面积为 758 万 km²，占国土面积的 79%。约有一半城市位于地震烈度Ⅶ度或Ⅶ度以上地区，其中，百万人口以上大城市约占 70%，还有北京、天津等城市位于地震烈度Ⅷ度地区(图 7-3)。

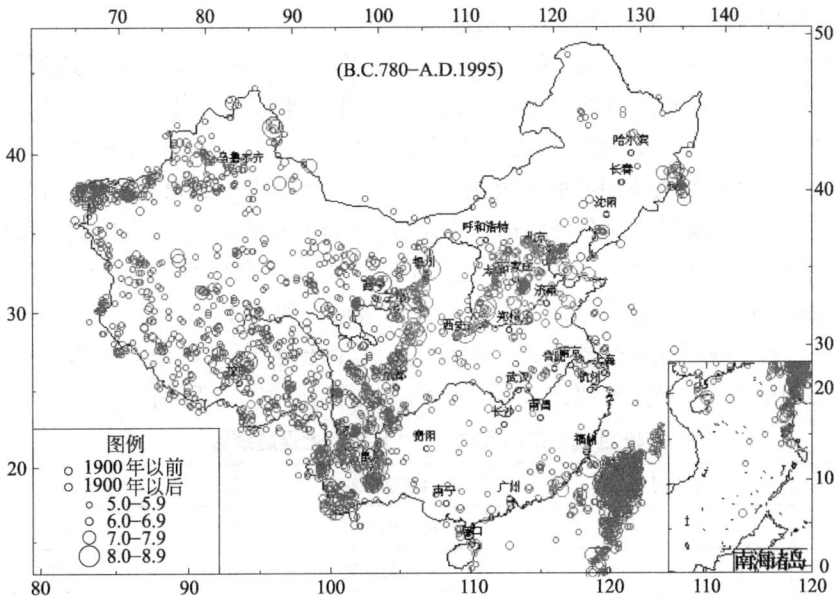

图 7-3　中国地震震中分布图

三、地震震级与地震烈度

(一) 地震震级

地震有三要素，就是时空强，时间，发震时间，空间，震动位置，强度，地震强度。

地震震级表示地震本身强度大小的等级，是指一次地震时，震源处释放能量的大小。它用符号 M 表示。震级是地震固有的属性，与所释放的地震能量有关，释放的能量越大，震级越大。一次地震所释放的能量是固定的，因此无论在任何地方测定都只有一个震级，其数值是根据地震仪记录的地震波图确定的。

我国使用的震级是国际上通用的里氏震级，将地震震级划为 10 个等级，目前记录到的最大地震尚未超出 8.9 级。震级与震源发出的总能量之间的关系是：

$$1gE = 11.8 + 1.5M$$

式中，E 的单位是尔格(erg)(1erg $= 10^{-7}$ J)，地震震级和能量的关系见表 7-1 所列。

从表 7-1 中可见，震级相差一级，能量相差 32 倍。一次大地震释放的能量是十分惊人的。到目前为止，世界上发生的最大地震是 1960 年智利 9.5 级大地震，其释放的能量转化为电能，相当于一个 122.5 万 kW 的电站 36 年的总发电量。

地震震级	能量(erg)	地震震级	能量(erg)
1	2.00×10^{13}	6	6.31×10^{20}
2	6.31×10^{14}	7	2.00×10^{22}
3	2.00×10^{16}	8	6.31×10^{23}
4	6.31×10^{17}	8.5	3.55×10^{24}
5	2.00×10^{19}	8.9	1.41×10^{25}

一般认为,小于2级的地震,称微震;2~4级为有感地震;5~6级以上地震称破坏性地震;7级以上地震,称强烈地震或大地震。

世界上发生过很多次大地震,如1960年5月22日智利的地震,震级达到了里氏9.5级;随后分别是发生在阿拉斯加威廉王子湾(1964年,里氏9.2级)、阿拉斯加安德烈亚诺夫群岛(1957年,里氏9.1级)、俄罗斯堪察加半岛(1952年,里氏9.0级)的大地震、2004年12月26日在印尼苏门答腊西北近海发生8.9级地震。2011年3月11日日本本州岛附近海域发生9级地震。现在一般都认为1960年智利地震,是世界上最大的地震。

我国地震活动具有频度高、强度大、震源浅、分布广的特点。据统计,1900年以前我国记录6级以上破坏性地震近200次,其中8级或8级以上的8次,7.0~7.9级的32次。20世纪以来,根据地震仪器记录资料统计,我国已发生6级以上强震700多次,其中7.0~7.9级的近100次,8级或8级以上的11次,见表7-2所列。

20世纪以来的我国11次8级以上强震统计 表 7-2

序号	发震时间	地震区名称	震级 M
1	1902年8月22日	新疆阿图什	8.3
2	1906年12月23日	新疆马纳斯	8.0
3	1920年6月05日	台湾花莲东南海中	8.0
4	1920年12月16日	宁夏海原	8.5
5	1927年5月23日	甘肃古浪	8.0
6	1931年8月11日	新疆富蕴	8.0
7	1950年8月15日	西藏察隅、墨脱间	8.5
8	1951年11月18日	西藏当雄西北	8.0
9	1972年1月25日	台湾新港东海中	8.0
10	2001年11月14日	青海、新疆交界	8.2
11	2008年5月12日	四川汶川	8.0

(二) 地震烈度

1. 地震烈度

地震烈度是指地震时受震区的地面及建筑物遭受地震影响和破坏的程度。一次地震只有一个震级,而地震烈度却在不同地区有不同烈度。震中烈度最大,震中距愈大,烈度愈小。地震烈度的大小除与地震震级、震中距、震源深浅有关外,还与当地地质构造、地形、岩土性质等因素有关。根据我国1911年以来152次浅震资料统计,震级(M)和震中烈度(I_0)有如下关系:

$$M = 0.66I_0 + 0.98$$

2. 地震烈度表

划分具体烈度等级是根据人的感觉，家具和物品所受振动的情况，房屋、道路及地面的破坏现象等因素的综合分析而进行的。地震烈度按不同的频度和强度通常可划分为小震烈度、中震烈度和大震烈度。所谓的小震烈度即为多遇地震烈度，是指在 50 年期限内，一般场地条件下，可能遭遇的超越概率为 63% 的地震烈度值，相当于 50 年一遇的地震烈度值；中震烈度即为基本烈度，是指在 50 年期限内，一般场地条件下，可能遭遇的超越概率为 10% 的地震烈度值，相当于 474 年一遇的地震烈度值；大震烈度即为罕遇地震烈度，是指在 50 年期限内，一般场地条件下，可能遭遇的超概率为 2%～3% 的地震烈度值，相当于 1600～2500 年一遇的地震烈度值。世界各国划分的地震烈度等级不完全相同，我国使用的是 12 度地震烈度表(表 7-3)。表中将地震烈度根据不同地震情况分为 I～XII 度，每一烈度均有相应的地震加速度和地震系数，以便烈度在工程上的应用。地震烈度小于 V 度的地区，具有一般安全系数的建筑物是足够稳定的；VI 度地区，一般建筑物不必采取加固措施，但应注意地震可能造成的影响；VII～IX 度地区，能造成建筑物损坏，必须按工程规范规定进行工程地质勘察，并采取有效防震措施；X 度以上地区属灾害性破坏地区，其勘察要求需作专门研究，选择建筑物场地时应尽可能避开不良地段并采取特殊防震措施。

中国地震烈度鉴定表   表 7-3

烈度	在地面上人的感觉	房屋震害程度		其他震害现象	水平向地面运动	
		震害现象	平均震害指数		峰值加速度(m/s^2)	峰值速度(m/s)
I	无感					
II	室内个别静止中人有感觉					
III	室内少数静止中人有感觉	门、窗轻微作响		悬挂物微动		
IV	室内多数人、室外少数人有感觉，少数人梦中惊醒	门、窗作响		悬挂物明显摆动，器皿作响		
V	室内普遍、室外多数人有感觉，多数人梦中惊醒	门窗、屋顶、屋架颤动作响，灰土掉落，抹灰出现微细裂缝，有檐瓦掉落，个别屋顶烟囱掉砖		不稳定器物摇动或翻倒	0.31(0.22～0.44)	0.03(0.02～0.04)
VI	多数人站立不稳，少数人惊逃户外	损坏——墙体出现裂缝，檐瓦掉落，少数屋顶烟囱裂缝、掉落	0～0.10	河岸和松软土出现裂缝，饱和砂层出现喷砂冒水；有的独立砖烟囱出现轻度裂缝	0.63(0.45～0.89)	0.06(0.05～0.09)

烈度	在地面上人的感觉	房屋震害程度		其他震害现象	水平向地面运动	
		震害现象	平均震害指数		峰值加速度(m/s²)	峰值速度(m/s)
Ⅶ	大多数人惊逃户外，骑自行车的人有感觉，行驶中的汽车驾乘人员有感觉	轻度破坏—局部破坏，开裂，小修或不需要修理可继续使用	0.11～0.30	河岸出现坍方；饱和砂层常见喷砂冒水，松软土地上地裂缝较多；大多数独立砖烟囱中等破坏	1.25(0.90～1.77)	0.13(0.10～0.18)
Ⅷ	多数人摇晃颠簸，行走困难	中等破坏—结构破坏，需要修复才能使用	0.31～0.50	干硬土上亦出现裂缝；大多数独立砖烟囱严重破坏；树梢折断；房屋破坏导致人畜伤亡	2.50(1.78～3.53)	0.25(0.19～0.35)
Ⅸ	行动的人摔倒	严重破坏—结构严重破坏，局部倒塌，修复困难	0.51～0.70	干硬土上出现地方有裂缝、错动；滑坡坍方常见；独立砖烟囱倒塌	5.00(3.54～7.07)	0.50(0.36～0.71)
Ⅹ	骑自行车的人会摔倒，处不稳状态的人会摔离原地，有抛起感	大多数倒塌	0.71～0.90	山崩和地震断裂出现；基岩上拱桥破坏；大多数独立砖烟囱从根部破坏或倒毁	10.00(7.08～4.14)	1.00(0.72～1.41)
Ⅺ		普遍倒塌	0.91～1.00	地震断裂延续很长，大量山崩滑坡		
Ⅻ				地面剧烈变化，山河改观		

注：表中的数量词："个别"为10%以下，"少数"为10%～50%，"多数"为50%～70%，"大多数"为70%～90%，"普遍"为90%以上。

震级与烈度是不同概念，一次地震只有一个震级，而随着离震中距离的远近有不同烈度，其对应关系见表7-4所列：

震级与烈度对应关系　　　　　　　　　　　　　　　表 7-4

震级	3级以下	3	4	5	6	7	8	8级以上
震中烈度	Ⅰ～Ⅱ	Ⅲ	Ⅳ～Ⅴ	Ⅵ～Ⅶ	Ⅶ～Ⅷ	Ⅸ～Ⅹ	Ⅺ	Ⅻ

3. 工程应用地震烈度的划分

在工程建筑设计中，鉴定划分建筑区的地震烈度是很重要的，因为一个工程从建筑场地的选择，到建筑工程的抗震措施等都与地震烈度有密切的关系。

为了把地震烈度应用到工程实际中，地震烈度本身又可分为基本烈度、建筑场地烈度和设计烈度。

1）基本烈度

基本烈度是指一个地区在今后100年内，在一般场地条件下可能普遍遭遇的最大地震烈度(也叫区域烈度)。它是根据对一个地区的实地地震调查、地震历史记载、仪器记录并结合地质构造综合分析得出的。基本烈度提供的是地区内普遍遭遇的烈度。它所指的是一个较大范围的地区，而不是一个具体的工程建筑场地。国家地震局和建设部 1992 年颁布了新的《中国地震烈度区划图》，该图于 1990 年编制完成，图中所给出的烈度即为基本烈度。

地震基本烈度大于或等于Ⅶ度的地区为高烈度地震区。

2）场地烈度

建筑场地烈度也称小区域烈度，它是指在建筑场地范围内，由于地质条件、地形地貌条件及水文地质条件不同而引起的基本烈度的提高或降低。通常可提高或降低半度至一度。但是，在新建工程的抗震设计中，不能单纯用调整烈度的方法来考虑场地的影响，而应针对不同的影响因素采用不同的抗震措施。

3）设计烈度

设计烈度是指在场地烈度的基础上，考虑建筑物的重要性、永久性、抗震性和修复的难易程度将基本烈度加以适当调整，调整后设计采用的烈度称为设计烈度，又称计算烈度或设防烈度。对于特别重要的建筑物，例如特大桥梁、长大隧道、高层建筑等，经国家批准，可提高烈度一度；对于重要建筑物，如各种公路工程建筑物、活动人数众多的公共建筑物等，可按基本烈度设计；对于一般建筑物如一般工业与民用建筑物，可降低烈度一度。但是，为保证属于大量的 VII 度地区的建筑物都有一定抗震能力，基本烈度为 VII 时，不再降低。对于临时建筑物，可不考虑设防。

第二节　地震的分类及成因

古今中外，地震灾害不断发生，但在很长一段时间里，地震到底是怎么回事，有哪几种地震，都不得其解，直到 1878 年，德国学者霍伊尔尼斯才把地震分成构造地震、火山地震和陷落地震三大类，并被世界各国学者所公认。

一、构造地震

由于地壳运动产生的自然力推挤地壳岩层，岩层薄弱部位突然发生断裂、错动引起地面震动称为构造地震。这种地震绝大部分都是浅源地震，由于它距地表很近，对地面的影响最显著，一些巨大的破坏性地震都属于这种类型。这种地震与构造运动的强弱有直接关系，破坏性最大。它分布于新生代以来地质构造运动最为剧烈的地区。构造地震是地震的最主要类型，约占地震总数的 90%。

二、火山地震

由于火山爆发，岩浆猛烈冲击地面时引起的地面振动称为火山地震。在世界一些大火山带都能观测到与火山活动有关的地震。火山活动有时相当猛烈，但地震波及的地区多局限于火山附近数十公里的范围。火山地震在我国很少见，主要分布在日本、印度尼西亚及南美等地。火山地震约占地震总数的 7%。这类地震一般规模较小，其影响范围小，不会造成大面积破坏。

三、陷落地震

由于洞穴崩塌、地层陷落等原因发生的地震，称为陷落地震。这类地震的地震能量小，震级小，影响范围很小，发生次数也很少，仅占地震总数的 3%。就全国而言，多发生在广西、贵州和云南东部地区。

除以上三类地震外，还有以下人为地震和天然地震。

1）水库地震：因水库蓄水而诱发的地震。一是水的重量增大了基岩载荷；二是水对地基岩石的腐蚀作用，使岩石强度降低，水渗透到岩体裂缝中，使断裂更易滑动。

2）爆炸地震：因开山炸石、工业大爆破或地下核爆炸所激发的地震。震级较小。

3）油田注水诱发地震：利用注水井把水注入油层，以补充和保持油层压力的措施称为注水。水的注入使岩石产生水饱和，从而降低了岩石的抗剪强度。

4）陨石坠落地面、山崩和海岸崩塌等造成的地震。

第三节　地震灾害的类型和造成灾害的原因

大地震时，不单在地表岩层中产生裂缝，更重要的是切过地壳表层且深入到地下岩层中的断裂，伴有明显的错动，这是地壳中的断层。这种断层长几十公里至数百公里，深十几公里或更甚。一次大地震时除了一个主要断层活动外，同时还产生很多小断层。建造在地震断层上的各种建筑物和构筑物，在毁灭性的破坏中无一幸免。

一、地震造成灾害的类型

一次大地震造成的灾害可分为直接灾害、次生灾害和诱发灾害。

（一）地震的直接灾害

直接灾害是指强烈地震发生时，地面受地震波的冲击产生的强烈运动、断层运动及地壳变形等与地震有直接联系的灾害。

1. 地变形的破坏作用

1）断裂错动、地裂缝与地倾斜

强烈地震时，地下断层面直达地表，地貌随之改变。显著的垂直位移造成断崖峭壁，过大的水平位移产生地形、地物的错位，挤压、扭曲造成地面的波状起伏和水平错动。由于这些断裂错位，使道路中断、铁轨扭曲、桥梁断裂、房屋破坏，严重的可使河流改道，水坝受损，直接造成灾害。

断裂错动是浅源断层地震发生断裂错动时在地面上的表现。地震造成的地面断裂和错动，能引起断裂附近及跨越断裂的建筑物发生位移或破坏。1976年河北唐山地震，地面产生断裂错动现象，错断公路和桥梁，水平位移达1m多，垂直位移达几十厘米。

地裂缝是地震时常见的现象。按一定方向规则排列的构造地裂缝多沿发震断层及其邻近地段分布。它们有的是由地下岩层受到挤压、扭曲、拉伸等作用发生断裂，直接露出地表形成；有的是由地下岩层的断裂错动影响到地表土层产生的裂缝。1973年四川炉霍地震，沿发震断层的主裂缝带长为90km，带宽20～150m，最大水平扭矩3.6m，最大垂直断距0.6m，沿裂缝形成无数鼓包，清楚地说明它们是受挤压而产生的。裂缝通过处，地面建筑物全部倒塌，山体开裂、崩塌、滑坡现象很多。1975年辽宁海城地震，位于地裂缝上的树木也被从根部劈开，显然，这是张力作用的结果（图7-4）。

图7-4　地裂缝

地倾斜是指大地震前，由于地应力的积累和加强，使得地壳内某一脆弱地带的岩层失去平衡，于是地面就出现倾斜现象。所以，地倾斜是一种地震前兆。地震时地面出现相对隆起或下沉的波状起伏。这种波状起伏是面波造成的，不仅在大地震时可以看到它们，而且在震后往往有残余变形留在地表。1906年美国旧金山大地震，使街道严重破坏，变成波浪起伏的形状，就是地倾斜最显著的实例。

2）喷砂、冒水

地震时出现喷砂冒水现象非常多见。砂和水有的从地震裂缝或孔隙中喷出，喷出的砂子有时可达1~2m的厚度，有的掩盖相当大的面积，有的形成一个个砂堆，有的造成砂堤。冒水是因为地震时，岩层发生了构造变动，改变了地下水的储存、运动条件，使一些地方地下水急剧增加。喷砂是含水层砂土液化的一种表现，即在强烈振动下，地表附近的砂土层失去了原来的粘结性，呈现了液体的性质，这种作用在含水较多的细砂中尤为明显。

地震出现的喷砂冒水有时淹没农田，堵塞水渠、道路，淹没矿井，使水库、土坝开裂滑动，造成一些灾害，也给人们的生活、行动带来不便。

3）局部土地陷落

地震造成的局部土地陷落的事件有多种。在有地下溶洞或矿区等存在空洞，大地震时都可能被震塌，地面的土层也随之下沉，造成大面积陷落。土地陷落的地方，当湖、海或地下水流入时，即可成灾。唐山地震时，天津市郊一村庄沉陷2.6m，池水流入，可以行船。

4）滑坡、塌方

在陡坡、河岸等处，强烈的地震作用常造成土体失稳，形成塌方和滑坡。有时会造成破坏道路、掩埋村庄、房屋倒塌、堵塞河道形成堰塞湖等严重灾害。

2. 建筑设施的破坏

1）建筑物的破坏

地震力对地表建筑的作用可分为垂直方向和水平方向两个方向振动力。竖直力使建筑物上下颠簸；水平力使建筑物受到剪切作用，产生水平扭动或拉、挤。两种力同时存在、共同作用，但水平力危害较大，地震对建筑物的破坏，主要是由地面强烈的水平晃动造成的，垂直力破坏作用居次要地位。大地震时建筑物的破坏往往非常严重（图7-5）。1923年日本关东大地震，东京约有7000幢房屋，大部分遭到严重破坏，仅有1000余幢平房可以修复使用。1976年我国唐山地震砖混结构的房屋倒塌率为63.2％。2008年汶川地震时，北川

图7-5 地震造成房屋倒塌

房屋倒塌率为 70%～80%，周边几镇房屋倒塌率约为 80%～90%，中心城区房屋倒塌率为 95%。

建筑物的破坏和倒塌是地震造成人员伤亡和经济损失的主要原因。据统计，建筑物倒塌造成的人员伤亡占总数的 95%。

2）建筑地震破坏等级划分标准

建设部抗震办公室于 1990 年组织制定和颁布了《建筑地震破坏等级划分标准》。建筑的地震破坏等级划分为基本完好、轻微破坏、中等破坏、严重破坏和倒塌五个等级，其划分标准如下：

（1）基本完好：承重构件完好，个别非承重构件轻微损坏，附属构件有不同程度的破坏，一般不需修理即可继续使用。

（2）轻微破坏：个别承重构件轻微裂缝，个别非承重构件明显破坏，附属构件有不同程度的破坏，不需修理或需稍加修理，仍可继续使用。

（3）中等破坏：多数承重构件轻微裂缝，部分明显裂缝，个别非承重构件严重破坏，需一般修理，采取安全措施后可适当使用。

（4）严重破坏：多数承重构件严重破坏或部分倒塌，应采取排险措施，需大修，局部拆除。

（5）倒塌：多数承重构件倒塌，需拆除。

3）公路、铁路及桥梁的破坏

城市街道和交通公路震害特征基本相同，常见的破坏现象有：路基路面开裂、隆起或凹陷、道路喷水冒砂、道路两旁滑坡或堆积物阻塞或冲毁路面等。

铁路分为地面铁路和地下铁路两部分。震后，由于轨道、路基、桥梁等工程遭到不同程度的破坏，同时因房屋倒塌砸坏通信、电力、供水、机务等辅助设施和设备，常常使铁路瘫痪。轨道震害表现在平面和纵断面上的严重变形上，呈"蛇曲"或"波浪形"。路基震害主要是下沉、开裂、边坡塌滑和塌陷等。

地下铁路破坏一般较轻微，相对安全。如 1995 年墨西哥大地震中，地表破坏十分严重，而地下铁路路基基本完好。1989 年美国洛马普里埃塔 7.1 级地震，担负着旧金山和奥克兰之间的重要交通运输任务的地铁没有遭到破坏，只是由于地震后电力暂时中断和震害检查而无法立刻使用。

桥梁是铁路和公路交通的关键，桥梁（特别是重要交通干线上的桥梁）在地震时遭受破坏，将严重影响交通运输，甚至导致交通瘫痪（图 7-6～图 7-8）。桥梁的震害现象有以下几类：

（1）上部结构坠毁：地震时常因支承连接件失效或下部结构失效等引起的落梁现象，梁在发生坠落时，梁端撞击桥墩侧壁，给下部结构带来很大的破坏。

图 7-6　唐山地震毁坏的桥梁

（2）支承连接件破坏：桥梁支座、伸缩缝和剪力键等支承连接件历来被认为是桥梁结构体系中抗震性能比较薄弱的环节，破坏性地震中，支承连接件的震害现象都较普遍。

图 7-7　公路损毁

图 7-8　铁轨扭曲

（3）桥台、桥墩破坏：严重的破坏现象包括墩台的倒塌、断裂和严重倾斜；对钢筋混凝土桥台和桥墩，破坏现象还包括桥墩轻微开裂、保护层混凝土剥落和纵向钢筋屈曲等。

（4）基础破坏：基础会出现沉降、滑移等；桩基础由于承台的体积、强度和刚度都很大，因此极少发生破坏。对深桩基础，桩基的破坏可能出现在桩身任意位置，而且往往位于地下或水中，不利于震后迅速发现，而且修复的难度相当大。

　　4）构筑物

（1）烟囱。烟囱震害主要集中发生在中、上部，且破坏部位随烈度增高而下移。地震时烟囱的破坏形式是多种多样的，无筋砖烟囱的震害形式主要有水平裂缝、斜裂缝、竖向裂缝、扭转、水平错动及掉头倒塌等，而且常常是几种形式同时发生。钢筋混凝土烟囱的破坏形式主要有开裂、倾斜、弯曲、折断及坠落等。

（2）水塔。水塔主要由水柜、支撑结构及基础三部分组成。其震害主要发生在支撑上。主要破坏形式有水平开裂、错动、扭转、倒塌等。

　　5）地下结构

在国内外的地震中，特别是1976年唐山大地震中，有不少地下结构，特别是浅埋的地下结构遭到不同程度的震害。其破坏形式为：

（1）地层的破坏，如断裂、滑移、开裂导致的地下结构受剪断裂或严重破坏；

（2）地基土液化引起地下结构破坏、下沉或上浮；

（3）地下结构接头部位产生裂缝。

其破坏特点是：

（1）软弱或严重不均匀地基土中的地下结构破坏较重，土质较好的岩土层中的地下结构破坏较轻，甚至无破坏；

（2）软弱地基土中的延长地下结构容易出现环向裂缝；

（3）长度较短、平面规则、刚度较大的地下结构，通常破坏较轻或无破坏。

　　6）码头及河岸堤防

地震中港口码头的破坏导致水运系统的瘫痪。1964年美国阿拉斯加地震产生海啸，使安科雷奇市海上交通遭到很大破坏，部分海渡码头全部坍塌或滑落到海水面之下。我国唐山地震时，天津和秦皇岛的港口码头破坏相当明显。1995年阪神地震中，由于神户码头是填海建造，地震中地基失效，大范围的砂土液化喷砂冒水，震源附近的神户人工岛上液化痕迹遍布全岛直到中央部，货场、道路铺装遍生裂缝，护岸向海中移动。神户港受到毁灭性打击，到处是沉没于海中的栈桥、柱脚，弯折而倾斜的集装箱吊车，沉陷在海中的车辆等。岸边护堤向海中滑移，堤岸产生多条裂缝，最大达 3m，堤岸有 80% 遭到破坏，达 239 处。在地震比较小的大阪市，河川堤防受到很大的破坏。从大阪市至尼崎市，以淀川为中心的水系，土堤崩落、混凝土护堤坍塌、堤防开裂、陷落到处可见。

（二）地震次生灾害

地震的次生灾害是指在强烈地震以后，以地震直接灾害为导因引起的一系列其他灾害。以及虽与震动破坏无直接联系，但与地震的存在有关的灾害，如防震棚火灾，因避震移居室外造成的冻害等。地震次生灾害的种类很多，表现为持续发生的特点。

不同地区发生地震，发生灾害链的重点也不同。在城市及人口稠密、经济发达地区，以建筑物倒塌、人员伤亡、火灾等灾害链为主。在山区，以泥石流、水灾等次生灾害链突出。当地震发生在沿海及海底时，有时会引起海啸。

1. 火灾

在多种次生灾害中，火灾是最常见也是造成损失最大的次生灾害。在城市地震灾害中，以火灾为首的次生灾害有时并不亚于直接灾害造成的损失。以往的实例证实，地震的强度越大，破坏性越严重，震区的火灾次数就越多，火灾的密度也就越大。震区内的火灾次数与该区域内的建筑物高度、密度、防火性能，以及发生地震的时间（白天或黑夜）和季节有很大关系。一般说来，如果震级较高，地震中心又在城市，每平方公里至少有 3～4 处火灾。例如 1988 年 12 月 7 日，前苏联的亚美尼亚共和国发生了里氏 7.1 级大地震，使 1000 多平方公里内的 7 个城市和 20 多个专区遭到破坏。此次地震后，先后发生 173 起火灾，其中有 140 多起破坏性较大。1906 年 4 月美国旧金山 8.2 级地震，所到之处面貌全非，满目疮痍，然而，更严重的情况还不止于此！由于地震时烟囱倒塌和堵塞以及火炉翻倒，全市有 50 多处起火，而大震时各种消防设施遭受破坏，报警系统失灵，地下水管道几乎完全毁坏，无法供水扑救，火势越来越猛，迅速蔓延，大火持续烧了三天三夜。据统计，这次地震火灾造成的损失比地震破坏造成的损失大 10 倍左右。1923 年日本发生关东8.2 级地震，距震中 60km 的横滨市有 1/5 的房屋倒塌，208 处几乎同时起火，因为消防设备和水管被破坏，无法灭火，城市几乎全部烧光；距震中 90km 的东京，房屋被震塌近13 万幢，损坏 12.6 万幢。由于震后未及时切断电源、关闭煤气，全市有 200 多处起火，又因水管破坏、水源断绝、街道狭窄、道路堵塞等，无法及时灭火，全市大火烧毁房屋44.7 万幢。据统计，在死亡的 10 多万人中，90% 以上是被烧死的，在一处空地上聚集了4 万多人，就有 3.8 万人在四面大火的包围中无路可走，拥挤枕藉而死。在我国，从邢台地震到唐山地震，也都有火灾发生，火灾中很突出的是防震棚火灾，海城地震时次生火灾仅 60 起，而防震棚火灾有 3142 起，烧死 424 人，烧伤 651 人，唐山地震时，天津发生火灾 36 起，而防震棚火灾有 452 起，烧死 52 人，烧伤 56 人，造成经济损失上百万元。2011 年 3 月 11 日发生在日本海域的地震，也造成多处火灾（图 7-9）。

2. 地震滑坡和泥石流灾害

在山区，地震时一般都伴有不同程度的坍塌、滑坡、泥石流灾害。1970 年秘鲁 7.7级地震时，泥石流以 80～90m/s 的速度流动了 160km，5000 万 m^3 的泥土石块使 1.8 万人葬身其中，是世界上最大的地震泥石流灾害。滑坡、泥石流进入江河会堵塞河道，造成地震水灾。1933 年四川叠溪发生 7.5 级地震，使千年古城叠溪被地震滑坡毁灭，附近蜗

图 7-9　日本地震多处火灾

江两岸山体崩塌滑坡堆积成三座高达 100m 左右的天然石坝，将岷江截断，堵塞成 4 个堰塞湖，震后 45 天，坝体决口，酿成下游空前的大水灾，洪水纵横泛滥近千公里，淹没人口 2 万以上，冲毁农田约 3000 多平方公里。而且地震滑坡、泥石流灾害，也如地震余震活动那样，持续时间长，反复性大，可从地震开始一直延续到次年乃至数年。

3. 地震海啸

海底地震发生后，使边缘地带出现裂缝。这时部分海底会突然上升或下降，海水会发生严重颠簸，犹如往水中抛入一块石头一样会产生"圆形波纹"，故引发海啸。当地震在深海海底或者海洋附近发生时，地壳运动造成海底板块变形，板块之间出现滑移，这造成海水大量的逆流，并引发海水开始大规模的运动，形成海啸。

地震海啸灾害是沿海地区极为严重的地震次生灾害。1960 年 5 月智利 8.9 级地震引起世界著名的海啸，浪高 6m，浪头高达 30m，席卷了沿岸的码头、仓库及其他建筑。海浪以 600～700km/h 的速度横渡太平洋，5h 后，袭击夏威夷群岛，将护岸的重约 10t 的巨大石块抛到百米以外，扫荡了沿岸的各类建筑物。又过 6h 后，抵达远离智利 1.7 万 km 的日本海岸，浪高仍有 3.4m，将 1000 多所住宅冲走，将一艘巨大的船只推上陆地 40～50m，压在民房之上。海啸巨浪骤然形成"水墙"，汹涌地冲向海岸，可使堤岸溃决，海水入侵，造成沿海地区的破坏，可使海上建筑物被摧毁，造成重大的损失。1998 年 7 月西南太平洋发生两次 7.0 级以上地震，引发了浪高 10m 的海啸，席卷了巴布亚新几内亚北部沿海的 7 个村庄，约有 3000 人遇难，是西南太平洋 20 世纪最惨重的一次海啸灾难。2004 年 12 月 26 日，印度尼西亚苏门答腊岛附近海域发生强烈地震（中国地震台网测定震级为里氏 8.7 级，美国地震监测网测定震级为里氏 9 级），并引发海啸，影响到印度尼西亚、泰国、缅甸、马来西亚等东南亚、南亚和东非国家，造成重大人员伤亡和财产损失。这次灾难造成近 10 个国家 17.8 万人死亡，另有 5 万人至今下落不明，近百万人无家可归（图 7-10～图 7-12）。

2011 年 3 月 11 日 13 时 46 分日本本州岛附近海域发生 9 级地震，强震引起 10m 高海啸，海啸把整片村庄席卷而去（图 7-13），死亡、失踪 2 万多人，30 多万人无家可归。此外，还引发核电站的爆炸，核放射物泄漏，造成全世界的恐慌。

海啸是一个小概率灾难，但是一旦发生后果往往非常严重。与世界上防范海啸工程做的最好的日本相比，中国的海啸预警系统仍有很大差距。

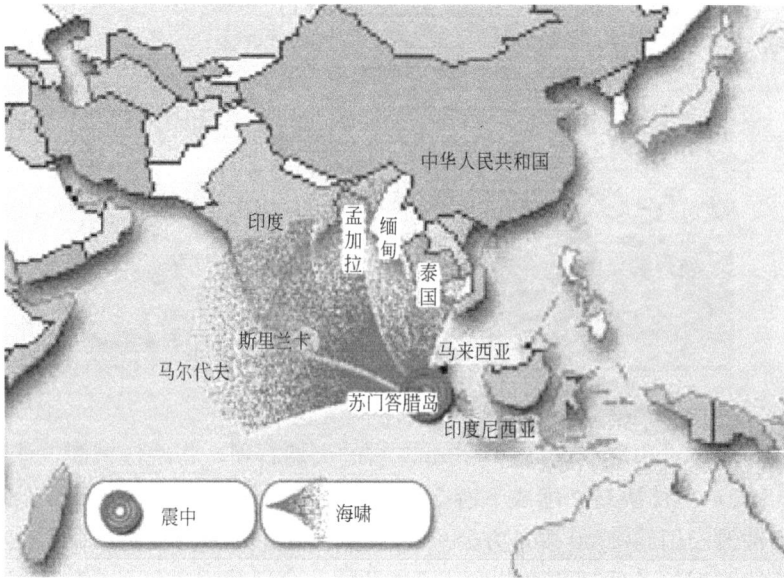

图 7-10　印尼地震波及范围

图 7-11　受海啸影响的斯里兰卡

图 7-12　2004 年印尼地震引起海啸

图 7-13　海啸把整片村庄席卷而去

（三）诱发灾害

诱发灾害是由地震灾害引起的各种社会性灾害，如因地震灾害造成的政治、经济、社会等方面的职能失调，社会秩序混乱，停工停产而造成的重大损失。如电脑控制系统失灵，造成记忆毁灭，指挥系统和生命线系统失控，灾民基本生产需求无法保证，伤亡人员得不到及时救治，社会治安恶化等系统的不正常反应，瘟疫、饥荒、社会动乱、人的心理创伤等。1556 年陕西华县 8 级大地震，震后引发社会性灾害造成伤亡人数大大高于地震直接伤亡人数。2010 年初海地 7 级地震和智利发生 8.8 级地震时都引起了骚乱，发生哄抢商店、纵火等事件。

直接灾害、次生灾害和进一步造成的各种社会性灾害，如停工停产、社会秩序混乱、饥荒、瘟疫等诱发灾害的成灾机制不同，灾害可或此或彼或长或短地连锁而成系列，被称为"灾害链"。地震的历史经验表明，一次强震发生后，因直接灾害将造成一定的人员伤亡和经济损失，但由直接灾害引发的次生灾害和诱发灾害所造成的伤亡和损失往往大于直接灾害所造成的伤亡和损失，甚至是数倍到 10 倍。

我国地处世界两大地震带的交会部位，震灾频次高，灾情重，次生灾害多，成灾面积广。全世界造成死亡人数在 20 万人以上的地震共 8 次，中国占了 4 次。1900～1980 年 80 年间，全球震灾死亡人数 120 万，中国死亡 61 万，占全球死亡人数 50％。和地震灾害最严重的日本等国家相比，我国在同级别的地震中死伤较多。

二、地震造成破坏的原因

在地震作用下，地面会出现各种震害和破坏现象，也称为地震效应，即地震破坏作用。它主要与震级大小、震中距和场地的工程地质条件等因素有关。地震破坏作用的原因可分为以下几个方面。

（一）地震力的破坏作用

地震力是由地震波直接产生的惯性力。它作用于建筑物能使建筑物发生变形和破坏。地震力的大小决定于地震波在传播过程中质点简谐振动所引起的加速度。地震力对地表建筑的作用可分为垂直方向和水平方向两个方向振动力。竖直力使建筑物上下颠簸；水平力使建筑物受到剪切作用，产生水平扭动或拉、挤。两种力同时存在、共同作用，但水平力危害较大，地震对建筑物的破坏，主要是由地面强烈的水平晃动造成的，垂直力破坏作用居次要地位。因此，在工程设计中，通常主要考虑水平方向地震力的作用。

（二）地变形的破坏作用

地震时在地表产生的地变形主要有断裂错动、地裂缝与地倾斜等。

这种地变形主要发生在土、砂和砾、卵石等地层内，由于振幅很大、地面倾斜等原因，它们对建筑物有很大的破坏力。

由于出现在发震断层及其邻近地段的断裂错动和构造型地裂缝，是人力难以克服的，对公路工程的破坏无从防治，因此，对待它们只能采取两种方法：一是尽可能避开；二是不能避开时本着便于修复的原则设计公路，以便破坏后能及时修复。

（三）地震促使软弱地基变形、失效的破坏作用

软弱地基一般是指可触变的软弱黏性土地基以及可液化的饱和砂土地基。它们在强烈地震作用下，由于触变或液化，可使其承载力大大降低或完全消失，这种现象通常称为地基失效。软弱地基失效时，可发生很大的变位或流动，不但不能支承建筑物，

反而对建筑物的基础起推挤作用，因此会严重地破坏建筑物。除此而外，软弱地基在地震时容易产生不均匀沉陷，振动的周期长、振幅大，这些都会使其上的建筑物易遭破坏。如 1985 年 9 月墨西哥 8.1 级地震（两天后又发生 7.5 级余震），该地震发生在远离墨西哥首都墨西哥城约 400km 的海上，但造成墨西哥城及邻近地区 1 万多人死亡，伤 4 万多人，房屋倒塌 2000 余栋，许多建筑物严重破坏。是什么原因造成一个远离震中 400 多公里的城市的建筑破坏如此惨重呢？据专家考察分析认为，重要的原因是松软地基造成建筑物倾斜、下沉（有的下沉一层）翻倒、地桩拔出（世界罕见）。原来现代的墨西哥城在 1325 年前是一个湖泊，因阿兹特克族征服了这块国土，在湖中心修建帝都，随着历史的发展，人口越来越密集，不断填湖造地，所以墨西哥城的不少建筑是建立在软地基之上，造成了重大损失。

（四）地震激发滑坡、崩塌与泥石流的破坏作用

地震使斜坡失去稳定，激发滑坡、崩塌与泥石流等各种斜坡变形和破坏。如震前久雨，则更易发生。在山区，地震激发的滑坡、崩塌与泥石流所造成的灾害和损失，常常比地震本身所直接造成的还要严重。规模巨大的崩塌、滑坡、泥石流，可以摧毁道路和桥梁，掩埋居民点。峡谷内的崩塌、滑坡，可以阻河成湖，淹没道路和桥梁。一旦堆石溃决，洪水下泄，常可引起下游水灾。水库区发生大规模滑坡、崩塌时，不仅会使水位上升，且能激起巨浪，冲击水坝，威胁坝体安全。

地震激发滑坡、崩塌、泥石流的危害，不仅表现在地震当时发生的滑坡、崩塌、泥石流，以及由此引起的堵河、淹没、溃决所造成的灾害，而且表现在因岩体震松、山坡裂缝，在地震发生后相当长的一段时间内，滑坡、崩塌、泥石流连续不断，由于它们对公路工程的危害极大，所以地震时可能发生大规模滑坡、崩塌的地段为抗震危险的地段，路线应尽量避开这些地段。

三、我国地震灾害的特点

地震灾害作为我国城市五大主要灾害之首，具有以下几个方面的特点：

（一）突发性及不可预测性

地震是突发性很强的一种自然现象，灾害灾前迹象较小，现在还无法准确预测发生地震的准确时间，使得灾前政府及人民均无法提前采取措施。

（二）不熟悉性

我国发生大型地震并引起重大灾害的次数并不频繁，距离上次我国的大型震灾"1978年唐山大地震"已经过去了 30 年，人们对于地震灾害的意识已经相当的薄弱，同时也缺乏地震逃生避难的相关知识，这也是造成这次"5·12 汶川大地震"巨大伤亡的原因之一。

（三）危害面积大

地震可以造成大面积房屋与工程设施破坏，并改变自然环境。破坏程度随震中距的增大而减弱。当发生的地震震级较大时，其危害区域并不只限于震中，而是向外辐射出很远的距离。以"5·12 汶川大地震"为例，2008 年 5 月 12 日 14 时 28 分 04 秒，四川汶川、北川，8 级强震猝然袭来，大地颤抖，山河移位。这是新中国成立以来破坏性最强、波及范围最大的一次地震。此次地震重创超过 40 万 km^2 的中国大地，全国大部分地区都有明显震感，离震中较近的四川省内许多城市均受到不同程度的损害。

（四）余震不确定性

由于强地震灾害无一例外地伴随的接二连三的余震，2008 年汶川地震后的几个月余震，不断发生有数千次。有些余震的震级及烈度也相当大，而其发生的时间及震中位置均无法估计。因此，余震灾害同样具有较大的破坏性。这也是地震灾害区别于其他自然灾害的特征之一。

（五）地震灾害具有续发性和多发性特点

地震造成房屋工程设施大量的破坏、倒塌，导致人员伤亡；地震破坏自然环境，在城市导致生命线工程的破坏，引发火灾、爆炸、房屋倒塌、毒气泄漏，在山区可引发山体滑坡并阻断交通，埋没农田、村庄，截断河流，再引发水灾；人畜遗体若不能得到及时处理，可引发瘟疫蔓延等次生灾害。地震造成的破坏会诱发出一系列第二次灾害、第三次灾害……形成灾害链。而这些次生灾害可能会产生超过原生灾害更为严重的威胁。

（六）地震灾害具有社会性

地震对社会的破坏效应是多方面的。地震一旦发生，即开始了一个非常时期，使物质匮乏和生存问题都提到前所未有的高度，人们处于极大的恐惧、失落之中，会导致社会失控。唐山地震后的半年里，我国东部几乎都笼罩在地震恐慌的气氛之中。重建家园同样是十分艰巨的，对地区、国家的经济发展都有重大影响。重建唐山耗资上百亿元，历时十载。汶川地震后数万个家庭支离破碎，数百万人失去了家园，直接经济损失 8451 亿元。全国各地对口援建，虽然速度很快，但耗资万亿。1995 年日本阪神大地震，使关西地区的高速公路严重损坏，支撑日本经济的汽车业停产，重建耗资巨大，影响景气回升，使关西地区经济起飞化为泡影。2011 年日本的大地震使整个日本几乎一时瘫痪，核电厂的爆炸使城市停电，工厂停产，机关不能正常工作。地震灾害对社会的经济、政治和心理的多重影响，反映了地震灾害的社会性特征。

第四节　减轻地震灾害基本对策

减轻地震灾害损失是我国地震工作的主要目标。中国是一个地震多发的国家，有32.5％ 的土地位于地震基本烈度Ⅶ度和Ⅷ 度以上的地区，100 万以上人口的大城市有70％位于这一区域内。因此，减轻地震灾害就显得非常重要。经过长期不懈的努力，我国减轻地震灾害工作已取得了初步成效，尤其是近 20 年以来，我国减轻地震灾害工作已经取得了系统的发展，在地震监测、预报、损失评估（专业系统），防灾、抗灾、救灾（社会公共安全系统），安置、恢复、保险、援助、立法、教育（社会保障安全系统），规划、指挥（社会组织系统）等四个方面取得了可喜的进步。进入 21 世纪后，我国减轻地震灾害工作又有了新的进展，如防灾减灾应急系统的建立、地震灾害防御对策的国际化、地震灾害防御策略的法规化、防震减灾三大工作体系的确立及首都圈防震减灾示范区系统工程的建成等，都说明了我国政府对减轻地震灾害工作十分重视。

2000 年国务院明确提出，地震系统要按照"地震监测预报、地震灾害防御、地震应急救援"三大工作体系进行建设。针对新世纪三大地震工作体系建设要求和国务院关于我国十年防震减灾目标，中国地震局经过周密调研分析之后，在北京市、天津市和河北省建立了首都圈防震减灾示范区系统工程。

地震灾害系统工程包括地震监测系统、地震分析预报系统、地震触发系统、地震数据系统、地震通信网络系统、地震现场工作系统、地震灾害损失评估系统、地震应急指挥系统、防震减灾宣教系统等，可以涵盖地震监测、预报、防灾、抗灾、灾情评估、应急救援、灾后恢复与重建、规划与指挥、教育与立法、保险与基金、科技等方面。该系统科技含量高，可以将数据库、通信网络、远程可视等现代化手段进行全面的开发利用，同时该系统具有管理严密、结构合理、数据交换快捷和各方面协同配合的能力。整个系统中包含有以下子系统(图 7-14)：

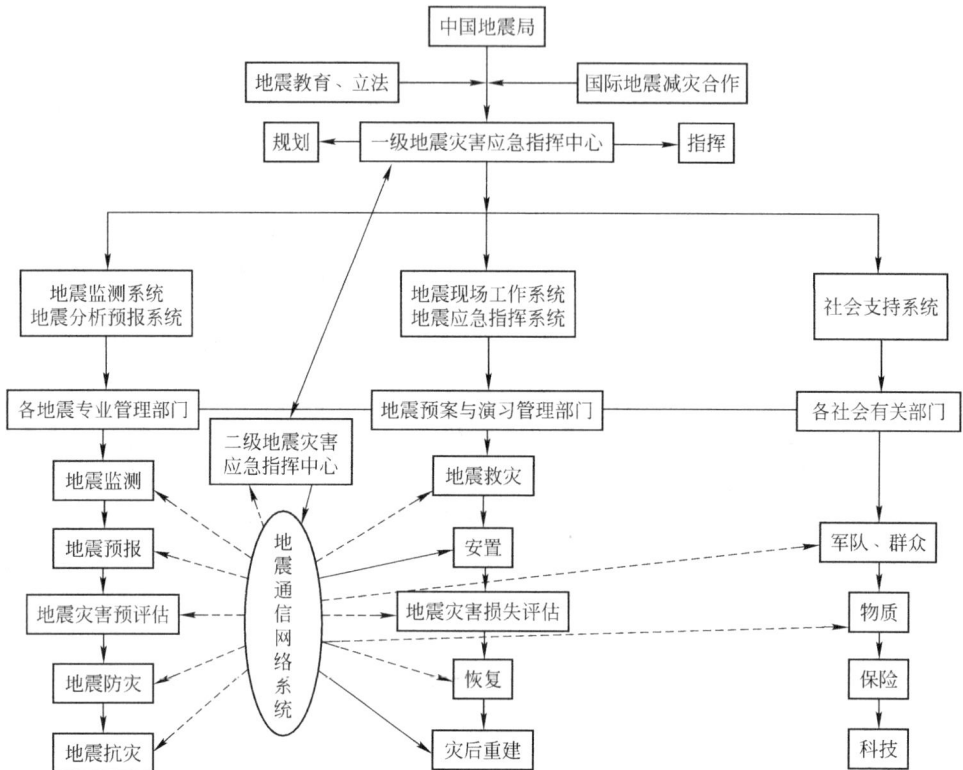

图 7-14　地震灾害系统工程结构框图

一、地震灾害管理系统

包括中国地震局、一级地震灾害应急指挥中心、二级地震灾害应急指挥中心，它们分别承担一定的地震灾害管理职能。中国地震局下属监测预报司、灾害防御司、应急救援司、规划财务司、科技发展司共同组成了地震灾害系统工程的顶层管理部门，行使最高的管理职能。特别是近十年来，有关地震灾害法律法规的制定实施，使我国的地震工作走上了法制化的道路。一级地震灾害应急指挥中心总部是中国地震局地震灾害应急指挥大厅，行使一级地震灾害规划与指挥功能。二级地震灾害应急指挥中心是各省市地震灾害应急指挥大厅，行使二级地震灾害规划与指挥功能。

二、地震监测系统

包括数字遥测地震台网、数字强震台网、数字化地震前兆台网、地震前兆流动观测台网四部分，监测方式以实现数字化、综合化和网络化为标准，努力提高地震前兆信息的捕捉能力。

三、地震分析预报系统

地震预测预报，主要是根据对地震地质、地震活动性、地震前兆异常和环境因素等多种情况，通过多种科学手段进行预测研究，作出可能发生地震的预报。预报按可能发生地震的时间可分为四类：

1) 长期预报：预报几年内至几十年内将发生的地震。

2) 中期预报：预报几个月至几年内将发生的地震。

3) 短期预报：预报几天至几个月内将发生的地震。

4) 临时预报：预报几天之内将发生的地震。

正确的地震预报可大大减少人员伤亡和经济损失，但目前地震预报还存在着许多难以解决的问题，预报的水平仅是"偶有成功，错漏甚多"，致使未能及时防范，未能将损失减至最低。中外大多数破坏性的地震，或是错报（报而未震），或是漏报（震前未预报），导致严重的人员伤亡和财产损失，对人民生活、社会秩序造成严重的影响。

地震分析预报系统是在地震发生前，由地震监测系统收集前兆数据，经分析预报系统工作确定后，由地震触发子系统作出响应，并将信息反馈给一级地震灾害应急指挥中心。该系统应能对中强以上地震作出有一定减灾实效的短临预报，并在破坏性地震发生后及时做出有较高准确度的震后快速趋势判断。

四、地震应急指挥与现场工作系统

当一级地震灾害应急指挥中心得到地震灾害的反馈信息后，将立即启动地震应急指挥子系统与现场工作子系统，经过地震通信网络的数据传输，将由远程可视子系统获取的灾情动态视频图像信息、图片信息、数据与语音信息传递给一级和二级地震灾害应急指挥中心，由地震灾害损失评估子系统作出灾区的损失评价，并由地震应急指挥子系统下达地震救灾命令。

五、地震通信网络系统

该子系统是地震灾害系统工程的基础平台，由广域网、局域网、拨号网组成，可实现地震灾害信息的汇集与交换，是连接各子系统的桥梁，可提供中央政府、中国地震局与各省、市地震局等部门的网络连接数据交换。

六、社会支持系统

地震灾害发生后，社会支持系统将会迅速启动。政府和相关的职能单位将会有计划地协调组织有关部门及军队、群众积极开展地震紧急救援，给灾区提供物资、社会保险资金及科技支持。地震灾害系统工程的各子系统，在设计上具有一定的独立性，必须经过整合才能形成一个统一体，这样有利于节约和优化资源，提高工作效率。整合主要从硬件整合、虚拟专网的建立、各大系统链接、系统间信息与资源共享、网络平台优势组合及可持续发展等几个方面进行。

第五节　建筑工程抗震设防

建筑抗震设防是指对建筑结构进行抗震设计并采取一定的抗震构造措施，以达到结构抗震的效果和目的。通常是在地震区进行工程建设和市镇建设时采取抗御地震破坏的工程对策，主要是通过抗震设计来实现。

一、抗震设防的必要性

大地震发生时，震动冲击各种人工建筑物、构筑物、桥梁、隧道、道路、水利工程以及自然环境如农田、河流、湖泊、地下水等，造成破坏。而房屋、桥梁、水坝等建（构）筑物倒塌和破坏，必然导致人员伤亡和巨大经济损失。据统计，在过去发生的有较大人员伤亡的 130 次地震中，95％以上的人员伤亡是由于建筑物倒塌造成的。因此，对建筑工程进行抗震设防，保证建筑物有足够的抗震能力，是减轻地震灾害的关键。

1964 年美国阿拉斯加发生 8.5 级大地震，安克雷奇这座新建的城市位于震中，因大部分建筑物都按抗震设防要求建造，所以地震时很少有房屋倒塌。而 1935 年和 1939 年发生在智利康塞普森的地震，使该城房屋倒塌，变成废墟，以后以法律形式规定，地震区所有建筑必须进行抗震设防。后来在 1960 年发生的 8.9 级特大地震中，经过设防的房屋大多完好。

1976 年 7 月 28 日唐山发生 7.8 级地震，死亡 24.27 万人，伤 16.48 万人，市区建筑物几乎全部夷平，在地震中，唐山 78％的工业建筑，93％的居民建筑，80％的水泵站以及 14％的下水管道遭到毁坏或严重损坏。但市第一面粉厂的一栋五层框架面粉楼，除个别部位有轻微损坏外，其余均完好。原因是该楼在建造时套用新疆的图纸，按 8 度设防。唐山地震波及天津，有 1200 多万平方米的建筑遭破坏。但 1974 年按 7 度设防的建筑物遭 8 度地震后，中等破坏占 9％，轻微损坏占 20％，其余完好。辽阳化肥厂有座高 67m、重 600 万 t 的造粒塔，按 7 度设防，并考虑地震时可能砂土液化，扩大了桩基直径和深度，还打了一定数量的斜桩。1976 年 7.8 级地震时，厂区普遍冒水、喷砂，塔附近不少建筑物遭破坏，并多处喷砂，而塔却完好。

1923 年日本关东大地震，8.2 级，但 700 栋经抗震设防的大楼，完好的占 75％，有不同程度破坏的占 23％，只有 2％倒塌。

在 2010 年 2 月下旬发生在智利的里氏 8.8 级的地震中，遵循严格的要求建成的房子拯救了成千上万人的生命，但在海地这样比较落后的国家里，2010 年 1 月发生的 7 级强烈地震一共造成 22.25 万人死亡，数百万人无家可归，一些普通的房子根本无法抵抗地震的蹂躏。

所以现阶段能将地震灾害损失减到最低程度的方法之一就是抗震设防。

二、我国规定的抗震设防范围

国家抗震减灾法规定下列工程应考虑抗震设防：

1）新建、扩建、改建建设工程，必须达到抗震设防要求。

2）一般工业与民用建筑建设工程，必须按照国家颁布的地震烈度区划图或者地震动参数区划图规定的抗震设防要求进行抗震设防。

3）重大建设工程、可能发生严重次生灾害的建设工程、核电站和核设施建设工程必须进行地震安全性评价，并根据经过国务院地震行政主管部门审定的地震安全性评价结果确定的抗震设防要求，进行抗震设防。

4）建设工程必须按照抗震设防要求和抗震设计规范进行抗震设计，并按照抗震设计进行施工。

5）已经建成的建筑物、构筑物（防震减灾法规定属于重大建设工程、可能发生严重次生灾害的，有重大文物价值和纪念意义的和地震重点监视防御区的），未采取抗震设防措施的，应当按照国家有关规定进行抗震性能鉴定，并采取必要的抗震加固措施。

国家为了对所有的建设工程的抗震设防实施管理，将全部建设工程划分为两大类，即重要建设工程和一般建设工程：重要建设工程即《防震法》规定的那些对社会有重大价值和重大影响的建设工程；一般建设工程是指那些一般的工业与民用建设工程，或者说，对那些必须进行抗震设防、风险水准为 50 年超越概率 10％的建设工程，统称为一般建设工程。

对上述两类工程，确定抗震设防要求的方法和途径是不同的。按照防震减灾法的规定，对于重要工程是通过地震安全性评价的方法和途径确定抗震设防要求；而对一般建设工程是通过制定区划图的方式确定抗震设防要求。

三、抗震设防标准

工程场地地震安全性评价工作是根据地震地质、地震活动性和工程场地条件，客观地评价了地震地面运动的各个参数（如峰值加速度、反应谱、持续时间等），但这些参数并不等于抗震设防标准，还应考虑工程的重要性、投资强度、社会发展和环境影响等多方面的因素，综合给出适于工程设计用的地震动参数，作为设计施工的依据，这些参数即为工程抗震设防标准。

制定工程抗震设防标准的目的是，以最少代价建造具有合理安全度的、满足使用要求的工程结构。所谓合理安全度是指经济与安全之间的合理的平衡。这是一切设计的总原则。设防标准不能追求绝对的安全，要想使结构强度一定大于结构反应，几乎不可能，而且不经济，不现实。应该从危险概率的大小来定义安全度。按经济与安全原则表述使用权总效益为最大形式：

总效益＝收益—生产投资—可能的损失（包括修复）

其中，收益：直接收益和间接收益；

损失：人员伤亡、政治、社会、经济、物质财产和连锁反应的损失。

若不考虑非结构损失，上式可改写为

总费用＝造价＋修复费

在总费用尽可能小的情况下，总效益应越大越好。

这些费用中包括材料费、施工管理费等。如减少造价就会增加损坏的可能性或危险性，从而增加修复费。据统计测算：6 度地区新建工程抗震设防所增加的投资，仅占土建造价的 1％～2％，而用于加固的费用未经设防的是经过设防的 10 倍。而且，未经设防的工程易造成严重破坏甚至倒塌，损失更大。

（一）城市抗震设防规划标准

1）遭受多遇地震时，城市一般功能正常；

2）遭受相当于抗震设防烈度的地震时，城市一般功能及生命系统基本正常，重要工矿企业能正常或者很快恢复生产；

3）遭受罕遇地震时，城市功能不瘫痪，要害系统和生命线工程不遭受破坏，不发生严重的次生灾害。

（二）建筑工程抗震设防标准

1. 建筑分类

建筑按其使用功能的重要性，分为甲、乙、丙、丁四类，其划分应符合下列要求：

1）甲类建筑，地震破坏后对社会有严重影响，对国民经济有巨大损失或有特殊要求的建筑，必须经国家的批准权限批准；

2）乙类建筑，主要指使用功能不能中断或需尽快恢复，以及地震破坏会造成社会重大影响和国民经济重大损失的建筑，国家重点抗震城市的生命线工程的建筑；

3）丙类建筑，地震破坏后有一般影响及其他不属于甲、乙、丁类的建筑；

4）丁类建筑，地震破坏或倒塌不会影响上述各类建筑，且社会影响、经济损失轻微的建筑，一般指储存物品价值低，人员活动少的单层仓库建筑。

2. 各类建筑的抗震设防标准的确定

近年来，国内外抗震设防目标的发展总趋势是要求建筑物在使用期间，对不同频率和强度的地震，应具有不同的抵抗能力，即"小震不坏，中震可修，大震不倒"。这一抗震设防目标亦为我国抗震设计规范所采纳。我国《建筑抗震设计规范》（GB 50011—2010）中抗震设防的目标是：

（1）在遭受低于本地区设防烈度（基本烈度）的多遇地震影响时，建筑物一般不受损失或不需修理仍可继续使用；

（2）在遭受本地区规定的设防烈度的地震影响时，建筑物（包括结构和非结构部分）可能有一定损坏，但不致危及人民生命和生产设备安全，经一般修理或不需修理仍可继续使用；

（3）在遭受高于本地区设防烈度的预估罕遇地震影响时，建筑物不致倒塌或发生危及生命的严重破坏。

1）按建筑物类型确定设防标准

（1）甲类抗震建筑，应提高设防烈度一度设计（包括地震作用和抗震措施）。当为Ⅷ、Ⅸ度时，应作专门的考虑。

（2）乙类抗震建筑，地震作用应按本地区抗震设防烈度计算，当设防烈度为Ⅵ～Ⅷ度时，应提高一度采用，当为Ⅸ度时应适当提高。对较小的乙类建筑，可采用抗震性能好，经济合理的结构体系，并按本地区的抗震设防烈度采取抗震措施。乙类建筑的地基基础可不提高抗震措施。

（3）丙类抗震建筑，丙类建筑应按本地区设防烈度采取抗震措施。

（4）丁类抗震建筑，可按本地区设防烈度降低 1 度采取抗震措施，但设防烈度为Ⅵ度时不宜降低。

2）按建筑功能确定设防标准

地震烈度Ⅵ度地区的省会城市和市区人口在百万以上的城市，位于市区的下列新建工程须按Ⅶ度设防：

（1）位于城市上游、地震会影响安全的一级挡水建筑物；

（2）担负对国内外广播发射台等中央直属省、直辖市 200kW 以上大功率发射台；

（3）城市通信枢纽的无线电台卫星地面站等的主机房和油机房；

（4）铁路干线和枢纽通信房屋、乘务员公寓、大型候车室、重要桥梁；

（5）对外主要公路干线的重要桥梁；

（6）装机容量为 50 万 kW 以上的电厂、变电站和调度楼；

（7）重要大型工矿企业的主厂房、动力设施、通信、调度及危险品仓库；

(8) 7层或7层以上的砖混建筑和10层以上的钢筋混凝土建筑；

(9) 高度大于30m的砖烟囱。

第六节 抗震防灾措施

突如其来的地震，曾给人类带来无尽的物质和精神损失，面对这样的自然灾害，我们虽然无法制止，但是至少可以预先做好各种准备来应对这些灾难。我国地震工作经过30多年的努力探索，总结出一条符合我国国情的"以预防为主，防御与救助相结合"的防震减灾工作方针，明确了地震监测预报、震灾预防、地震应急以及地震救灾和恢复重建四个环节的综合防震思路。

一、城市规划中的抗震防灾措施

在城市建设中，震害防御是一项与总体规划同步，甚至要超前进行的重要工作。城市抗震防灾不仅要重视城市单个类项的防灾能力，更应重视如何提高城市整体的防灾水平，以便更有效地减轻地震灾害。为此，必须做到：

1) 确定合理的地震设防标准，使防灾水平与城市的经济能力达到最佳组合关系。

2) 结合城市改造和土地利用，尽量缩小城市易损性组成部分，进行城市和工程建设时尽量避开地震危险区；提高城市抗震能力。

3) 做好勘察工作，从地形、地貌、水文地质条件等方面评价城市用地。在可能发生滑坡或有活断层存在的潜在不稳定地区，采取改善建筑物场址的措施或将其指定为空地。

4) 结合城市建设的地区特征，进行地震地质工作，研究不同场地的地震效应，进行地震影响小区域划分，划分出地震相对危险区与安全区，为确定抗震设防标准提供科学依据。

5) 结合城市改造，对不符合设防标准的已建工程按设防标准进行加固。

6) 防止地震次生灾害的发生。制定对地震可能引起水灾、火灾、爆炸、放射性辐射、有毒物质扩散或者蔓延等次生灾害的防灾对策。

7) 对重要建(构)筑物，超高建(构)筑物，人员密集的教育、文化、体育等设施的布局、间距和外部通道提出抗震要求。

8) 对城市功能、人民生活和生产活动有重大影响的城市交通、通信、供电、供水、供热、医疗、卫生、粮食、消防等生命线工程进行地震反应研究，进行最佳抗震设计。同时将生命线工程尽量建成网状系统，以确保整体功能。

9) 严格控制市区规模和建筑物密度，降低人口密度，拓宽主要干道，扩大街区，增设街心花园或其他空地，确保城市避灾通道、防灾据点和避震疏散场地的使用。

10) 合理按照功能分区，调整工业布局，按照环保防灾要求设计和改造城市。

11) 加强本部门的专项立法工作，使城市管理秩序化、科学化。

12) 开展地震科普的宣传教育工作，使市民提高这方面的素养，增加应变能力及对抗震工作的理解和支持。

二、建筑物抗震防灾措施

为使建筑物达到规定的抗震设防要求，必须采取相应的抗震防灾措施，这些措施的基本原理是：增强强度，提高延性，加强整体性和改善传力途径等。

在具体进行建筑结构的抗震设计时，为简化计算，《建筑抗震规范》（GB 50011—2010)提出了两阶段设计方法，即建筑结构在多遇地震作用下应进行抗震承载能力验算以及在罕遇地震作用应进行薄弱部位弹塑性变形验算的抗震设计。

第一阶段设计：首先按与基本烈度相应的多遇烈度(相当于小震)的地震参数，用弹性反应谱法求得结构在弹性状态下的地震作用效应；然后与其他荷载效应按一定的组合原则进行组合，对构件截面进行抗震设计或验算，以保证必要的强度；再验算在小震作用下结构的弹性变形。这一阶段设计，用以满足第一水准的抗震设防要求。

第二阶段设计：在大震作用下，验算结构薄弱部位的弹塑性变形，并采取相应的构造措施，以满足抗震设防要求。

（一）对新建建筑物

为了提高新建建筑物的抗震性能必须把好抗震设计和施工两道关。抗震设计必须按照抗震设防要求和抗震设计规范进行。设计出来的结构，在强度、刚度、吸能和延性变形等能力上有一种最佳的组合，使之能够经济地达到小震不坏、中震可修、大震不倒的目的。

根据当前的震害经验和理论认识，良好的抗震设计应尽可能地考虑下述原则：

1. 场地设计

地震对建筑物的破坏程度，首先取决于地震释放能量的大小，同时还和震源深浅程度、建筑物与震中距离以及建筑物所处场地性质有关。例如：墨西哥城多次遭到地震严重破坏，20世纪中超过7级的地震大约发生过40次以上，主要都与墨西哥城附近的场地性质有关。墨西哥城建造在古代一个湖的沉积土上，城市边缘靠近湖边。地震时城市中心破坏的建筑物最多，10~20层建筑的自振周期正好与场地周期吻合，产生共振，地震反映强烈，而较低和较高的建筑破坏率都相对较低。究其原因，主要是墨西哥的场地条件和建筑物的特性影响。因此，设计时除了根据地震安全性评价尽量选择比较安全的场地之外，还要考虑一个地区内的场地选择。选择的原则是：避免地震时可能发生地基失效的松软场地，选择坚硬场地。在地基稳定的条件下，还可以考虑结构与地基的振动特性、力求避免共振影响；在软弱地基上，设计时要注意基础的整体性，以防止地震引起的动态的和永久的不均匀性变形。对于单体建筑工程，应该选择有利抗震的地段，即开阔平坦、密实均匀的地段。在同一结构单元，不宜设在不同的地质土层上，也不宜部分采用天然地基部分采用桩基。当地基位于较弱的地基土层上时，应加强基础及上部结构的整体性。

2. 材料和结构体系的选择

我国多层建筑以承重墙和框架结构为主。普通房屋的墙体所使用的砖比较便宜，也比较重，这种类型的砖在发生地震的时候非常容易碎裂，这也正是引起房屋倒塌的主要原因。2010年在海地发生的地震中，使用混凝土屋顶的房屋大多出现了坍塌情况，而木质桁架的铁皮屋顶则更富有弹性，可以提高房屋在地震中的安全系数。印度的研究人员已经成功找到了一种用来加固房屋的竹子。而科罗拉多州立大学的约翰·范德林特专门为印尼地震多发地区设计了一种房屋模型，底部安装有地面运动装置，用填满了沙子的轮胎制成，虽然这种房子的安全程度只有那些安装了先进减震装置的房子的1/3，但是它的建造费用非常低廉，非常适合在印尼地区进行推广。在巴基斯坦北部地区，有许多房屋利用了秸秆。在这里，一般的房子是由石头和泥浆建成的，然而秸秆拥有无可比拟的弹性，同时在冬天还有一定的保温作用。

1923 年的关东大地震证明砖结构房屋不抗震。从那以后开始，砖结构建筑在日本几乎不再被使用，取而代之的多为高抗震的木结构及轻钢结构以及辅以轻型墙面材料的钢筋混凝土结构(图 7-15、图 7-16)。加拿大及美国也多采用这种结构，这种结构的建筑既安全抗震，又节省能源。

我国高层建筑中常采用钢筋混凝土结构，结构体系有：框架、框架—剪力墙、剪力墙和筒体等几种体系，这也是其他国家高层建筑采用的主要体系。但很多发达国家，特别地震区，高层建筑是以钢结构为主，在我国钢筋混凝土结构及混合结构占了 90%。高层建筑的抗侧力体系是高层建筑结构是否合理、经济的关键，而钢结构比钢筋混凝土结构更有优势。

图 7-15 日本的木结构房屋

图 7-16 木结构及轻钢结构

3. 选择有利的建筑体型

建筑设计中，在满足建筑功能的前提下，应重视平面、立面和竖向剖面的规则性对抗震性能和经济合理性的影响，结构平面布置应该简单、规则、对齐、对称，力求使平面刚度中心和质量中心重合，尽量减少偏心，以减小地震作用下的扭转。例如：1978 年日本宫成冲地震，有两栋钢筋混凝土结构建筑遭破坏。两建筑十分相像：楼梯间布置在建筑物一端，实心剪力墙围成筒，刚度很大；另一端只有柱子，刚度很小。显然其平面刚度不均匀，地震作用下房屋没有剪力墙的一端柱子塌落，楼板塌下。其原因是：核心筒布置使得平面分布不均衡，产生了偏心。对平面刚度来说，剪力墙的对称布置、并筒、周边布置剪力墙或密柱，都是增加结构抗扭转刚度的重要措施。

在形体上，从抗震设计的要求出发，宜采用方形、矩形、圆形、正六边形、正八边形、椭圆形、扇形等平面。尽量不要采用带有突然变化的阶梯形立面、大底盘建筑甚至倒梯形立面。立面形状的突然变化将产生质量和刚度的剧烈变化，从而在地震中该部位产生严重的塑性变形和应力集中，加重结构的地震灾害。《建筑抗震设计规范》(GB 50011—2010)对于平面不规则、立面不规则类型给出了详细的规定，见表 7-5、表 7-6。历史上杰出的高层建筑一般都采用简洁均衡的平面，如日本东京千年塔采用圆形平面，香港的中银大厦是一个正方平面，对角划成 4 组三角形，德国法兰克福商业银行大楼是三角形平面，如图 7-17、图 7-18 所示。

平面不规则的类型　　　　　　　　　　　　　　　　　　表 7-5

不规则类型	定义
扭转不规则	楼层的最大弹性水平位移(或层间位移)，大于该楼层两端弹性水平位移(或层间位移)平均值的 1.2 倍
凹凸不规则	结构平面凹进的一侧尺寸，大于相应投影方向总尺寸的 30%
楼板局部不连续	楼板的尺寸和平面刚度急剧变化，例如，有效楼板宽度小于该层楼板典型宽度的 50%，或开洞面积大于该楼层面积的 30%，或较大的楼层错层

立面不规则的类型　　　　　　　　　　　　　　　　　　表 7-6

不规则类型	定义
扭转不规则	该层的侧向刚度小于相邻上一层的 70%，或小于其上相邻三个
凹凸不规则	结构平面凹进的一侧尺寸，大于相应投影方向总尺寸的 30%
楼板局部不连续	楼板的尺寸和平面刚度急剧变化，例如，有效楼板宽度小于该层楼板典型宽度的 50%，或开洞面积大于楼层面积的 30%，或较大的楼层错层

图 7-17　香港的中银大厦　　　　　　　　图 7-18　德国法兰克福商业银行

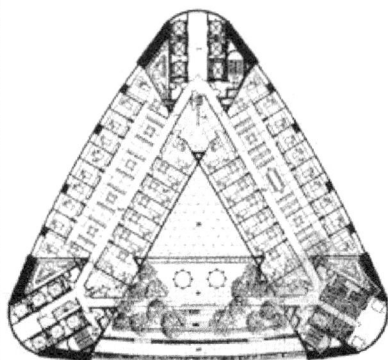

　　同时，平面的长宽比宜控制在一定范围内，避免两端受到不同地震运动的作用而产生复杂的应力情况。地震区高层建筑的立面应采用矩形、梯形等均匀变化的几何形状，避免立面形状的突然变化带来的质量和抗震刚度的改变，建筑的竖向体型应力求规则、均匀和连续，结构的侧向刚度沿竖向应均匀变化，由下至上逐渐减小，尽量避免夹层、错层、抽柱及过大外挑和内收等情况。外挑内收不大于 25%，且水平外挑尺寸不宜大于 4m。如：芝加哥汉考克大厦矩形平面采用平顶锥体收分造型，充分体现了对结构性能的深刻掌握，表现了工业时代特有的准确性和逻辑美感。建筑越高，所受的地震作用和倾覆力矩越大，

我国的研究人员对工程实际情况进行研究后，对适用范围内的建筑物最大高度作了规定，在规划时就会对此进行限制，设计时一定要将高度定在规定范围内。

对高层建筑来说，高宽比越大，结构越柔弱，在水平力作用下侧移会较大，结构对抗倾覆能力也较差。对于钢筋混凝土和钢结构的高层建筑，其高宽比应该满足我国《高层建筑混凝土结构技术规程》和《高层民用建筑钢结构技术规程》规定。规范规定 6、7 级抗震设防烈度地区，A 级高度❶钢筋混凝土高层建筑结构适用的最大高宽比，框架、板柱—剪力墙结构为 4，框剪结构为 5，剪力墙结构为 6，筒中筒、框筒结构为 6。

结构布置力求对称——核心筒、剪力墙均匀布置，楼梯间尽量均匀分布，剪力墙竖向尽量不要断开，竖向断面一次不要收得过多。当建筑平面简单且对称时，如若结构布置不对称，同样会造成结构偏心，地震时还会因发生扭转震动而使震害加重。

建筑的防震缝应根据建筑的类型、结构体系和建筑形状等具体情况设置。当建筑体型复杂而又不设防震缝时，应选用符合实际的结构计算模型，进行较精细的抗震分析。估计其局部应力和变形集中及扭转影响，判明其易损部位，采取措施提高抗震能力；当设置防震缝时，应将建筑分成规则的结构单元。防震缝应根据烈度、场地类别、房屋类型等留有足够的宽度，其两侧的上部结构应完全分开。

4. 提高结构和构件的强度和延性

结构物的振动破坏来自地震动引起的结构振动，因此抗震设计要力图使从地基传入结构的振动能量为最小，并使结构物具有适当的强度、刚度和延性，以防止不能容忍的破坏。在不增加重量、不改变刚度的前提下，提高总体强度和延性。由于地震动是多次循环作用，还要注意循环作用下刚度与强度的退化。提高强度而降低延性不是良好的设计。有日本最高的公寓楼之称的埼玉县川口公寓，地上 55 层，高 185m，采用了与美国纽约世界贸易中心相同的建筑材料——168 根 CFT 钢管（钢管混凝土）。这种钢管的直径最大达 800mm，厚度达 40mm，管芯中还注入了比通常混凝土强度高 3 倍的特种混凝土，提高了结构的强度和延性。在高层建筑中，有一些薄弱部位，如果能有意识地使它提早屈服或提高其承载力，可以减小它的破坏。如加强转换层；注意防震缝的设计，必须留有足够的宽度；高层部分和低层部分之间的连接构造；框架柱的箍筋量和锚固长度等。

5. 多道抗震防线

一次大的地震动能使建筑物产生多次往复式冲击，使建筑造成积累式破坏。如果建筑采用多道支撑和抗水平力的体系，就可在强地震动过程中，一道防线破坏后尚有第二道防线可以支承结构，避免倒塌。因此超静定结构优于同种类型的静定结构。

6. 结构构件及连接

结构及结构构件应具有良好的延性，力求避免脆性破坏或失稳破坏。为此，砌体结构构件，应按规定设置钢筋混凝土圈梁和构造柱、芯柱（指在中小砌块墙体中，在砌块孔内浇筑钢筋混凝土所形成的柱）或采用配筋砌体和组合砌体柱等，以改善变形能力。混凝土结构构件，应合理地选择尺寸，配置纵向钢筋和箍筋，避免剪切先于弯曲破坏，混凝土压

---

❶ 钢筋混凝土高层建筑结构的最大适用高度和高宽比应分为 A 级和 B 级。B 级高度高层建筑结构的最大适用高度和高宽比可较 A 级适当放宽，其结构抗震等级、有关的计算和构造措施应相应加严，并应符合有关的规定。

溃先于钢筋屈服，钢筋锚固粘结破坏先于构件破坏；钢结构构件，应合理控制尺寸，防止局部或整个构件失稳。汶川地震中北川一幢住宅单元之间的楼梯间全部震毁（图 7-19）。

结构构件间的连接应具有足够的强度和整体性，要求构件节点的强度，不应低于其连接构件的强度；预埋件的锚固强度，不应低于连接件的强度；装配式结构的连接，应能保证结构的整体性。抗震支撑系统应能保证地震时结构稳定。

7. 非结构构件

对于附着于楼、屋面结构构件的非结构构件（如女儿墙、雨棚等）应与主体结构有可靠的连接或锚固，防止脆性与失稳破坏，避免倒塌伤人或砸坏仪器设备；围护墙如隔墙应考虑对主体结构抗震有利或不利的影响，避免不合理设置而导致主体结构的破坏；幕墙、装饰贴面与主体结构应有可靠的连接，避免塌落伤人，当不可避免时应有可靠的防护措施。脆性与失稳破坏常常导致倒塌，故应防止。这种破坏常见于设计不良的细部构造。如汶川地震时，北川一所学校的教学楼走廊的栏板和女儿墙，被震得大部分闪掉（图 7-20）。设计时应注意以下几点：

图 7-19　住宅单元之间的楼梯间全部震毁

图 7-20　学校教学楼

1）出入口或人流通道处的女儿墙和门脸等装饰物应有锚固。

2）出屋面小烟囱在出入口或人流通道处应有防倒塌措施。

3）钢筋混凝土挑檐、雨罩等悬挑构件应有足够的稳定性。

4）隔墙与两侧墙体或柱应有拉结，长度大于 5.1m 或高度大于 3m 时，墙顶还应与梁板有连接。

5）无拉结女儿墙和门脸等装饰物，当砌筑砂浆的强度等级不低于 M2.5 且厚度为 240mm 时，其突出屋面的高度，对整体性不良或非刚性结构的房屋不应大于 0.5m；对刚性结构房屋的封闭女儿墙不宜大于 0.9m。

（二）对已有建筑物

为使已有建筑物提高抗震能力，进行抗震加固是工程中常采取的措施。具体措施有：

1）在建筑物和构筑物外面增加水泥砂浆面层、钢筋水泥砂浆面层或钢筋混凝土面层，也可以采用喷射混凝土的方法加固。

2）对于砖烟囱可用扁钢网箍进行加固。

3）加设圈梁、加设构造柱和加设拉杆。外加圈梁可采用现浇钢筋混凝土圈梁或加型钢圈梁。

4）为防止砌体房屋外纵墙或山墙外闪、屋架或梁端外拔，通常可采用拉杆进行加固。

5）结构抗震能力不足而需增强时，可采用增设抗震墙方法以改变其结构传力途径。

对已建工程进行抗震加固是我国防震减灾工作的重要内容，经过加固的工程在近几年发生的地震中有的已经经受了考验，证明抗震加固与不加固大不一样。抗震加固确实是建筑物不被破坏或减轻破损程度，保证生产发展和人民生命安全的有效措施。

三、桥梁的震害与防震原则

（一）桥梁的震害

强烈地震时，桥梁的震害较多，其原因主要是由于墩台的位移和倒塌，下部构造发生变形而引起上部构造的变形或坠落。因此，地基的好坏对桥梁在地震时的安全度影响最大。

1）砂层液化，使地基丧失承载能力，导致桥台或桥墩下沉、移动、变形或偏转。桥台向河中心滑移而导致上部结构的坠落和构件的损失。

2）建于岩石基础上的混凝土或砖砌桥墩倾斜或剪断。

3）桥梁上部结构与桥台或墩顶发生错动，致使桥台或墩顶的锚栓剪断或拔出，支撑处圬工结构局部开裂等。

4）修建于砂土地基上的拱桥，拱基不均匀沉陷，引起桥面起伏，桥面及拱圈拉裂。

（二）桥梁抗震措施

1）桥梁抗震的总体设计准则是要防止桥梁在强烈地震中部分或整体倒塌；战略性的道路桥梁为了疏散、救援和经济上的原因，在任何时刻至少应保证轻型运输的通畅。因此，桥梁的设防重点应放在对道路畅通十分关键，破坏后一时又不易修复的长大桥梁上。

2）地基失稳是导致桥梁失事的关键，选择桥位时，应尽量避开活动断层及其邻近地段，避开危及桥梁安全的滑坡、崩塌地段，避开饱和松散粉细砂、故河道等软弱土层地段。

3）选择合理的基础形式和桥梁结构方案。可以认为，在软土地基上，桩基就比沉井和扩大基础要好，深基显然优于浅基。桥梁结构方案选择上，一般来说，在山区峡谷基岩地带易修建石拱桥，在开阔的河谷地或地质条件不均匀地带和平原覆盖层较厚、土层软弱地基上的大中桥梁，应适当加长桥孔，将桥台设置在比较稳定的河岸上，不宜设计斜交桥。

4）多孔长桥宜分节建造，使各分节能互不依存地变形。

5）用砖、石圬工和水泥混凝土等脆性材料修建的建筑物，易发生裂纹、位移和坍塌等，应尽量少用，宜选用抗震性能好的钢材或钢筋混凝土。

6）桥梁抗震设计的先决条件之一是要保持地震铰能在所预先指定的部位上形成，亦即为了在震后易于修复，一般是设在桥墩可见部位。

7）在规模较大、较长的桥梁及其邻近自由地表设置强震仪，积累基础性资料。

四、大坝的震害与防震原则

（一）混凝土坝的震害

1）混凝土重力坝遭受地震时，由于顶部的加速度比底部大好几倍，因此，重力坝顶部的断面和刚度如设计得较小和突变时，就容易产生裂缝。

2）由于基础岩石破碎，节理发育或坝基混凝土与基岩结合不好等，致使坝体开裂或原有裂缝扩展破坏。

3）地震时，坝段间伸缩缝发生张合现象及坝内各结缝处发生变形等，致使伸缩缝、结缝处或坝与基岩接合面处漏水或渗流增加

4）坝内孔洞及廊道应力较为集中的区段，易于产生裂缝。

（二）大坝的抗震对策

1）选择坝址时，应尽量避开风化破碎岩体和活动断层，应避开软弱黏土和饱和松散砂土层。应选择以坝址为中心一定范围内构造稳定和近坝址库区边坡稳定的地段。

2）按大坝地震危险性评定准则，对坝址进行地震危险性评定，并给出符合坝址特征的地震动强度、频谱和持续时间的设计地震动工程参数。

3）设计坝高时，应在最高库水位以上留有足够的高度，以防库水漫顶。

4）沿重大坝体及其邻近自由地表设置强震仪，开展原型观测，积累基础性资料。

第七节　建筑结构减震措施

一、建筑结构减震控制原理

传统建筑结构抗震是通过增强结构本身的抗震性能（强度、刚度、延性）来抵御地震作用的，即由结构本身储存和消耗地震能量，这是被动消极的抗震对策。由于人们尚不能准确地估计未来地震灾害作用的强度和特性，按照传统抗震方法设计的结构不具备自我调节能力。因此，结构很可能不满足安全性的要求，而产生严重破坏或倒塌，造成重大的经济损失和人员伤亡。

合理有效的抗震途径是对结构施加抗震装置（系统），由抗震装置与结构共同承受地震作用，即共同储存和耗散地震能量，以调谐和减轻结构的地震反应。这是积极主动的抗震对策，是抗震对策中的重大突破和发展。

二、建筑结构减震控制方式

结构减震控制根据是否需要外部能源输入可分为：被动控制、主动控制、半主动控制、智能控制和混合控制。

（一）被动控制

1. 结构隔震的概念与原理

不需要外部能源输入提供控制力，控制过程不依赖于结构反应和外界干扰信息的控制方法。如基础隔震、耗能减震和吸振减震等均为被动控制。

在建筑物基础与上部结构之间设置隔震装置（或系统）形成隔震层，把房屋结构与基础隔离开来，利用隔震装置来隔离或耗散地震能量以避免或减少地震能量向上部结构传输，以减少建筑物的地震反应，实现地震时隔震层以上主体结构只发生微小的相对运动和变形，从而使建筑物在地震作用下不损坏或倒塌，这种抗震方法称之为房屋基础隔震，如图 7-21 所示。

基础隔震的原理就是通过设置隔震装置系统形成隔震层，延长结构的周期，适当增加结构的阻尼，使结构的加速度反应大大减小，同时使结构的位移集中于隔震层，上部结构像刚体一样，自身相对位移很小，结构基本上处于弹性工作状态，从而使建筑物不产生破

坏或倒塌。

隔震结构通过隔震层的集中大变形和所提供的阻尼将地震能量隔离或耗散，地震能量不能向上部结构全部传输。因而，上部结构的地震反应大大减小，振动减轻，结构不产生破坏，人员安全和财产安全均可以得到保证，如图7-22、图7-23所示。

图 7-21 基础隔震

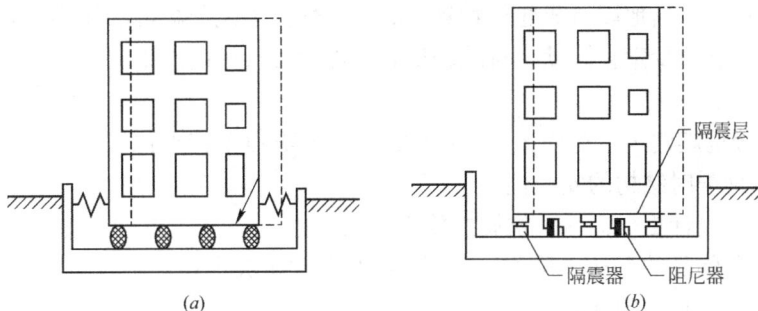

图 7-22 隔震结构模型
(a)模型 A；(b)模型 B

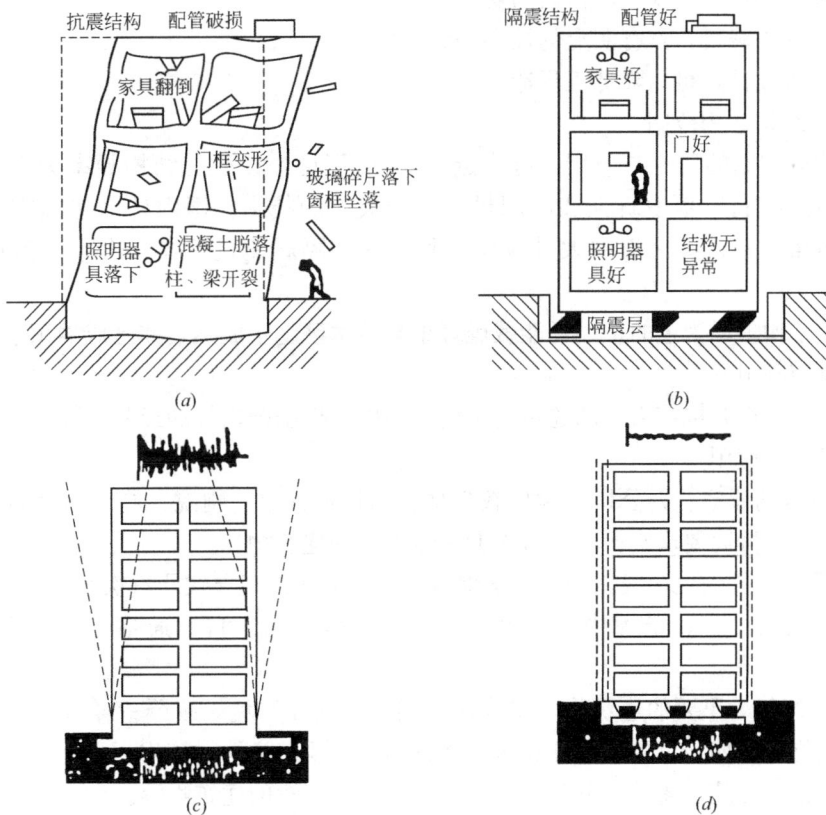

图 7-23 传统抗震房屋与隔震房屋在地震中的情况比较
(a)传统抗震房屋—强烈晃动；(b)隔震房屋—轻微晃动；(c)传统房屋的地震反应；(d)隔震房屋的地震反应

根据上述原理，日本学者研究出地震时防止建筑物破坏的免震建筑法，就是在建筑物与地基之间加进一种特殊装置，用以吸收地震动的能量，把建筑物的晃动控制在最低程度，使建筑物不受损坏。这种建筑结构的设想虽然早已提出，但一直未引起人们的重视。日本在1995年1月阪神大地震发生前，在神户建有2栋免震楼房。阪神大地震后，神户的这2栋免震楼丝毫无损，由此证明了这一建筑技术的优越性。

对吸收结构给予地震力时，一旦出现变形很难停止其缓慢运动。尽管地震已停止，但吸收结构仍在慢慢晃动，这就是橡胶的特性。为了抑制这一晃动，就需要配合使用上述的抗震结构。在抗震壁的下段安装铁板箱，从上段吊下来的铁板嵌入到铁板箱中，在其间隙处注入高黏度流体，当地震造成建筑物晃动时，黏性液体能起减震的作用。它不仅能减少水平振动而且也能减少垂直振动，对减轻地震动能发挥很好的效果。

2. 隔震建筑结构特点

可见与传统抗震建筑结构相比，隔震建筑结构具有以下特点：

1）提高了地震时结构的安全性；

2）上部结构设计更加灵活，抗震措施简单明了；

3）防止内部物品的振动、移动、翻倒，减少了次生灾害；

4）防止非结构构件的损坏；

5）抑制了振动时的不舒适感，提高了安全感和居住性；

6）可以保持机械、仪表、器具的功能；

7）震后无需修复，具有明显的社会和经济效益；

8）经合理设计，可以降低工程造价。

3. 隔震结构适用范围

结构减震控制的研究与应用已有将近30年的历史，以改变结构频率为主的隔震技术是结构减震控制技术中研究和应用最多、最成熟的技术。国内外已建隔震建筑数百栋，并在桥梁、地铁等工程中大量应用，其中一些隔震建筑已在几次大地震中成功经受考验。

以增加结构阻尼为主的被动耗能减震理论与技术已趋于成熟，并已成功用于工程结构的抗震抗风控制中。

可以用于各类有抗震需要的建筑物和构筑物中，根据国内外的经验，隔震结构体系适用于下述工程的应用：

1）地震区的住宅、办公楼、学校教学楼、学校宿舍楼、剧院、旅馆、大商场等长年住人或有密集人群而要求确保地震时人们生命安全的建筑物。

2）地震区重要的生命线工程，需确保地震时不损坏以免导致严重次生灾害的建筑物。例如医院、急救中心、指挥中心、水厂、电厂、粮食加工厂、通信中心、交通枢纽、机场。

3）地震区较为重要的建筑物，需确保地震时不损坏以免导致严重经济、政治、社会影响的建筑物。例如，重要历史性建筑、博物馆、重要纪念性建筑物、文物或档案馆、重要图书资料馆、法院、监狱、危险品仓库、有核辐射装置的建筑物等。

4）内部有重要设备仪器设备，需确保地震时不损坏的建筑物。例如，计算机中心、精密仪器中心、试验中心、检测中心等。

5）重要历史文物、重要艺术珍品，以及需确保地震中得到保护的各种珍贵物品等的局部隔震。

6）重要设备、仪器、雷达站、天文台等需确保地震中受到保护的各种重要装备或构筑物的局部隔震。

7）建筑物、构筑物内部需特别进行局部保护的楼层，可设局部隔震区。

8）已有的建筑物、构筑物或设备、仪器、设施等不符合抗震要求者，可采用隔震技术进行隔震加固改良，使其能确保在强震中的安全。

常用的隔震器有叠层橡胶支座、螺旋弹簧支座、摩擦滑移支座等。目前国内外应用最广泛的是叠层橡胶支座，它又可分为普通橡胶支座、铅芯橡胶支座、高阻尼橡胶支座等。

（二）主动控制

需要外部能源输入提供控制力，控制过程依赖于结构反应和外界干扰信息的控制方法。当结构受到地震作用或风荷载的激励作用，瞬时利用外部能源（计算机或智能材料）施加控制力或瞬时改变结构的动力特性，以迅速衰减和控制结构振动反应的一种技术。主动控制系统由传感器、运算器和驱动设备等三部分组成。传感器用来监测外部激励或结构响应，计算机根据选择的控制算法处理检测的信息及计算所需的控制力，驱动设备根据计算机的指令产生需要的控制力。主动控制是将现代控制理论和自动控制技术应用于结构控制的高新技术。

结构减震的主动控制具有很广的适应范围，控制效果好，已进行了大量的理论研究，并已在少数试点工程中应用，但控制系统结构复杂，造价昂贵，所需的巨大能源在强烈地震时无法完全保证，因此，其推广应用遇到较大困难。

（三）半主动控制

不需要很大外部能源输入提供控制力，控制过程依赖于结构反应和外界干扰信息的控制方法。半主动控制系统根据结构的响应和（或）外激励的反馈信息实时地调整结构参数，使结构的响应减小到最优状态。

半主动控制系统结合了主动控制系统与被动控制系统的优点，既具有被动控制的可靠性又具有主动控制的强适应性，通过一定的控制率可以达到主动控制的效果，而且构造简单，所需能量小，不会使结构系统发生不稳定，是一种具有前景的技术。

（四）智能控制

采用智能控制算法和采用智能驱动或智能阻尼装置为标志的控制方式。

采用智能控制算法为标志的智能控制，它与主动控制的差别主要表现在不需要精确的结构模型，采用智能控制算法确定输入或输出反馈与控制增益的关系，而控制力还是需要很大外部能量输入下的作动器来实现；采用智能驱动材料和器件为标志的智能控制，它的控制原理与主动控制基本相同，只是实施控制力的作动器是智能材料制作的智能驱动器或智能阻尼器。

（五）混合控制

结构混合控制是指在一个结构上同时采用被动控制方式和主动控制相结合的控制方法。被动控制简单可靠，不需外部能源，经济易行，但控制范围及控制效果受到限制；主动控制的减震效果明显，控制目标明确，但需要外部能源，系统设置要求较高。把两种系统混合使用，取长补短，可达到更加合理、安全、经济的目的。

合理选取控制技术的较优组合，吸取各控制技术的优点，避免其缺点，可形成较为成熟而先进有效的组合控制技术，但其本质上仍是一种完全主动控制技术，仍需外界输入较多能量。

近年来，智能驱动材料制作装置的研究和发展为土木工程结构的抗震控制开辟了新的天地，将为土木工程结构减震控制的第二代高性能耗能器和主动控制驱动器的研制和开发提供基础，从而使结构与其感知、驱动和执行部件一体化的减震控制智能系统设计成为可能。

第八章　风灾及防风减灾对策

第一节　概　述

　　风是大气层中空气的运动。由于地球表面不同地区的大气层吸收太阳的能量不同，造成了各地空气温度的差异，从而产生气压差，气压差驱动空气从高气压的地方向低气压的地方流动，这就形成了风。风灾是自然灾害的主要灾种之一，强风和地震一样，目前人类尚无能力将之消除。我国是世界上受风灾影响最大的国家之一。据统计，靠近我国的西太平洋，年均生成台风约28个，其中影响我国的约20个，而在我国登陆的约7个。

　　一、基本概念

　　（一）热带气旋

　　热带气旋是在热带洋面上生成发展的低气压系统，是在洋面上强烈发展起来的气旋性涡旋。气旋中有几股气流卷入，并绕着气旋中心逆时针方向旋转，这个中心称为"眼"。热带气旋的强度是根据"眼"周围风力大小来确定的。南半球的热带气旋中气流的旋转方向与北半球的正好相反。

　　（二）台风

　　台风是强烈的热带气旋，是发生在热带海洋上的强烈天气系统，它像在流动江河中前进的涡旋一样，一边绕自己的中心急速旋转，一边随周围大气向前移动。在北半球热带气旋中的气流绕中心呈逆时针方向旋转，在南半球则相反。愈靠近热带气旋中心，气压愈低，风力愈大。但发展强烈的热带气旋，如台风，其中心却是一片风平浪静的晴空区，即台风眼（图8-1）。西北太平洋上热带气旋中心附近最大风力在12级或以上的

图 8-1　飓风"伊万"

称为台风，印度洋和大西洋上热带气旋中心附近最大风力在12级或以上的称为飓风。

　　（三）风暴潮

　　风暴潮是发生在近岸的一种严重海洋灾害。它是由强风或气压骤变等强烈的天气系统对海面作用导致水位急剧升降的现象，又称风暴增水或气象海啸，常给沿海一带带来危害。通常把风暴潮分为由台风引起的台风风暴潮和由温带气旋引起的温带风暴潮两大类。

　　台风风暴潮，多见于夏秋季节，其特点是来势猛，速度快，强度大，破坏力强。凡是有台风影响的海洋国家，沿海地区均有台风风暴潮发生。

　　温带风暴潮：是在北方冷空气与温带气旋相配合的天气形势下发生的，这时，海洋水体向岸边堆积，产生的风暴潮强度相当可观。多发生在春秋季节，夏季也时有发生，中纬

度海洋国家沿海各地常见到。

（四）雷暴大风

雷暴大风天气是强雷暴云的产物，强雷暴云，又称"强风暴云"，主要是指那些伴有大风、冰雹、龙卷风等灾害天气的雷暴。强风暴云体的前部是上升气流，后部是下沉气流。下沉的气流比周围空气冷。这种急速下沉的冷空气在云底就形成一个冷空气堆，气象上称"雷暴潮"，使气流迅速向四周散开。因此当强雷暴来临的瞬间，风向突变，风力猛增，往往由静风突然狂风大作，暴雨、冰雹俱下。这种雷暴大风，突发性强，持续时间甚短，一般风力达8～12级，所以有很大的破坏力。当强风暴云中伴有大冰雹和龙卷风时其破坏性更大。

（五）龙卷风

龙卷风是一种最猛烈的小尺度天气系统，是出现在强对流云内的活动范围小，时间过程短，但风力极强，且具有近垂直轴的强烈涡旋。它是自积雨云底伸展出来的到达地面的强烈旋转的漏斗状云体，是一种破坏力极强的小尺度风暴（图8-2、图8-3）。龙卷表现为从积雨云底部向下伸出的"象鼻子"一样的漏斗状云柱，有时可到达地面或水面，人们称为陆龙卷和水龙卷，有的只伸到半空中。

图 8-2　龙卷风直径小　　　　　图 8-3　龙卷风直径大

龙卷风的直径一般在几米到几百米之间，持续时间一般仅为几分钟到几十分钟。但是，其风极大，最大的可达到100～200m/s，且急速旋转。所以破坏力极大，可拔树倒屋，对生命财产破坏性很大。龙卷的移动路径多为直线，移速平均约15m/s，最快的可达到70m/s，移动距离一般为几百米到几公里。所以，龙卷风的破坏往往有沿一条线的特点。

龙卷风常产生在强烈的雷暴云中，这与雷暴云体内有强烈的上升气流和下沉气流有关，这种上下气流之间常形成涡旋运动，在合适的条件下，这种涡旋运动可以形成涡环，当这种涡环足够长时从雷暴云体内下垂时，就成为人们常见的"龙卷风"了。

形成龙卷风的气象条件是相当复杂的。目前，对龙卷风形成的理论研究尚处于探索阶段。

事实上，几乎世界上位于大洋西岸的所有国家和地区，无不受热带海洋气旋的影响，只不过不同的地区人们给它的名称不同罢了。在西北太平洋和南海一带的称台风，在大西洋、加勒比海、墨西哥湾以及东太平洋等地区的称飓风，在印度洋和孟加拉湾的称热带风暴，在澳大利亚的则称热带气旋。

二、风灾

当强风给人类正常生活、生产带来了损失与祸患时，称为风灾害，在我国造成风灾的天气系统首推台风和风暴潮。

（一）大风的分类

在气象学中，根据热带气旋的强度作了不同的分类。联合国世界气象组织曾经制定了一个热带气旋的国际统一分类标准：

1）中心最大风力在7级（<17.1m/s）的热带气旋叫做热带低压；

2）中心最大风力达8～9级（17.2～24.4m/s）的称作热带风暴；

3）中心最大风力在10～11级（24.5～32.6m/s）的称作强热带风暴；

4）中心最大风力>12级（>32.6m/s）的热带气旋称为台风或飓风。

（二）大风风力等级

平均风力达6级或以上（即风速10.8m/s以上），瞬时风力达8级或以上（风速大于17.8m/s），以及对生活、生产产生严重影响的风称为大风。大风除有时会造成少量人口伤亡、失踪外，主要破坏房屋、车辆、船舶、树木、农作物以及通信设施、电力设施等。

大风等级采用蒲福风力等级标准划分（表8-1）。

大风风力等级　　　　　　　　　　　　　　　　　　　　　表8-1

风力等级	风的名称	风速(m/s)	风速(km/h)	陆地状况	海面状况
0	无风	0～0.2	小于1	静，烟直上	平静如镜
1	软风	0.3～1.5	1～5	烟能表示风向，但风向标不能转动	微浪
2	软风	1.6～3.3	6～11	人面感觉有风，树叶有微响，风向标能转动	小浪
3	微风	3.4～5.4	12～19	树叶及微枝摆动不息，旗帜展开	小浪
4	和风	5.5～7.9	20～28	能吹起地面灰尘和纸张，树的小枝微动	轻浪
5	清劲风	8.0～10.7	29～38	有叶的小树枝摇摆，内陆水面有小波	中浪
6	强风	10.8～13.8	39～49	大树枝摆动，电线呼呼有声，举伞困难	大浪
7	疾风	13.9～17.1	50～61	全树摇动，迎风步行感觉不便	巨浪
8	大风	17.2～20.7	62～74	微枝折毁，人向前行感觉阻力甚大	猛浪
9	烈风	20.8～24.4	75～88	建筑物有损坏（烟囱顶部及层顶瓦片移动）	狂涛
10	狂风	24.5～28.4	89～102	陆上少见，见时可使树木拔起将建筑物严重损坏	狂涛
11	暴风	28.5～32.6	103～117	陆上很少，有则必有重大损毁	非凡现象
12	飓风	32.7～36.9	118～133	陆上绝少，其摧毁力极大	非凡现象
13	飓风	37.0～41.4	134～149	陆上绝少，其摧毁力极大	非凡现象
14	飓风	41.5～46.1	150～166	陆上绝少，其摧毁力极大	非凡现象
15	飓风	46.2～50.9	167～183	陆上绝少，其摧毁力极大	非凡现象
16	飓风	51.0～56.0	184～201	陆上绝少，其摧毁力极大	非凡现象
17	飓风	56.1～61.2	202～220	陆上绝少，其摧毁力极大	非凡现象

注：13～17级风只能根据仪器确定结果判定（据西北师范学院地理系，1984）。

按气象学的概念，风力根据强度共分为 12 级：

0 级称为无风，陆地上的特征是烟直上；

1 级称为软风，特征是烟能表示风向，树叶略有摇动；

2 级称为轻风，特征是人面感觉有风，树叶有微响，旗子开始飘动，高的草开始摇动；

3 级称为微风，特征是树叶及小枝摇动不息，旗子展开，高的草摇动不息；

4 级称为和风，特征是能吹起地面灰尘和纸张，树枝摇动，高的草呈波浪起伏。

5 级称为清劲风，特征是有叶的小树摇摆，内陆的水面有小波，高的草波浪起伏明显；

6 级称为强风，特征是大树枝摇动，电线呼呼有声，撑伞困难，高的草不时倾伏；

7 级称疾风，特征是整个树摇动，大树枝弯下来，迎风步行感觉不便；

8 级称为大风，可折毁小树枝，人迎风前行感觉阻力甚大；

9 级称为烈风，特征是草房遭受破坏，屋瓦被掀起，大树枝可折断；

10 级称为狂风，特征是树木可被吹倒，一般建筑物遭破坏；

11 级称为暴风，特征是大树可被吹倒，一般建筑物遭严重破坏；

12 级称为飓风，这种风力的大风在陆地少见，其摧毁力很大。

风灾灾害等级一般可划分为 3 级：

1）一般大风：相当于 6～8 级大风，主要破坏农作物，对工程设施一般不会造成破坏。

2）较强大风：相当于 9～11 级大风，除破坏农作物、林木外，对工程设施可造成不同程度的破坏。

3）特强大风：相当于 12 级和以上大风，除破坏农作物、林木外，对工程设施和船舶、车辆等可造成严重破坏，并严重威胁人员生命安全。

三、城市风

城市也能制造局地大风，以致造成灾害。因为城市粗糙的下垫面好比地形复杂的山区一般，街道中以及两幢大楼之间，就像山区中的风口，流线密集，风速加大，可以在本无大风的情况下制造出局地大风来。还有，据风洞试验，在一幢高层建筑物的周围也能出现大风区，即高楼前的涡流区和绕大楼两侧的角流区。这些地方风速都要比平地风速大 30% 左右。这是因为风速是随高度的升高而迅速增大的，当高空大风在高层建筑上部受阻而被迫急转直下时，也把高空大风的动量带了下来。如果高楼底层有风道（通楼后），则这个风道口处附近的风速可比平地风速大 2 倍左右。也就是说，当环境风速为 6m/s 时，这时风道附近就可达到 18m/s，也就是 8 级大风了。城市中因大风刮倒楼顶广告牌，掉下伤人的例子时常发生，其中不少是因建筑物造成的局地大风。国外因高楼被风刮倒伤人，投诉法院获巨额赔偿的事件也有过多起。

当然，城市高楼大厦对自然界的风是一个障碍，城市具有很好的防风作用，市内风速往往比空旷的郊区小。如北京城区的风速比郊区小 20%，上海减小 21%，广州减小 15%。

城市内建筑物的布局和街道走向不同，使市内风速的分布极为复杂。有风时，在顺风的街道风速可能很大，在狭窄的胡同和十字路口风速明显增加，而在垂直于风向的街道上，风速减小，减小的程度视风向与街道走向交角而不同。如以街道中心的风速为标准，在迎风面的人行道上，风速可能减小 10%，在背风的人行道上，又比迎风面小一半。

城市的风是非常复杂的。它既受城市热岛效应引起的局部环流的影响，又受城市下垫面对气流产生的特殊影响。城市风一般是由郊区吹向城区。

第二节　风灾的危害

就历史上的各种自然灾害而言，似乎风灾最不容易引起人们的惊惧和色变，而事实上，它的危害一点儿也不在水灾、震灾之下。据世界气象组织(WMO)报告，全球每年死于台风的人数为 2 万～3 万人，西太平洋沿岸国家平均每年因台风造成的经济损失约为 40 亿美元。我国东临西北太平洋，大气风暴灾害频度很高，是世界上发生台风最多的地区。我国每年平均有 8 次台风登陆，有的可深入内地 1500km。有的台风虽然没有登陆，但从近海地区移过，对沿海城市仍可造成重大影响。

据估测，一次台风的能量总是要若干颗在广岛投下的原子弹方能与之匹敌。进入 20 世纪以来，科学技术的发展逐渐增强了人们抵御自然灾害的意识和能力，但风灾带来的损害依然是巨大的。

一、强风的危害性

1) 强风有可能吹倒建筑物、高空设施，易造成人员伤亡。如：各类危旧住房、厂房、工棚、临时建筑(如围墙等)、在建工程、市政公用设施(如路灯等)、游乐设施，各类吊机、施工电梯、脚手架、电线杆、树木、广告牌、铁塔等倒塌，造成压死压伤。因此，在台风来临前，要及时转移到安全地带，避开以上容易造成伤亡的地点，千万不要在以上地方避风避雨(图 8-4)。2004 年 7 月的台风"云娜"登陆浙江(图 8-5)，造成 180 余人遇难，其中因房屋倒塌遇难的占到了 2/3，很多人是由于没有意识到"云娜"的危害并及时撤离，结果遭遇了不幸。

图 8-4　日本高知县海岸边的房屋被台风摧毁

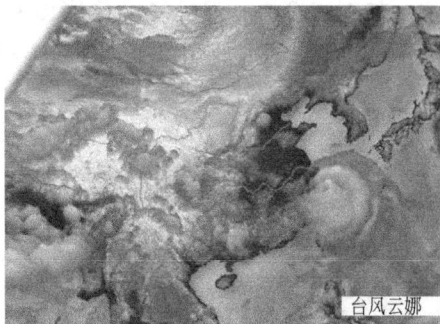

台风云娜

图 8-5　台风云娜

2) 强风会吹落高空物品，易造成砸伤砸死事故。如：阳台及屋顶上的花盆、空调室外机、雨棚、太阳能热水器、屋顶杂物，建筑工地上的零星物品、工具、建筑材料等容易被风吹落造成伤亡。因此，应固定好花盆等物品，建筑企业要整理堆放好建筑器材、工具、零星材料，以确保安全(图 8-6)。

3) 强风容易造成人员伤亡的其他情况。如：门窗玻璃、幕墙玻璃等被强风吹碎，玻璃飞溅打死打伤人员；行人在路上、桥上、水边被吹倒或吹落水中，被摔死摔伤或溺水；电线被风吹断，使行人触电伤亡；船只被风浪掀翻沉没，公路上行驶的车辆，特别是高速公路上的车辆被吹翻等造成伤亡(图8-7)。

图8-6　新奥尔良一酒店在
飓风袭击中损毁

图8-7　日本广岛，一棵被台风刮倒
的大树砸毁了一辆汽车

4) 大风袭来可能会毁坏城市市政设施、通信设施和交通设施，造成停电、断水及交通中断等情况。

5) 大风还引发风暴增水，沿海沿江潮水位抬高，出现大波大浪，导致海水江水倒灌，危及大堤和堤内人员设施的安全。如果出现天文大潮、台风、暴雨三碰头，则破坏性更大，上游洪水来势猛，下游潮水顶托行洪不畅，风大潮高波壅浪凶，极易引起船只相互碰撞受损，甚至沉没，严重时风浪可能掀断缆绳，致使船只随波逐流，极易撞毁桥梁、码头、海堤、江堤，造成恶性事故(图8-8、图8-9)。

图8-8　台风引发海上巨浪

图8-9　2004年7月5日，受台风"蒲公英"袭击台湾高雄一座桥梁被洪水冲毁

风暴潮使海水向海岸方向强力堆积，潮位猛涨，水浪排山倒海般向海岸压去。强台风

的风暴潮能使海水位上升5~6m。风暴潮与天文大潮高潮位相遇，产生高频率的潮位，导致潮水漫溢，海堤溃决冲毁房屋和各类建筑设施，淹没城镇和农田，造成大量人员伤亡和财产损失。风暴潮还会造成海岸侵蚀，海水倒灌造成土地盐渍化等灾害。

6）大风还会引起沙尘暴（图8-10）。2004年3月27日内蒙锡林郭勒盟地区出现一次范围广、强度大、持续时间长的沙尘天气，漫天黄沙持续数天。

图8-10　沙尘暴

二、风灾实例

我国历史上最早的台风记录是北宋初期在泉州登陆的一次台风，它使晋江、泉州、惠安、仙游、莆田等地遭受灾害。

20世纪以来10场大风灾造成的损失，从统计数字看比任何灾难都更让人惊心动魄。

1900年9月8日，加勒比海一股强大飓风在美国得克萨斯州的加尔维斯顿登陆，海啸卷起巨浪扑入市区，全城淹没于海涛之中，5000多居民在睡梦中都被淹死。

1922年8月2日，太平洋台风在中国广东汕头登陆，3日凌晨风力已达12级，海水陡涨3.6m，沿海150km堤防悉数溃决，汕头城内水深超过3m，共死亡7万人。

1945年9月15日，美国迈阿密市遭遇的大风风速达88m/s（相当于18级大风），里奇蒙空军基地3座机库连同368架飞机和25艘飞艇一时间化为乌有。

1970年11月12日，特大旋风席卷孟加拉国，风力达15级左右，此时正值潮汐高潮时刻，6m高的水墙推向陆地。这场20世纪造成损失最大的台风，淹没了孟加拉国18%的国土，使470万人受灾，30万人死亡。

1973年9月14日，台风在中国海南琼海县登陆，登陆中心风力有17~18级，狂风席卷了10余个县，橡胶树断倒率为60%，共倒房15万幢，900多人丧生，琼海县城被毁。

1977年11月19日，孟加拉湾偏西热带气旋袭击了印度的安德拉邦，47.5万幢房屋化为瓦砾，300万人无家可归，死亡者达5万人。

1988年9月10日，名为"吉尔伯特"的飓风在西大西洋形成，9天之内便刮遍了牙买加、海地、多米尼加、洪都拉斯、墨西哥和美国等国家的沿海地区，所到之处只留下片片废墟，全部损失达100亿美元，死亡逾千人。

1983年4月23日下午，湖南省湘阴县响岭上空，一股乌云向下旋成漏斗状插入湘江，拔起一棵古樟，龙卷风东行13.6km，将吸起的湘江水吐在橘园内。龙卷风所经路线上的房屋、树木均被毁，人、畜、塘鱼纷纷上天，高17m，有11层的永安古塔被削去8层，仅仅半个小时，伤亡即逾千人。

1986年2月5日，龙卷风横扫美国休斯敦洲际机场，风止后，这个每年吞纳旅客1100万人的世界第19大航空港内机骸遍地，共有300架飞机被毁。

1990年第十二号台风，从8月20日至22日，前后三次登陆福建，使福建全省连降暴雨，沿海一带泛滥成灾，全省各大小河流都超过警戒水位和危险水位，大中小型水库全部溢洪，造成全省13.3万km²农田被淹，9000多处水利工程被洪水冲毁，5000多间民房在暴雨中倒塌，44人在风灾水灾中死亡，受灾人口达400多万，直接经济损失5亿元以上。

1991年4月29日夜，时速240km的台风席卷孟加拉国南部沿海，海浪高达6m，吉大港附近沿岸地区和20多个岛屿被狂涛吞没。

1995年6月26日晚，中原重镇郑州风云突变，9级大风夹着沙土、碎石、枝叶劈头盖脸从天而降，能见度只有十几米远，脸盆粗细的大树在风的怒吼声中不停摇晃，被树砸断的高压线发出刺眼的白光，狂风过处，一块块巨幅广告牌纷纷从楼顶上刮落坠地。这场大风以每小时120km的速度自北向南呼啸而过，晚11时消失在驻马店地区。郑州市区测得最大风力有10级，虽未裹雷挟雨，但给人们留下了难忘的惊惧和警示。

2004年11月和12月登陆菲律宾的4次台风共影响到吕宋岛的近60万个家庭中的300多万人，死亡939人，受伤752人，还有837人失踪。连续的台风还造成3200多座房屋被毁和近万座房屋部分被毁，酿成农业、渔业和基础设施方面的经济损失逾4万亿比索（约合714亿美元）。

2004年8月，当年第14号台风"云娜"造成浙江省50县(市)，共639个乡(镇)受灾，受灾人数859万人，63人死亡、15人失踪，1800多人受伤(其中重伤185人)。被困村庄302个，灾害造成4.24万间房屋倒塌，8.8万间房屋损坏。农作物受灾面积达27.137万hm²，成灾面积14.42万hm²。造成3.1万头大牲畜死亡，损失水产面积28.4万hm²，损失水产14.15万t。502条公路中断，毁坏路基505km。

从特大风灾统计上看，中国显然是风灾多发地之一，而且风灾并不仅限于东南沿海。

第三节　风灾对建筑工程的影响

风灾影响最大的是高层建筑和高耸结构。由于高层建筑和高耸结构的主要特点是高度较高和水平方向的刚度较小，因此水平风荷载会引起较大的结构反应，自然界的风可分为异常风和良态的风，例如龙卷风，称为异常风，不属异常风的则称为良态风，我们主要讨论良态风作用下的结构抗风分析内容。

一、风对建筑工程作用的特点：

1) 作用于建筑物上的风包含有平均风和脉动风，其中脉动风会引起结构物的顺风向振动，这种形式的振动在一般工程结构中都要考虑。

2) 风对建筑物的作用与建筑物的外形直接有关。如结构物背后的旋涡引起结构物的横风向(与风向垂直)的振动，烟囱、高层建筑等一些自立式细长柱体结构物，都不可忽视这种形式的振动。

3) 风对建筑物的作用受周围环境影响较大，位于建筑群中的建筑有时会出现更不利的风力作用，即由别的建筑物尾流中的气流引起的振动。

4) 风力作用在建筑物上分布很不均匀，在角区和立面内收区域会产生较大的风力。

5) 相对于地震来说，风力作用持续时间较长，往往达到几十分钟甚至几个小时。

二、风对建筑工程作用的结果

风对建筑工程的作用，会产生以下结果：

1) 使建筑物或结构构件受到过大的风力或不稳定；

2) 风力使建筑物开裂或留下较大的残余变形，塔椼、烟囱等高耸结构还可能被风吹倒或吹坏；

    3）使建筑物或结构构件产生过大的挠度或变形，引起外墙、外装修材料的损坏；

    4）由反复的风振动作用，引起结构或结构构件的疲劳损坏；

    5）气动弹性的不稳定，致使结构物在风运动中产生加剧的气动力；

    6）由于过大的振动，使建筑物的居住者或有关人员产生不舒适感。

三、一些建筑工程的风灾实例

（一）高层建筑

1926 年的一次大风使得美国一座叫迈耶—凯泽（Meyer—Kiser）的 10 多层大楼的钢框架发生塑性变形，造成围护结构严重破坏，大楼在风暴中严重摇晃。1971 年 9 月竣工的美国波士顿汉考克大楼，高 60 层，241m，自 1972 年夏天至 1973 年的 1 月，由于大风的作用，大约有 16 块窗玻璃破碎，49 块严重损坏，100 块开裂，后来不得不更换了所有的 10348 块玻璃，价值 700 万美元以上，超过了原玻璃的价值，同时，还采取了其他措施，增加了造价。最终，该建筑的使用不仅耽误了三年半，而且造价从预算的 7500 万美元上升到了 15800 万美元。另外，纽约一幢 55 层的塔楼建筑，在东北大风作用下产生摆动，使人不能在顶部几层的写字台上进行书写，建筑物的风动使人产生了不舒适感。

（二）高耸结构

高耸结构主要涉及一些桅杆和电视塔，其中桅杆结构更容易遭受风灾害。桅杆结构具有经济实用和美观的特点，但它的刚度小，在风载下便产生较大幅度的振动，从而容易导致桅杆的疲劳或破坏，且结构安全可靠度较差。近 50 年来，世界范围内发生了数十起桅杆倒塌事故。例如 1955 年 11 月，捷克一桅杆在风速达 30 m/s 时因失稳而破坏；1963 年，英国约克郡高 386m 的钢管电视桅杆被风吹到；1985 年，前联邦德国贝尔斯坦一座高 298m 的无线电视桅杆受风倒塌；1988 年，美国密苏里州一座高 610m 的电视桅杆受阵风倒塌，造成 3 人死亡。

（三）桥梁结构

因风而遭毁坏的桥梁工程可追溯到 1818 年，苏格兰德赖堡阿比（Dryburgh Abbey）桥首先因风的作用而遭到毁坏。1940 年，美国华盛顿州塔科马（Tacoma）海峡建造的塔科马悬索桥，主跨 853m，建好不到 4 个月就在一场风速不到 20m/s 的灾害下，产生上下和来回扭曲振动而倒塌（图 8-11）。

图 8-11　塔科马大桥垮塌

1818～1940 年，据统计相继有 11 座桥因风的作用而受到不同程度的破坏。近年来，随着大跨度桥梁的建设，桥梁的风灾害也时有发生，如我国广东南海公路斜拉桥施工中吊机被大风吹倒，砸坏主梁。

第四节　防风减灾对策

造成风灾损失最严重的是，台风、风暴潮和龙卷风，在我国发生频率最高的是台风。

全球大洋平均每年约有 80 个热带气旋生成，其中 2/3 左右都达到了台风（或飓风）的强度。西北太平洋是全球台风发生频率最高、强度最大的海域。目前人类尚无能力消除风灾。虽然有人提出各种设想，甚至还有人就此提出过专利申请，但无论在理论上还是实际技术手段上，都难以奏效，能够做到的只是尽量使风灾的损失降到最低。当然，随着人类科学技术的进步，虽说今天风灾确实猛于虎，但人类既然可以驯虎，也总有能力防风。

一、国外对风灾的研究设想

美国科学家正在研究和试验"击退"飓风的方法，其形式可谓五花八门，但目前，这项研究即使在科学界内部也存在很大争议。曾提出的设想大概有以下几种：

（一）空中撒下"消云"粉

美国佛罗里达州的达因奥马特公司曾计划举行一次抗飓风试验。计划中，该公司将出动 9 架大型飞机，每架飞机装载 6000～10000 公斤该公司研制的"消云"化学粉末，以"消灭"飓风。该公司负责人彼得·科尔达尼说，这种特殊的化学粉末含有一种聚合物，一旦被喷撒到湿润的浮云中，粉末将与水汽结合并冷凝，然后安全地降到地面，达到有效地吸收云层水汽的目的，把飓风消灭在"摇篮之中"。

（二）海面铺上植物油

除了目前进行的针对已经形成的飓风而采取的播撒特殊化学粉末的研究和试验外，美国马萨诸塞理工学院的研究人员也在进行通过改变局部天气状况从根本上消灭飓风源头的研究。美国大气与环境气象学家霍夫曼的想法是，人为地在关键地点制造"蝴蝶效应"，如通过改变温度或湿度，达到改变其他地区天气的目的。他说，小的变化可以引发大的变化，如形成风暴。因此，如果人类能准确地预测风暴正在生成，那么反过来就能巧妙地利用"蝴蝶效应"避免风暴的进一步发展。

根据这一理论，马萨诸塞理工学院的研究者们提出在海平面"铺"一层薄薄的植物油，以阻止海水与空气的"交流"，减少海水蒸发，从根本上减缓飓风的生成。也有研究人员提议在人空中安装几面巨大的反光镜，将太阳光进行"再分配"，以此对全球天气状况进行调节。

（三）改造天气：一个有争议的话题

"击退"飓风，不过是人类改造天气梦想的延续。自有文明史以来，人类一直试图有意识地改变天气，以造福生产和生活。直至今日，许多民族仍保有对天祈雨的古老祭祀仪式。随着科学的发展，人们更多地以科学的态度探求天气的变化规律，并尝试以科学的方式来改变天气。半个世纪前，美国、俄罗斯等国家就开始试验用碘化银在特定区域内"播云"，帮助增加降水。在美国对越战争期间，美国人甚至希望通过"播云"影响天气，淹没、冲垮一些关键的军事通道。但到了 20 世纪 70 年代，美国人基本上放弃了改变天气的想法，因为一批著名科学家研究认为，这是一件不可能做到的事情，至少无法证明它是否取得了成功。当时主张停止改变天气研究的美国飓风研究专家休·威洛比说，关键问题在于，通过"播云"或其他手段改变天气总是在自然情况下发生的，不可能把人力和"天算"清楚地区分开来。

（四）人工的方式破坏台风

有科学家曾设想用人工的方式破坏台风，例如"炸毁"；还有人提出在陆地向海上的台风中心发射强大的磁力波以使其在登陆前便瓦解。但是这些想法还无法付诸实践，因为台风的能量实在太大了。

但也有一些科学家却认为，现在是重新开始该研究的时候了，因为即便现在"击退"飓风的希望仍很渺茫，人类设法改变天气的努力其实已初显成效。美国北达科他州和加拿大艾伯塔省多次采用"播云"技术减少了雹灾的危害。美国佛罗里达州、得克萨斯州和俄罗斯的莫斯科则使用这一技术成功地增加了降水。美国犹他大学的研究人员也表示，他们成功地使用这一技术驱除了一些民用和军用机场附近的大雾。

不过，在当前天气预报还不是非常准确的情况下，没有人敢保证天气的变化到底是人为改变的还是老天本身突然"变了脸"。一些对改变天气研究持怀疑态度的科学家坚持认为，有关改变像飓风一类强天气现象的研究现在仍然是冒险和徒劳的。

二、目前可行的防风减灾对策

风灾作为一种严重的自然灾害，历来是我国防灾工作中的重要防范内容。近些年来，除了防台风外，防沙尘暴、防城市风灾等，也被人们逐渐重视。

（一）种植防风林带

经过50年的不断建设，在台风多发的沿海地区和沙尘暴多发的三北（西北、东北、华北）地区种植防风林带，目前已取得较好成效。防风林的作用大致如下：

1. 防止风害

植物群落降低风速、减小风暴潮的作用，已经被广泛应用于与风害作斗争。植物群落降低风速的程度，主要决定于群落的高度、分层和郁闭度（森林中乔木树冠彼此相接，遮蔽地面的程度）等条件。森林群落防风的作用最大。一般说，防护林所防护的范围约相当于林高的25倍（图8-12）。假如林带高10m，则其防风范围可以扩展到林带背风面的250m范围内。在较为郁闭的林带背风面，风速约可降低80%，然后随着距离拉长，风速又逐渐恢复。因此，在风害较严重的地区，有必要在一定距离内设置几道防风林带。林带防风主要是一种机械的阻挡作用，因此，防风效能以林带方向与风向垂直时为最大。

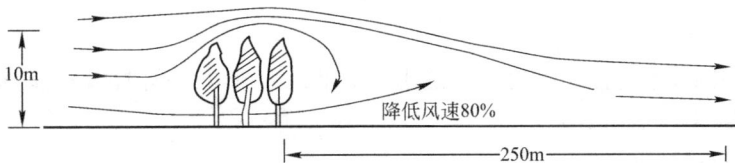

图8-12 防风林防护范围与林高的关系

由于林带的存在而降低风速，还可以带来下列好处：减弱水分蒸发，增加土壤湿度，增加积雪，减弱土壤的风蚀，减弱空气湿度的变化，等等。这样，就改善了被防护范围内综合的环境条件。

2. 调节水分小循环

大面积的森林群落对于一个地区的水分循环具有很显著的作用。降落到森林上的雨水，被各层植物体截留和吸收了一部分，被土壤和地表枯枝落叶物又吸收了一部分，大部分雨水成为地面径流和地下潜流向外排除。由于群落的阻挡，地面径流的雨水流势减缓，减少了对表土的冲刷；而地下潜流则源源不断地流入江河。这样，就很好地调节了江河流水，既有充沛水源，又能均匀供水，防止了江河的暴涨暴落。

3. 固沙保土

在流沙活动的地区，利用植被固定流沙是一项根本性的治理办法。采用乔、灌、草结合，"前挡后拉"、"逐步推进"的方法，既可以固定流沙，减少水土流失，又达到了充分利用土地的目的。

4. 大气生物净化

据研究报道：每公斤柳杉林叶子(干重)每月可吸收二氧化硫 3g；一般阔叶林在生长季节中，每天每公顷能生产氧气 700kg，吸收二氧化碳 1t 左右。风灾危害大的地区，建造沿海防风林带和农田林网不仅可减少风灾对生命和财产的危害，而且可以减少春秋冷空气对作物的危害，此外，还能够供氧、净化大气、调节气候、减少噪声、人体保健和防火等。

5. 增加效益

防护林本身也可以通过树种选择而获得可观的经济效益，林网建设结合道路、水利建设还可起到巩固路基、改善景观的效果。

防护林工程的建成，为减少灾害损失，起到了十分重要的作用。

(二) 设置挡风墙

防风墙是用于阻挡风沙的构筑物，按材料和做法不同防风墙有五种。

1. 对拉式防风墙

此类防风墙是最坚固的一种，它是由混凝土浇筑的预制块，厚度为 1.5m，中间是沙加石，用水泥抹缝搭砌而成，从路基算起高为 3m。它的主要作用是起到了防止刮大风的时候产生的车底兜风致使行驶的列车出现掉道，它的最大防风级别在 10 级以上。

2. 承插式防风墙

承插式防风墙主要的构成材料是 X—69 型旧灰枕，厚度只有不到 20cm，主要是放置在风力不是很大的地方，它的搭砌是在两块预制板中间(相隔十数米左右)依次插入构成，旧灰枕中间用钢丝穿插。它的作用和对拉式防风墙作用是一样的，只是在不同的风力地段而已。

3. 土堤式防风墙

此类防风墙的样子有点像河堤，也是用黄土堆砌而成，只不过河堤是防水，土堤是用来防风的，主要用在西北风沙区。

4. 站区筑板式防风墙

站区筑板式防风墙顾名思义就是在列车停车的站点专门设计的防风墙类型，它的主要构成材料是混凝土浇筑的预制板，厚度 15cm 左右，高度 2.5m 左右，因为在站点停站的列车很少会因为车底兜风将列车刮掉道，只有在行车的过程中会出现上述情况，所以站点上的防风墙不太厚。

5. 桥梁纯钢板式防风墙

它是特殊形式，因为，在西北百里风区这一段铁道线上桥不是很多，因为桥梁承重的原因，所以不能筑建以上几种防风墙。它主要是焊接树立在桥基两侧，由纯钢板构成，高度在 2.5～3m 之间。它的主要作用也是起到了防止刮大风的时候产生的车底兜风致使行驶的列车出现脱轨。防风原理和以上各种防风墙一样。

(三) 防止风暴潮袭击

台风带来的风暴潮、高强度降雨，极易造成海堤溃决、水库失事，酿成大灾。必须加强海堤、水库和闸涵的除险加固和建设。国家对重点海堤建设已经制定了明确的目标，即 2003 年能够防御 20～50 年一遇的风暴潮，2010 年达到防御 50～100 年一遇风暴潮加 12 级台风标准。在提高标准的同时，目前一些经济发达地区更加重视海堤的坚固性，把"冲而不破，漫而不溃"作为海堤建设的重要指标，以求达到减免灾害损失的目的，这是当前海堤建设的一个新趋势。我国沿海现已建成海堤总长约 13500km，建成各种类型水库 26000 余座。

（四）减小风灾对居住环境的损毁

风灾直接对环境的作用主要有以下三种情况：

1）台风是一个巨大的能量库，其风速都在 17m/s 以上，甚至在 60m/s 以上。据测，当风力达到 12 级时，垂直于风向平面上每平方米风压可达 230kg。而且风力与风速的平方成正比，一个以 100m/s 速度行进的台风，每平方米建筑物承受的风压达 2.5t。在如此强大风力的作用下，具有可怕的摧毁力强风会掀翻万吨巨轮，使地面建筑物和通信设施遭受严重损失。海上船只很容易被吞没而沉入海底；陆上建筑物也会横遭摧毁，从而引起人员伤亡。由于世界上沿海地区大都是经济发达地区和人口集中地区，台风造成的经济财产损失十分严重。

2）龙卷风的袭击突然而猛烈，产生的风是地面上最强的。在美国，龙卷风每年造成的死亡人数仅次于雷电。它对建筑的破坏也相当严重，经常是毁灭性的。在强烈龙卷风的袭击下，房子屋顶会像滑翔翼般飞起来。一旦屋顶被卷走后，房子的其他部分也会跟着崩解。1995 年在美国俄克拉荷马州荷得莫尔市发生的一场陆龙卷，诸如屋顶之类的重物被吹出几十英里之远，较轻的碎片则飞到 300 多公里外才落地，大多数碎片落在陆龙卷通道的左侧，按重量不等常常有很明确的降落地带。

3）城市街道中由于道路两旁的建筑物高低错落，悬殊很大，形成了一定规模的街道峡谷区，易产生街道风。街道如果设计得不合理，就会出现乱流涡旋风和升降气流，严重的就会出现风害——街道风暴。人们切身感受到的便是高层建筑群产生的"小区风"和"高楼风"。当大风经过高层建筑时，风力场会产生偏移和振动，造成大楼主体结构开裂。大风吹过楼后，会在其后形成涡流区，在地面造成强大的旋风，会把人刮倒致死。另一个对人民生命财产影响明显的情况是，几乎没有什么高层建筑不被广告牌光顾，这些非建筑物本身设施的商业性附加物，往往会因其牢固性不强而成为风灾发生时的第一杀手。

分析风灾危害时发现：水、火、电，危险建筑物倒塌和高空坠物，是风灾致人死亡的三大诱因。所以，减小风灾应从多方面入手。

1）提高对水灾、火灾、雷电的防御能力，制定切实可行的措施。

2）在风灾影响大的地区，建筑物、构筑物应有特殊加固措施，以防止倒塌和破坏。目前体育建筑、桥梁和高层建筑等大型结构空前的建造规模为严重的风灾留下了伏笔。各国学者正在对大跨空间结构风荷载和风致振动的基础问题开展研究，建立了大跨空间结构风荷载试验和响应分析系统。正在研究的还有，强风和暴雨共同作用下大型结构的风荷载和响应问题。这可能为结构抗风研究开辟了一个新的重要研究方向。

3）因为城市中街道风速与风向和街道构成的角度相关，所以比较现实的对策是，城市规划中的街道走向设计应考虑各种不同风速下的风向，尤其现代城市高层建筑群崛起，风对之有影响，而高楼对风也有影响，所以，广告牌、灯塔、路灯杆的风载设计不可等闲视之。

如何避免街道风暴的发生，科学地运用的数值模拟技术，为设计规划部门提供了快速、准确的定量评估，为城市整体规划和局部设计提供决策的依据。

第五节　建筑工程防风减灾措施

一、合理的建筑体型

（一）流线型平面

建筑物采用圆形或椭圆形等流线型的平面，有利于减少作用于结构上的风荷载。圆柱形楼房，垂直于风向的表面积最小，表面风压比矩形棱柱体楼房要小得多，例如，法国巴黎的法兰西大厦是一幢采用椭圆形平面的高楼，其风荷载数值比矩形平面高楼约减少27%。因此，有些规范规定，圆柱形高楼的风荷载，可以比同一尺度矩形棱柱体高楼的常用值减少 20%～40%。结构的风振加速度自然也随之减小。

采用三角形或矩形平面的高楼，转角处设计成圆角或切角，可以减少转角处的风压集中。例如，日本东京的新宿住友大厦和中国香港的新鸿基中心就是采用这种手法(图 8-13)。

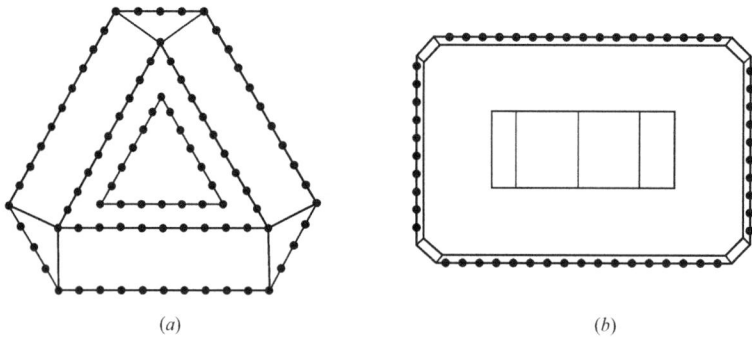

图 8-13　减小风振的体型

(a)日本东京新宿住友大厦；(b)中国香港新鸿基中心

（二）截锥状体型

高楼若采用上小下大的截锥状体型，由于顶部尺寸变小，减少了楼房上部较大数值的风荷载，并减小了风荷载引起的倾覆力矩。此外，由于外柱倾斜，抗推刚度增大，在水平荷载作用下将产生反向水平分力，能使高楼侧移值减少 10%～50%，从而使风振时的振幅和加速度得以较大幅度地减小。

计算分析结果指出，一幢 40 层的高楼，当采用立面的倾斜度为 8% 的角锥体时，其侧移值将比采用棱柱体时约可减少 50%。

（三）高宽比不大

房屋高宽比是衡量一幢高楼抗侧刚度和侧移控制的一个主要指标。

美国纽约的 110 层世界贸易中心大厦，高 412m，主体结构采用刚度很大的钢框筒，为了控制大风作用下的侧移和加速度，除各层楼板处安装粘弹性阻尼减震器之外，房屋的高宽比为 H/B=412/63.5=6.51，即控制在 6 左右。我国沿海台风区的风压值高于纽约，为使高楼的风振加速度控制在允许范围以内，房屋的高宽比应该再适当减小一些。

（四）透空层

高楼在风力作用下，迎风面产生正压力，背风面产生负压力，使高楼受到很大的水平荷载。如果利用高楼的设备层或者结合大楼"中庭"采光的需要，在高楼中部局部开洞或形成透空层，那么，在迎风面堆积的气流就可以从洞口或透空层排出，减小压力差，也就减少了因风速变化而引起的高楼振动加速度（图 8-14）。

（五）并联高楼群

目前建造的高楼，都是一座座独立的悬臂式结构，如果在某一新开发区，把拟建的多幢高楼，在顶部采用大跨度立体桁架（用作高架楼房）联为一体，在结构上形成多跨刚架（图 8-15），就可以大大减小高楼顶部的侧移，也就大大减少了高楼顶部的风振加速度。据粗算，若就单跨刚架而论，在水平力作用下，其顶点侧移值仅为独立悬臂结构的 1/4 左右。

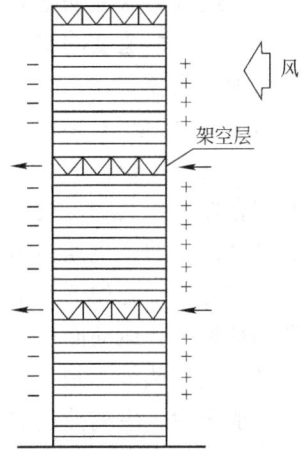

图 8-14　减小风振的透空层

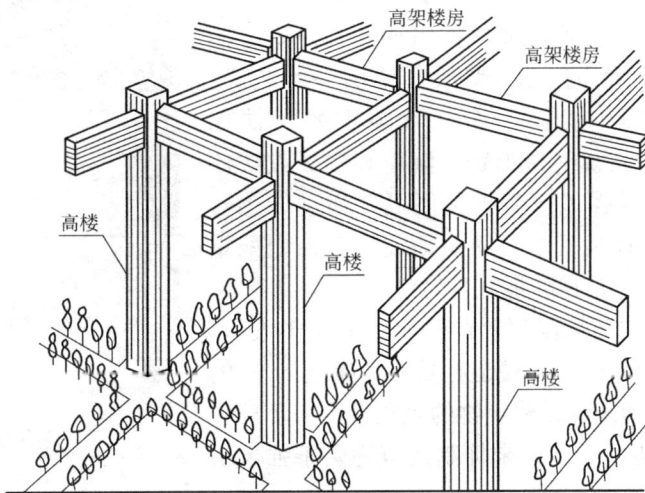

图 8-15　设想的空中城市的并联高楼

此种"并联高楼群"方案在城市规划方面也是可取的。这种建筑方式构成了"空中城市"，使部分建筑由地面移向高空，增大了城市空间和绿化面积，城市交通也得到分流，减少了地面交通量。

二、采用控制装置

由于科技的进步，高层建筑和高耸结构正向着日益增高和高强轻质的方向发展。结构的刚度和阻尼不断地下降，结构在风载荷作用下的摆动也在加大。这样，就会直接影响到高层建筑和高耸结构的正常使用，使得结构刚度和舒适度的要求越来越难满足，甚至有时威胁到建筑物的安全。

传统的建筑工程抗风对策是通过增强结构自身刚度和抗侧力能力来抵抗风荷载作用的，这是一种消极、不经济的方法。近 30 多年来发展起来的结构振动控制技术开辟了建筑抗风设计的新途径。结构振动控制技术就是在结构上附设控制构件和控制装置，在结构振动时通过被动或主动地施加控制力来减小或抑制结构的动力反应，以满足结构的安全性、使用性和舒适度的要求。结构振动控制是传统抗风对策的突破与发展，是结构抗风的新方法和新途径。

自从20世纪70年代初提出工程结构控制概念以来，结构振动控制理论、方法及其实践越来越受到重视。从控制方式上结构振动控制可分为：被动控制、主动控制、半主动控制和混合控制。其中，被动控制无需外部能源的输入，其控制力是控制装置随结构一起运动而被动产生的；主动控制是有外加能源的控制，其控制力是控制装置按最优控制规律，由外加能源主动施加的；半主动控制一般为有少量外加能源的控制，其控制力虽也由控制装置随结构一起运动而被动产生，但在控制过程中控制机构能由外加能源主动调整本身参数，从而起到调节控制力的作用；而混合控制是主动控制和被动控制有机结合的控制方案。一般来说，主动控制的效果最好，但由于高层建筑和高耸结构本身体型巨大，主动控制所需外加能源很大，实际操作起来比较困难。半主动控制系统结合了被动控制的可靠性和主动控制的适应性，通过一定的控制就可以接近主动控制的效果，是一种极具前途的控制方法，也是目前国际控制领域研究的重点。

针对不同的振动控制技术，科研工作者们开发了多种形式的风振控制装置，如风振阻尼器。风阻尼器是高层建筑应对建筑物振动，吸收震波的一种装置。它是由吊装在楼体中上部一个几百吨重的大铁球（图8-16）通过传动装置经由弹簧、液压装置吸收楼体的振动。当建筑物因强风产生摇晃便可以通过传感器传至风阻尼器，此时风阻尼器的驱动装置会控制配重物的动作进而降低建筑物的摇晃程度。

在中国第一个安装风阻尼器的是台北的101大厦，台北的101大厦是在88～92楼层挂置一个重达680t的巨大钢球，利用摆动来减缓建筑物的晃幅。上海环球金融中心在90层安装了2台用来抑制建筑物由于强风引起摇晃的风阻尼器。

图8-16 阻尼器

通过引入风阻尼器，将能使强风时加在建筑物上的加速度（重力）降低40%左右。另外，风阻尼器也可以降低强震对建筑物，尤其是建筑物顶部的冲击。目前主要有主动调谐质量阻尼器（AMD）、被动控制阻尼器（TMD）、调频液体阻尼器（TLD）、混合质量阻尼器系统（HMD）等，这些控制装置的研制和应用证明了风振控制的可靠性。

（一）主动控制技术

主动控制装置通常由传感器、计算机、驱动设备三部分组成。传感器用来监测外部激励或结构响应，计算机根据选择的控制算法处理监测的信息及计算所需的控制力，驱动设备根据计算机的指令产生需要的控制力。建筑工程结构由于其独特性，不能直接运用经典的最佳控制方法。对于控制方式尤其是控制装置而言，现应用于土木工程结构中的主动控制系统有：主动调谐质量阻尼器（AMD）、主动拉索控制装置和主动挡风板。

世界上第一个在实际工程结构中安装AMD的建筑位于日本东京，是一幢11层的钢框架结构。由于它相对较柔（长12m，宽4m，高33m），在顶部安装了AMD系统以减小它的振动幅值，利用两个 AMD 系统来控制结构的响应。建成后，进行了强迫振动试验，获得了宝贵的地震及强台风观测资料。试验、地震响应数值分析及风振观测均表明控制效果很好。

1998 年我国兴建的南京电视塔高 340m，在设计风荷载的作用下，不能满足舒适度的要求，通过安装 AMD 装置使得观光平台的加速度反应得到控制。实际的结果表明，AMD 装置有效地减小了电视塔的风振反应，基本上满足了观光游客对舒适度的要求。

对于建筑工程结构来说，主动控制还处于开始试用阶段，特别是其经济因素和可靠性有待于接受更多的实践检验。但随着科技的进步、试验手段的更新，尤其是研究人员的广泛增加，相信会不断挖掘其优势，克服其不足，使主动控制在结构工程中的应用得到进一步发展。

（二）被动控制技术

主动控制效果较好，但需要从外部输入能量，像高耸结构这样的庞然大物用能量控制是非常不容易的，加上主动控制装置十分复杂，需要经常维护，经济上增添了额外的负担。同时计算方法和控制机构的灵敏度所带来的"时迟"效应，使它不可能与状态向量同步实现，必然要滞后于结构反应即存在"时迟"的影响，尽管采取了"校正"的办法，也未能很好地解决这个问题。另外，控制机构的可靠性还存在一些问题，往往使控制效果打了折扣。相比之下，无论从经济上还是技术上来看，主动控制用于实际工程目前还存在较大困难（美国、日本等国在个别工程中已将主动控制技术应用于实际工程），而被动控制装置诸如 TMD、阻尼器等，用于实际工程经验已趋于成熟。理论研究和实际经验已经相互证实：对不同的结构，如果能选择适当的被动控制装置及其相应的参数取值，往往可以使其控制效果与采用相应的主动控制效果等效。因此，目前采用被动控制作为主要手段是有效而且可行的。

美国纽约的原世界贸易中心大厦、西蒂柯布中心大楼、波士顿的汉考克大楼、匹兹堡的哥伦比亚中心大厦以及澳大利亚的一些高楼，均采用安装阻尼器的办法来减小高楼的风振加速度。

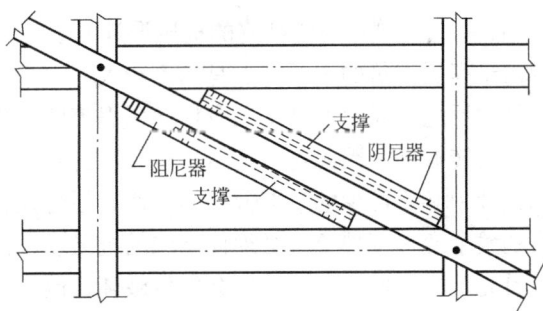

图 8-17　粘弹性阻尼器的布置

原纽约世界贸易中心大厦，是在与外柱毗连的各层楼盖桁架梁的下弦末端处，安装粘弹性阻尼装置（图 8-17）。当高楼在大风下发生振动时，减震器就发挥作用，把振动能转变为热能，通过外柱扩散于四周，从而减小该高楼的振动加速度。

（三）混合控制技术

混合控制就是主动控制和被动控制的结合。由于具备多种控制装置参与作用，混合控制能摆脱一些对主动控制和被动控制的限定，这样就能实现更好的控制效果。尽管它相对于完全主动结构更复杂，但是其效果比一个完全主动控制结构更可靠。现在，有越来越多的高层建筑和高耸结构采用混合控制来抑制动力反应。

（四）半主动控制技术

半主动控制第一次提出是在 20 世纪 20 年代，而在建筑工程领域的研究始于 20 世纪

80 年代，半主动控制系统结合了主动控制系统与被动控制系统的优点，既具有被动控制的可靠性又具有主动控制系统的强适应性，通过一定的控制规律可以达到主动控制的效果，而且构造简单，所需能量小，不会使结构系统发生不稳定。

三、反向变形

高楼在风荷载作用下基本上是按照结构基本振型的形态向一侧弯曲，顶点侧移最大。因而建筑物在风的动力作用下产生振动时，顶点的振幅和加速度也将是最大的。如果在高楼中设置一些竖向预应力钢丝束，当高楼在风力作用下向一侧弯曲时，传感器启动千斤顶控制器，对布置在高楼弯曲受拉一侧的钢筋束施加拉力，从而产生一个反向力矩 M_2。与风力弯矩 M_1 叠加后，使高楼结构下半部的弯矩值大大减少，并使结构的侧向变形由单弯型变成多弯型(图 8-18)。风荷载作用下结构顶点的侧移值减少了，结构顶点的振动幅值和振动加速度自然也就随之减少。

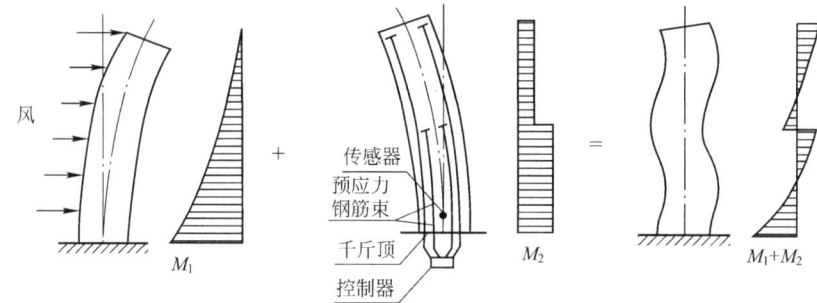

图 8-18　竖向预应力的反变形作用

四、高层建筑和高耸结构的抗风设计要求

由于高层建筑的主要特点是高度较大和水平方向刚度较小，因此水平风荷载会引起较大的结构反应。风速的脉动以及横向风涡流的频繁作用将引起结构的顺风向振动、横风向振动和扭转振动。因此对于高层建筑和高耸结构，风荷载常常起着控制作用，抗风设计是结构设计中必不可少的一部分。为了使高层建筑在风力作用下不会发生倒塌、结构开裂和过大的残余变形等现象，必须使结构的抗风设计满足强度、刚度和舒适度的要求。

首先，为了使高层建筑不会发生破坏、倒塌、结构开裂和残余变形过大等现象，以保证结构的安全，结构的抗风设计必须满足强度要求。也就是说，要在设计风荷载和其他荷载的组合作用下，使结构的内力满足强度设计要求。

其次，为了使高层建筑在风力作用下不会引起隔墙开裂，建筑装饰及非结构构件的损坏，结构的抗风设计还必须满足刚度设计的要求。也就是说，要使设计风荷载作用下的结构顶点水平位移和各层相对位移满足规范要求。但是目前水平位移限值指标还没有一个可被广泛接受的值，在不同国家中使用的水平位移设计限值通常在 $H/1200 \sim H/400$ 范围内。对于一般惯用结构形式可直接在 $H/650 \sim H/300$ 范围内取值，随着建筑物高度的增加相应水平位移限值指标取值降低直到下限值。我国《高层建筑混凝土结构技术规程》(JGJ 3—2010)规定，按弹性方法计算的楼层层间最大位移与层高之比 $\triangle u/h$ 宜符合以下规定：

1) 高度不大于 150m 的高层建筑，其楼层层间最大位移与层高之比 $\triangle u/h$ 不宜大于表 8-2 的限值：

楼层层间最大位移与层高之比的限值   表 8-2

结构类型	$\triangle u/h$ 限值
框架	1/550
框架—剪力墙、框架—核心筒、板柱—剪力墙	1/800
筒中筒、剪力墙	1/1000
框支层	1/1000

2）高度等于或大于 250m 的高层建筑，其楼层层间最大位移与层高之比$\triangle u/h$ 不宜大于 1/500。

3）高度在 150~250m 之间的高层建筑，其楼层层间最大位移与层高之比$\triangle u/h$ 的限值按第 1 条和第 2 条的限值线性插入取用。

再次，高层建筑在强风力作用下由于脉动风的影响将产生振动，这种振动有可能使在高层建筑内生活或工作的人在心理上产生不舒服感，因此，结构的抗风设计还必须满足舒适度的设计要求。根据国内外医学、心理学和工程学专家的试验研究结果可知，影响人体感觉不舒适的主要因素是振动频率、振动加速度和振动持续时间。由于持续时间取决于阵风本身，而结构振动频率的调整又十分困难，因此一般采用限制结构振动加速度的方法来满足舒适度的设计要求。风振加速度和舒适度两者的关系见表 8-3 所列。

舒适度与风振加速度关系   表 8-3

不舒适的程度	建筑物的加速度	不舒适的程度	建筑物的加速度
无感觉	$<0.005g$	十分扰人	$0.05g\sim0.15g$
有感觉	$0.005g\sim0.015g$	不能忍受	$>0.15g$
扰人	$0.015g\sim0.05g$		

注：g 为重力加速度。

我国《高层建筑混凝土结构技术规程》（JGJ 3—2010)规定高度超过 150m 的高层建筑结构应具有良好的使用条件，满足舒适度要求，按现行国家标准《建筑结构荷载规范》（GB 50009—2001)规定的 10 年一遇的风荷载取值计算的是顺风与横风向结构顶点最大加速度 α_{max}，不应超过表 8-4 的限值。

结构顶点最大加速度限值   表 8-4

使用功能	$\alpha_{max}(m/s^{-2})$
住宅、公寓	0.15
办公、旅馆	0.25

此外，除了要使结构的抗风设计满足上述的强度、刚度和舒适度的设计要求外，还需对高层建筑上的外墙、玻璃、女儿墙及其他装饰构件合理设计，以防止风荷载引起此类构件的局部损坏。

第九章 建筑防爆减灾

爆炸是与人类生产活动密切相关的一种现象，是指大量能量在瞬间迅速释放或急剧转化成光和热等能量形态的现象。一旦发生爆炸事故将会造成巨大的经济损失和严重的人员伤亡，危害极大。

随着人类的发展和科技的进步，全球安全格局有了新变化，建筑安全再不能仅从传统的自然灾害、人为事件上着眼，而必须包括应对恐怖事件在内的诸项新灾害源。近年来，特别是"9·11"事件以来，国内外爆炸事件接连不断，加之我国城市建设和工业生产的不断发展，爆炸事故日益增多，爆炸灾害已经成为城市灾害的一个很重要的方面，因此防范爆炸灾害也是防灾减灾的内容之一。

第一节 爆炸的分类

爆炸的一个重要特征就是在爆炸点周围介质中引起状态的急剧变化，如压力突变、密度和速度突变等。根据爆炸过程的性质和发生爆炸的机理，可以将爆炸现象分为三类：物理爆炸、化学爆炸和核爆炸。

一、物理爆炸

物理爆炸是指爆炸物质形态发生变化而化学成分没有改变，如锅炉与受压容器的爆炸。这类爆炸是由于受热，气体膨胀，内部压力急剧升高，超过了设备所能承受的限度而发生的，完全是一种物理变化的过程。还有强脉冲放电、火山爆发等都属于物理爆炸。

二、化学爆炸

化学爆炸是由于物质急剧氧化、分解反应产生高温、高压形成的爆炸现象。化学性爆炸，在爆炸时主要发生化学反应，有三种情况：

1) 简单分解的爆炸物。这种爆炸物爆炸时，并不发生燃烧反应。属于这一类爆炸物的有雷管和导火索等。这种爆炸物是很危险的，受到轻微振动就能起爆。

2) 复杂分解的爆炸物。这类爆炸物较上述简单分解的爆炸物的危险性稍低，大多数的火药都属于这一类，爆炸时伴有燃烧反应，燃烧所需要的氧由本身分解时供给，如黑火药、硝炸药、TNT 等，都属于这一类。

3) 爆炸性混合物。即各种可燃气体、蒸气及粉尘与空气(主要是氧气)组成的爆炸性混合物。这类混合物爆炸多发生在化工或石油化工企业。

气体混合物爆炸的过程与气体燃烧的过程相似，但速度不同，前者比后者要快得多，一般燃烧速度最大超过每秒几米，而爆炸速度则有每秒十几米到几百米。

三、原子爆炸

凡是由于原子核裂变或核聚变反应，释放出核能所形成爆炸，成为预制爆炸，如原子弹、氢弹的爆炸（图 9-1）。

图 9-1　原子弹爆炸形成的蘑菇云

原子爆炸的能源是裂变(U235 的裂变，如原子弹的爆炸)或核聚变(氘、氚、锂核的聚变，如氢弹爆炸)反应所释放的能量。原子爆炸释放的能量比普通炸药爆炸放出的能量要大得多。原子爆炸时温度可达数百万到数千万度，在爆炸中心形成数十万兆帕到数百万兆帕的高压，同时还有很强的光和热辐射以及各种放射性粒子的穿透辐射。它是众多爆炸中能量最高，破坏力最强的一种。

第二节　爆炸的破坏作用

一、常规爆炸的破坏作用

爆炸往往会对建筑物产生破坏作用。破坏作用的程度与爆炸物的性质和数量有关系，爆炸物数量越多，爆炸威力越大，破坏作用也越强烈。另外，破坏作用还与爆炸的条件有关，如温度、初始压力、混合物均匀程度以及点火源和起爆能力等。爆炸发生的位置不同，其破坏作用也会不同。一般来说，在结构内部发生的爆炸其破坏作用比在结构外部发生的大。爆炸对结构的破坏形式通常有直接的爆破作用和冲击的破坏和火灾等三种。

当爆炸发生在等介质的自由空间时，从爆炸的中心点起，在一定的范围内，破坏力能均匀地传播出去，并使在这个范围内的物体粉碎、飞散。分析爆炸的破坏作用大体包括如下几个方面：

（一）直接的破坏作用

直接的破坏作用是爆炸物质爆炸后对周围设备和建筑物的直接破坏作用。这是由于在遍及破坏作用的区域内，有一个能使物体震荡，使之松散的力量。这种破坏作用的大小取决于爆轰波阵面的压力和爆炸压力的大小及爆炸产物在作用目标上所产生的冲量。它能造成建筑物的破坏和人员的伤亡，结果往往是严重的，如 2009 年 10 月 28 日，巴基斯坦西北边境省首府白沙瓦一市场发生爆炸，造成近百人死亡，200 多人受伤和建筑物倒塌(图 9-2)。另外，建筑结构破坏及机械设备等爆炸以后，变成碎片飞出去，会在相当广的范围内造成危害。碎片飞散范围，通常是100~500m左右。碎片的厚度越小，飞散的速度越大，危害越严重。在一些情况下，由于爆炸碎片击中人体而造成的伤亡常占很大的比例(图9-3)。

图9-2　白沙瓦一市场发生爆炸

图9-3　爆炸后建筑物碎片示意

　　燃气爆炸一般不产生空气冲击波，它赖以作用的是压力波，因而对结构的破坏主要是直接的爆破作用。对于民用燃气爆炸，其升压时间通常为0.1~0.3s，而根据我国民用建筑设计通则给定的尺度，在弹性范围内，居住建筑钢筋混凝土或砖墙板的基本自振周期在20~50 ms范围内。由此可见，燃气爆炸的升压时间与结构构件的基本周期相比，作用时间足够缓慢，因而可以把室内燃气爆炸对结构的作用当做静力作用，而不必考虑动力效应。

　　(二) 冲击波的破坏作用

　　随爆炸的出现，冲击波最初出现正压力，而后又出现负压力。负压力就是气压下降后的空气振动，称为吸引作用。吸引作用的原因是产生局部真空的结果。

　　爆炸物质数量和冲击波压力之间的关系，可以认为是成正比例的，而冲击波压力与距离之间的关系成反比。对于化学爆炸，因为正压作用时间很小，通常按冲击波的冲量计算破坏作用。在核爆炸时，各种建筑物的破坏作用主要由超压引起。

　　冲击波对建筑物结构的破坏作用，主要取决于以下因素：

　　1) 冲击波的波阵面上超压的大小；

　　2) 冲击波的作用时间及作用压力随时间变化的性质；

　　3) 建筑物所处的位置，即建筑物与冲击波的相对位置；

　　4) 建筑物的形状和大小；

　　5) 建筑物的自振周期。

　　冲击波的破坏作用主要是由波阵面上的超压引起的。在爆炸中心附近，空气冲击波波阵面上的超压可达几个甚至十几个大气压，在这样高的超高压作用下，建筑物将被摧毁，机械设备、管道等也会受到严重破坏，如1995年4月19日上午9时04分，美国俄克拉何马城中心，"轰"的一声巨响，只见火光冲天，浓烟滚滚，响声和震动波及数十英里之外。巨大的冲击波使许多立柱、梁、楼板及其相互的连接受到不同程度的破坏。瞬间，一座 9 层高大楼的 1/3 墙倒顶塌,碎石横飞,许多人血肉模糊,惨死废墟之中(图 9-4)。

另外,空气冲击波除了产生超压外,还产生动压作用。当冲击波由爆炸中心向外运动时,波阵面后空气粒子的流动形成风,所产生的压力就是动压。在某些情况下,由动压引起的拖曳力对结构的破坏作用也是值得注意的,例如某些几何形状(如圆柱形)的结构,对拖曳力较敏感,因为它们迅速被冲击波包围,各个面上的超压基本相同,此时主要的水平移动动力是由动压所引起的拖曳力。拖曳力的大小与结构的几何尺寸和外形以及动压峰值有关。

(三)爆炸引起的火灾

爆炸温度约在 2000～3000℃左右。通常爆炸气体扩散只发生在极其短暂的瞬间,对一般可燃物质来说,不足以造成起火燃烧,而且有时冲击波还能起灭火作用。但是,建筑物内遗留大量的热,还会把从破坏设备内部不断流出的可燃气体或易燃、可燃蒸气点燃,使建筑物内的可燃物全部起火,加重爆炸的破坏,如 2011 年 3 月日本福岛核电站在地震中受到破坏并引起氢气爆炸(图 9-5)。当盛装易燃物的容器、管道发生爆炸时,爆炸抛出的易燃物有可能引起大面积火灾,这种情况在油罐、液化气瓶爆炸后最易发生。可燃气体和粉尘的爆炸更易引起火灾,因为它们本身就是可燃物质。因而爆炸常与火灾相伴发生,火灾中有相当一部分是由爆炸引起的。

图 9-4　美国俄克拉何马城联邦办公大楼被炸

图 9-5　福岛核电站 3 号机组爆炸

爆炸的危害和火灾的性质有所不同,爆炸是瞬间发生的,人在爆炸当时是来不及采取任何有力措施的。所以,为了防止和减少爆炸事故对建筑物的破坏作用。在建筑设计中要采取防爆的技术措施。

二、核爆炸对建筑的破坏作用

核爆炸对建筑物的破坏,主要是依靠冲击波和光辐射。冲击波的超压可以挤压建筑物;动压可以使建筑物抛掷、平移等,从而破坏建筑物;光辐射主要是引起建筑物的燃烧或火灾。

核爆炸的冲击波对建筑物破坏要远远大于一般爆炸产生的冲击波,所以它更突出于对建筑物整体的破坏。它对结构破坏的大致过程为:冲击波到达建筑物的表面后,首先受到表面的反射,该反射压力比原来的压力增加几倍,对建筑物有明显的破坏作用;然后冲击波沿建筑物四周传播的同时,对正面、顶部和后面施加压力,使建筑物陷入冲击波的包围和高压之中,并一直作用到区域结束为止,使建筑物压垮;与此同时,随冲击波而来的动压，加重了建筑物上已受到破坏部分的破坏强度，并造成新的破坏，并可能将建筑物中受损的部分抛射出去。

当冲击波还没有把建筑物包围之前（特别是较大的物体），正面和背面的压力差使建筑物向着冲击波前进的方向偏斜或者挪动而遭到破坏。当冲击波把建筑物包围时，建筑物各个面承受大致相同的压力。压力随时间逐渐下降，但仍比周围大气压力高，而且持续到正相作用时间为止。在这段时间里，建筑物受到超压四面八方的挤压力作用而塌陷变形，遭到破坏。这种挤压作用是超压破坏作用的主要特点。

在正相作用时间里，动压一直向着冲击波前进的方向作用。动压使建筑物变形、抛掷或发生平移而破坏建筑物。

冲击波负压有抽吸作用，使目标受到与超压作用方向相反的作用力，容量使那些耐压而不耐拉的物体（如工事的防护门、防护盖板等）遭到破坏。

光辐射对建筑物的破坏，主要是以热辐射形式引起建筑物表面或内部可燃物质的燃烧。

第三节　建筑防爆减灾措施

历史上以及现实中有许多由于爆炸引起的惨痛的现实，这些爆炸事故造成了极为严重的人员伤亡和财产的损失。由于生产事故、恐怖活动的突发性和不可预见性，研究爆炸灾害的基本思想应是预防为主，也就是说，要使可能发生的爆炸不发生，已经发生的爆炸不扩展，已经扩展的爆炸所造成的破坏不加重，已经酿成的爆炸灾害的后果设法减轻，尽可能避免类似灾害的再次发生。

通常一个建筑物应对爆炸袭击的安全设计所要实现的目标包括：防止建筑物构件或部件（如玻璃、装饰物、轻质材料等）本身对建筑物内部的人员构成威胁，为建筑物内部的工作人员提供一个躲避直接武器杀伤作用（如爆炸杀伤）的物理性保护，减低爆炸对建筑物内部敏感的设施和设备所带来的破坏；预防建筑物灾难性倒塌现象的发生，为制止强行闯入提供一个物理屏障。

一、构建建筑外部屏障

为了防范外部爆炸物对建筑物造成不利影响，在建筑周边的安全设计中，美国建筑师协会会员巴巴尔·纳德尔（Barbare Nadel）认为应遵循一种梯级状的防御系统，因为建筑外部的危险性比内部强。

因为恐怖分子更愿意选择室外来实施爆炸行动，一方面进入室内意味着不可能携带很多的炸药，即便成功，破坏力也没有那么大；另一方面还要冒着有可能引起值班人员的注意，被电子监控系统发现等一系列问题的风险。美国总务管理局（GSA）认为从外至内的梯级圈包括：街道、靠近路缘的道路部分、人行道、建筑周边场地、建筑外墙以及建筑内部，（图9-6）。其中第2、3、4圈是联系建筑物与街道的空间，在公共建筑安全设计中占有重要的地位。据发生在世界范围内的建筑物汽车炸弹事件表明，很多时候虽然建筑本身设有警卫或卫兵看守，但是汽车炸弹手还是强行将车驶入了建筑物内，致使建筑物遭到毁灭性的破坏和倒塌。因此，为了降低爆炸袭击对建筑造成的影响，最重要的是在建筑周边设置一个可禁止强行闯入的物理屏障，具体可采取以下措施：

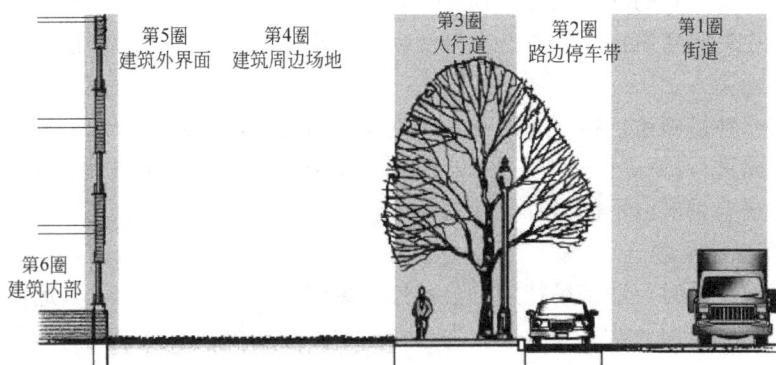

图 9-6　建筑周边梯级防御系统示意

（一）建筑周围设置缓冲带

爆炸产生的冲击波是随着距离的增大而减小的，所以在重要的公共建筑设计中，为衰减恐怖爆炸袭击效应，特别是汽车炸弹袭击，通常在指定的停车地点和建筑之间建造一条缓冲带，使爆炸地点或区域与被保护的建筑物之间保持最小的、必要的距离。一般来讲，缓冲带距建筑的距离应在 $30\sim50m$ 左右。沿缓冲带可以设置一些障碍物，以防止汽车炸弹强行进入（图 9-7、图 9-8）。通过周围的系缆柱以及铸铁栅栏加强防护，这样就可以防止汽车直接冲进建筑物里。

图 9-7　白宫前的防护隔离带

图 9-8　重庆国际会展中心周边的隔离带

（二）建筑周围设置障碍物

在一些城市中心的大型公共建筑周边，即使没有大片的空地用作缓冲带，也应该考虑在建筑周围设置能完全阻挡汽车强行闯入的物理性障碍物。可以用作障碍物的设施很多，如系缆柱、路灯、花坛、粗壮的树木、广场上台阶与高差变化。这些安全措施如今在一些重要的建筑物周边已广泛被使用，虽然有些是出于景观和功能的需要而设置，但从安全的角度讲，它在一定程度上降低了汽车闯入的危险（图 9-9）。

图 9-9　建筑周边的防护柱桩

除了这些日常设置的固定式障碍物之外，活动系缆柱因具有灵活的特点，可以按照需要随时布置，在一些建筑物周围举行大型活动时经常用到。它还可以保证发生灾害后紧急车辆能够顺利地驶入。

另外，安全性措施还包括在大门或入口处设置障碍物，迫使进来的车辆减速，如路障或对入口处道路进行特殊处理，包括90°转弯以及结合地形设置上坡等。但应注意的是，所有的安全性措施都应以不妨碍日常使用为准。

（三）停车场远离建筑

在室外场地设计时，停车场特别是公共停车场应当远离建筑物，尤其远离建筑物的地下室。如今，从城市用地的实际状况出发，建造地下停车场是不可避免的，但在一些风险相对较高的建筑物中，在停车场入口处应当设置路障以及警卫室。摄像机应记录出出进进车辆的牌照、驾驶者的面部；记录装置本身应当远离建筑物自身，并通过电缆与摄像机连接。管理人员应确保所有的车辆都登记在册。

除了上述一些具体的安全措施之外，应注意到的是，在设计中一些安全措施的使用有利于确保公众、建筑物及其周围环境的安全，但它们不应该破坏城市的美观，损害公共建筑的开放性、透明性。事实上，城市设计与安全规划并不是互相矛盾的，它们之间能够很好地结合并存。例如，舒适的长椅不仅能够阻挡正在行驶的车辆，而且对公众来说更具吸引力。混凝土柱桩也能够达到前者的要求，但却更适合于放置在乏味的对美观没有太高要求的区域。当然，设计精美的长椅会比混凝土柱桩昂贵得多，但是为了成就一个更加友好的并令人满意的街景画面，附加的资金投入有时是必要的。

二、对建筑物分类设防

（一）民用建筑

我国民用建筑，以混合结构和钢筋混凝土框架结构为多。当设计方案选择时，要考虑如何有效地减少爆炸发生后可能出现的连续倒塌，不论是水平还是竖向连续倒塌，因为建筑物的破坏，常是局部破坏引起另一些局部的破坏，使本来合理的传力路径中断，导致整体的倒塌。这启发我们可在加强一些局部强度（如把材料合理分布）或构建一些新的传力路径（即合理设计结构），以及局部加强构造处理等方面予以研究。

（二）工业建筑

有防爆要求的厂房，在设计时，主要考虑以下几个问题：

1. 合理布置总平面

1）有爆炸危险性的厂房和库房的选址，应远离城市居民区、铁路、公路、桥梁和其他建筑物。

2）防爆房间，应尽量靠外墙布置，这样泄压面积容易解决，也便于灭火。

3）易产生爆炸的设备，应尽量放在外墙靠窗的位置或设置在露天，以减弱其破坏力。

4）爆炸危险性车间，应布置在单层厂房内，如因工艺需要，厂房为多层时，则应放在最上一层。

5）在厂房中，危险性大的车间和危险性小的车间之间，应用坚固的防火墙隔开。

6）生产或使用相同爆炸物品的房间，应尽量集中在一个区域，这样便于对防火墙等防爆建筑结构的处理。

7）性质不同的危险物品的生产，应分开设置，如乙炔与氧气必须分开。

8）爆炸危险部位，不要设在地下室、半地下室内。因地下室与半地下室的通风不好，发生事故的影响很大，而且不利于疏散和抢救。

2. 设置泄压面积

有爆炸危险的甲、乙类生产厂房，应设置必要的泄压面积，有了泄压面积，爆炸时可以降低室内压力，避免建筑结构遭受严重的破坏。

3. 采用框架防爆结构

不少爆炸事故证明，框架结构抵抗爆炸破坏的能力较强。所以，有爆炸危险的甲、乙类生产厂房，宜采用非燃烧体的钢筋混凝土框架结构，采用轻质墙填充的围护结构，避免厂房倒塌造成严重损失。

三、加强结构性防护

一旦建筑外部防御系统失效，使汽车炸弹进入建筑或在建筑附近爆炸，又或者由于安防系统的失效，使恐怖分子带着炸弹进入建筑内部并成功实施爆炸行为，此时能够保障内部人员不致大规模伤亡的安全措施就是预先加强建筑的结构性防护。增强结构的抗爆性能可以有效地抵御炸弹爆炸的冲击波，减小造成的破坏。公共建筑的用途不同，应该按照不同的标准进行设计。一般来说，无论炸弹的大小如何，总会带来一些局部的破坏，并不可避免地产生人员的伤亡。即使防护相当好的建筑物本身，也会出现局部的破坏，最重要的是确保建筑的结构不致发生大规模的坍塌。根据我国实际情况，结合爆炸袭击对建筑的破坏效应，可以从以下几方面控制：

（一）增加结构的抗爆冗余度

适当增加建筑的抗爆冗余度，不仅能够提高建筑在设计周期内，正常使用条件下应对灾害的抵抗能力，而且对诸如爆炸等不可预见性灾害的抵御能力也会有所增强，有利于防止灾害中出现扩散性倒塌。在风险相对较高的公共建筑设计中，应该考虑结构构件能够承受炸弹袭击后所产生的附加荷载。在俄克拉何马爆炸案当中，所使用的支撑地板系统没有任何冗余度或备用支撑系统，因而板梁受损破坏后出现了结构失稳和倒塌，这是造成人员大量伤亡的最主要的原因。对重要的结构单元，尤其是承重柱体，应设计使其能够承受额外的附加载荷，这样一旦某个支柱严重损坏到不能正常发挥作用时，它所承受的载荷就会自动分布给周围的其他支柱。

（二）开设泄压口

控制爆炸的破坏效应，除了增加结构的抗爆冗余度外，还可以通过在建筑外墙或顶部等地方设计泄压口，以衰减内部爆炸所产生的冲击波压力。但应注意泄压口朝向安全区域，以免泄爆引起伤人和点燃其他可燃物。

（三）增强建筑外围护部分的防护能力

建筑外围护部分不仅保护居住者免遭风雨之苦，而且还能限制实际进入室内的爆炸能量。建筑外围护构件由墙体、窗户或玻璃、屋顶组成。增强建筑外围护部分的防护能力可以从以下几方面考虑：

1. 提高墙体的防护能力

从材料抗爆性能看，强度越高的材料对爆炸抵御能力也就越强。因此，在重要建筑物中，建筑界面下部应使用高强度材料，如用钢筋混凝土墙面代替砖墙或幕墙，使建筑有能力抵抗或遮挡爆炸载荷，显著地减少建筑损坏的程度。目前还有一种发展趋势，就是在中心建筑物的周围修建带有钢筋混凝土墙体的走廊，用双层墙体来抵抗爆炸产生的冲击波压力，实践证明其效果相当不错。

2. 提高窗户或玻璃的防护能力

窗户是建筑界面安全设计当中最为薄弱的一个环节，它往往先于其他结构单元而破坏。然而窗户的确在建筑设计当中占据着十分重要的地位，是一个不可或缺的结构单元。关于窗子安全防护的两个关键：一是防止窗户失效、破裂；二是如果窗户过载，应当按照适当的方式失效、破裂。正如人们经常看到的那样，爆炸中许多人员的伤害都与飞行的玻璃碎片有关。提高窗户的防护能力，目前实际的解决方法有：

1）在玻璃内侧粘贴加强膜，它能够预防或减少出现玻璃碎片，但是容易变色和损坏，从而降低聚酯薄膜的抗爆效果；

2）使用防裂玻璃，如夹丝玻璃；

3）使用防弹玻璃，它具有防破片和防炸裂的作用；

4）专用的防冲击波玻璃；

5）在窗户前面使用不同类型的屏障材料或手段。

尽管这些玻璃窗子的解决方法似乎相当不错，但是不可能所有的公共建筑都安装这种安全玻璃，因为它们的成本以及维修费用都相当昂贵。这些窗子不仅本身价格非常昂贵，而且为了保护正常的破裂方式，还对安全玻璃的框架、支撑系统以及附属物件都有一定的特殊要求，这无疑就大大地增加了建筑的成本。所以只有在极为敏感的建筑中才可能会使用。

(四) 增强建筑内部敏感设施或设备的抗爆防护

增强建筑物的抗爆能力，不仅要对主体建筑内的锅炉房、变压器室、配电室等一些危险性大的部位进行特别防护，减小引发二次灾害的风险，还要对建筑物的一些重要部位，如中央控制室等加强防爆设计，它是建筑的动脉与神经系统，当建筑遭到爆炸袭击时，建筑内用于人员疏散的许多自救设施都要靠中央控制室发出指令驱动和控制。在建筑安全设计中，所有与中央控制室相连的电力线路，控制线路以及供水和通风管路都必须保证以阻燃物隔离，并尽可能少地承受外力。各工作系统应尽可能采用并联而不是串联系统设计，以保证单个装置的失效不会影响其他装置的正常工作。正如我们在纽约世贸中心爆炸案当中所看到的那样，一枚炸弹就完全使整个大楼的动力系统及其备用系统处于瘫痪状态。在美国纽瓦克(Newark)国际机场的一次偶然事故中，主动力线路以及后备线路竟然被一根通往新库房的基础管道切断了。好在在这次事故当中，没有出现其他紧急事件。然而，在一般的偶发事件或恐怖事件当中，这类事故不但会使整个设施的正常运行中断，而且还会使救援工作严重受阻。

此外，还要保证在正常的电器及控制系统失效后有补救备用的系统及装备，如充电型的应急灯，和其他重要的传感探测及报警系统，均应采用蓄电池作为安全能源，以保证在电力中断时能及时工作。

第十章　城市人民防空工程建设

第一节　概　　述

一、基本概念

人民防空(国外称民防)简称人防。人防工程的一般定义为，在战争时具有能抵抗一定武器效应的杀伤破坏，能保护人民生命、财产安全的防护工程，是国防的重要组成部分，是一项全民性的长期的战备工作。它是为了防备敌人突然袭击，保护人民生命财产的安全，减少国民经济损失，有效地保存战争潜力，为夺取未来反侵略战争胜利而采取的重要战略措施。

我国的国土防空体系由要地防空、军队防空(又称野战防空)和人民防空组成。其中要地防空是保卫重要地区安全的防空，如重要城市、交通枢纽和重要军事基地的防空；军队防空是保障地面部队作战行动安全的防空；而人民防空则是动员和组织城市居民采取的防空措施。人民防空与野战防空、要地防空共同构成国家国土防空三大体系，在未来城市防空袭斗争中承担着侦察预警、疏散掩蔽、重要目标防护和消除空袭后果的重要任务。

人民防空是以阻碍敌人空袭兵器发挥效能或消除空袭后果为手段的防空。它与要地防空、军队防空等积极防空不同，主要防护手段是"走"、"藏"、"消"。"走"就是疏散，在临战前组织城市人口疏散和工厂搬迁，将战时不宜留城的居民及对支援战争具有重要作用的厂矿企业疏散搬迁到安全地区，以避免和减少遭敌空袭时不必要的损失；"藏"就是隐蔽，在敌人实施空袭时，及时发放和传递空袭警报，组织留城坚持战斗、生产和工作的人员转入地下，并将各种重要的战备和生产、生活物资转入地下，利用人防工程进行隐蔽，减少人员和物资的损失。"消"就是消除空袭后果，组织人防专业队伍和人民群众，迅速消除敌人空袭造成的后果，包括灭火、消除核化沾染、抢救受伤人员、清理废墟、开辟通路、运送各种生活物资、修复被毁的人防工程、通信枢纽及城市供电、供水、供热等系统，保证城市生产、生活的稳定，更好地支持反侵略战争。

二、人民防空的产生与发展

第一次世界大战初期，飞机用于实战并开始轰炸城市，城市面临的空中威胁逐渐增大。为了加强对城市居民和经济目标的防护，英国率先成立了"伦敦防空指挥部"，采取灯火管制，构筑防空洞，疏散居民，建立空袭警报报知勤务等措施，收到了一定的防护效果。从此，以防空为主要目的的民防开始出现。第二次世界大战爆发后，由于空袭兵器的迅速发展，城市、军事要地、交通枢纽、工业基地等重要军事和经济目标遭敌空袭的威胁越来越大，世界主要国家相继建立了民防组织，加强了民防建设。英国、前苏联、德国等国家，在大战期间加强了空情监视与报知，构筑了大量防空工事，有计划地疏散了人口，组成了担负消除空袭后果任务的专业队伍，在防空实践中发挥了重要作用，使敌空袭效果明显降低。

战后，世界民防进入了一个大发展的时期，各国纷纷建立民防法规，健全民防机制，完善民防设施，促进了民防水平的提高，使民防成为国防的重要组成部分。当前，世界各国均建有相应的民防体系，特别是发达国家，民防建设发展很快，民防体系已成为一支重要的国防力量。

中国的群众性防空也是随着飞机对城市空袭的出现而产生的。1927 年 3 月，南京首遭空袭，之后，空袭逐渐增多，国民政府开始关注城市防空袭问题。1931 年，国民政府颁布了省、市、县防护团组织规程；1937 年国民政府颁布了《防空法》。第二次世界大战中，南京、重庆、上海等大、中城市屡遭空袭，在造成重大灾害的同时，也促进了群众性防空活动的开展。1940 年国民政府确定每年的 11 月 21 日为"中国防空节"。

我军自建军初期就十分重视群众性防空。1933 年，工农红军总参谋部成立防空科，在组织部队防空袭的同时，指导根据地群众开展防空活动。新中国成立以后，人民防空受到了党和国家的高度重视。1950 年，面对美军、国民党军队对我国实施的空中袭扰，中华人民共和国政务院颁布了《关于建立人民防空工作的决定》，要求"立即紧急动员起来，在一切可能遭受空袭的地区和城市建立人民防空组织，加紧人民防空工作的设施建设"。党的十一届三中全会后，人民防空工作不断解放思想，深化改革，积极探索和平时期我国人民防空建设的新路子，取得了新的成就。

1996 年，江泽民主席签署命令，颁布了《人民防空法》，标志着我国的人民防空工作在法制化、正规化、制度化建设方面上了一个新的台阶，全国的人民防空建设迎来又一个新的大发展高潮。2000 年召开第四次全国人民防空会议，全面总结了人民防空建设与发展 50 年，特别是改革开放 22 年以来的巨大成就和成功经验，明确了我国人民防空当前和今后一个时期发展面临的形势，确定了我国人民防空 2015 年前建设的战略目标，提出了跨世纪发展的指导思想，对于建设有中国特色的人民防空事业产生了重大而深远的影响。

三、当前我国人防工程建设的必要性

（一）国际政治格局的变化和我国面临的战场环境

二战的结束和中国革命的胜利，曾经使国际战略形势与二战前相比发生了根本的变化，形成了不同社会制度的两大对立阵营。之后的 40 多年中，全面冷战和局部热战从未中止。在 20 世纪 50～60 年代初，由于美苏的对立，曾出现过世界大战的危险；20 世纪 60 年代后期，由于中苏的对立，我国曾遭受到核袭击和全面进攻的威胁。发生在 20 世纪 80 年代末和 90 年代初的东欧国家社会制度的改变和苏联的解体，使二战结束 40 多年后的国际政治格局和战略形势又一次发生了根本的变化。这次变化的直接结果表现为：

1）东西方对立阵营完全消失，冷战时代彻底结束，在欧洲和全世界发生全面战争的可能性已大为减少，我国的战场环境也随之发生了重大变化。

2）美国得到了称霸世界的机会，正寻找各种借口（如人权、民族矛盾、边境冲突、反恐问题等），干涉别国内政，甚至不惜动用武力，对妨碍其实现霸权的主权国家发动局部战争，以逼迫这些国家就范。因此，霸权与反霸权的斗争成为当前和今后国际政治斗争的主要形式，并有可能导致局部战争。美国将固守"美国始终是一个国际领袖"的信念不变。

3）俄罗斯一国的国力已无法与前苏联相比，从而失去了与美国全面争夺世界霸权的能力。虽然在核武器等方面还可与美国保持大体上的均势，但美俄发生直接军事冲突并引发世界大战的可能性已经很小。

4）世界多极化的政治格局正在动荡之中开始形成，对霸权主义构成一种制约。但同时也应看到，在多极化的同时，多核化的趋势正在增长，因而核战争的危险并未完全消除。

5）30多年来，中国成功走出了一条符合自身特色，顺应世界潮流的道路，形成了科学的发展理念与模式，产生了世界影响，以自己卓然的"个性"和独特的风貌，改变了国际政治力量对比。中国独特的政治经济发展模式让西方感受到"重大威胁"。西方从未停止过对中国要崩溃的预测，冷战后的20年，中国非但没有乱，反倒是西方不安宁了；中国的崛起，又让西方患上了不适应症：西方"感觉到战略上的震动"，认为"中国模式"已经成为美国和欧洲自冷战结束以来必须认真对待的挑战。

6）从周边地理环境来看，中国政治、经济、军事上的快速发展令周边的国家莫名地感到恐惧。尽管我国奉行和平外交政策，承诺不首先使用核武器，在政治、经济和军事上对世界资本主义制度不会构成威胁。然而，不同类型的国家在全方位聚焦中国：支持、期待、炒作、捧杀、质疑、忧虑、牵制、敌意、围堵者应有尽有，"中国模式"成为国际政治中热议、热门、热点与敏感话题。周边国家对我国防范；一些发展中国家既希望我国给予支持，又以焦虑的心态看待中国。

7）我国处于一个高度敏感期和矛盾多发期，面临以下几大矛盾：

（1）中国特色社会主义同西方意识形态的矛盾；

（2）中国崛起与西方遏制的矛盾；

（3）中国快速发展与世界各类国家日益增多的利益摩擦的矛盾；

（4）中国发展的实际水平与国际社会赋予更高期待的矛盾；

（5）同周边国家"疑华"、"借美制华"的矛盾；

（6）同新兴大国关系利益调适磨合出现的矛盾；

（7）有效化解所谓大国崛起必然引发国际战略格局剧烈动荡的矛盾；

（8）大国崛起应避免与当下的霸权国家和世界政治体系发生正面对抗的矛盾。

（二）现代战争新特点及其打击和防御战略的变化

在核战争危险减弱的同时，现代战争的主要形式是高科技条件下的局部战争，如空袭。1991年的海湾战争和1999年以美国为首的北约对南联盟发动的战争和2003年美英联军对伊拉克的战争，都是武器最先进和以大规模空袭为主要打击方式的局部战争，显示出现代常规战争的一些新特点。打击战略的变化引起防御战略的变化。从防御的角度看，有以下几个值得注意的变化：

1）在核武器没有彻底销毁和停止制造以前，在世界多核化的情形下，有可能在常规武器进攻不能生效或不能挽救失败时局部使用核武器；并且，核武器已向多功能、高精度、小型化发展。因此，我们对核武器不能失去警惕。

2）现代常规战争主要依靠高科技武器实行压制性的打击，因此，任何目标都难以避免遭到直接命中的打击。但另一方面，打击目标的选择比以前更集中、更精确，袭击所波及的范围更小。打击目标通常为指挥系统（Command）、控制系统（Control）、通信系统

(Communication)、情报系统(Information)及工业(Industry)和基础设施(Infrastructure)。

3）以大规模杀伤平民和破坏城市为主要目的的打击战略已经过时，用准确的空袭代替陆军短兵相接式的进攻，以最大限度地减少士兵和平民的伤亡，已成为主要的打击战略，因而防御战略也应与全面防核袭击有所不同，人防建设在国防中的地位应更突出。

4）进行高科技常规战争要付出高昂的代价，一场持续几十天的局部战争就要耗费500亿美元，这是任何一个国家难以单独承受的，因而战争的规模和持续时间只能是有限的。

5）尽管高科技武器的打击准确性高，重点破坏作用大，但仍然是可以防御的。在军事上处于劣势的情况下，完善的民防组织和充分的物质准备，仍能在相当程度上减少损失，保存实力，甚至有可能一直坚持到对方消耗殆尽而无力进攻时为止。

6）在以多压少、以强凌弱的情况下，发动局部战争在战略上已无保密的必要。由于军事调动和物质准备都在公开进行，因而防御一方有较充分的时间进行应战准备，战争的突发性较前已有所减弱。

（三）现代战争的主要方式——空袭

1. 现代空袭的特点

现代战争是空中、海洋、陆地乃至宇宙空间多种方式的联合作战；空袭已愈来愈成为决定现代战争命运的重要因素。现代空袭的主要特点为：

1）机动性强，突然性大

突然袭击是一切侵略者发动战争所惯用的军事手段，如第一次和第二次世界大战、以色列对阿拉伯国家发动的两次侵略战争和美英攻打伊拉克，都是由突然袭击开始的。现在的洲际导弹，几分钟进入发射状态，1s能飞行几公里，并穿过地球大气层，然后迅速落在预定地点，其发射速度之快、发动攻击之突然，是前所未有的。

2）精度高，破坏性大

二战中，美国在日本广岛投掷一枚当量约1.5万t级的小型原子弹，爆炸后死亡人数占全市总人口的35.7%，同时引起全市大火、建筑物倒塌、水电破坏、道路堵塞，广大市区受到放射性沾染。海湾战争中，以美国为首的多国部队仅仅使用了一些常规武器，通过高强度的持续轰炸，在42天内出动飞机10.8万架次，差不多每分钟1.5架次，共投弹10多万吨使伊拉克所有道路、军用机场、通信网络均遭到严重破坏，防空系统处于瘫痪状态，丧失还击能力。

3）射程远，范围大

现代空袭兵器的多样性和灵活性，使战争从一开始就打破了前方和后方的传统概念；另一方面，现代兵器的杀伤范围也在扩大。

4）信息化，快速化

信息化战争突发性强、预警时间短，防空预警在发放时机上遇到挑战。我们现在的防空预案和居民的防护心理仍然定格在机械化战争条件下的全员防护掩蔽理念中。原有的警报发放时机在信息化战争中相对滞后。假如我们在几百公里处发现一飞行速度为上千公里/小时的来袭飞机或导弹并及时拉响预警警报，而此飞行器半个小时左右就飞达目标。

2. 现代空袭的武器

在未来战争中，核武器、化学武器、生物武器(简称核化生武器)是城市居民可能遭受空袭的大规模杀伤性、破坏性武器。因此，对这三种武器的防护称为"三防"。它是人民防空（简称人防）的基本内容。

1）核武器

核武器是利用核反应（原子核裂变或聚变）瞬间释放出的巨大能量起杀伤破坏作用的武器，原子弹、氢弹、中子弹（依靠中子辐射杀伤人员）统称为核武器。核武器用飞机、导弹、火箭、火炮和潜艇等工具运输，可以投向世界上任何地方。

2）化学武器

在战争中以毒性杀伤人、畜，破坏植物的化学物质叫做毒剂，如芥子气、肉毒素、维埃克斯（VX）、沙林等。装有并能施放毒剂的武器、器材总称为化学武器，如装有毒剂的化学地雷、炮弹、航弹、火箭弹、导弹、飞机布洒器等。化学武器在使用时，将毒气分散成蒸汽、液滴、胶质或粉末等状态，使空气、地面、水源和物体染毒，以杀伤敌方或预定的生命目标，打击对方的军事力量或达到破坏的目的。

3）生物武器

生物制剂及施放它的武器、器材总称生物武器。生物制剂是指在战争中杀伤人、畜，毁伤农作物的微生物及其毒素，如橙色战剂、炭疽热等。生物制剂按照对人员伤害程度分为失能性战剂和致死性战剂，按照所致疾病分有传染性、无传染性和传染性战剂。

4）激光武器

激光武器（Laser Weapon）是一种利用沿一定方向发射的激光束攻击目标的定向能武器，激光的能量高度集中，比太阳亮 200 亿倍，足以摧毁任何坚固的目标。它以每秒 30 万 km 的速度在空中传播，瞄准射击时不需计算提前量。激光射击时几乎没有后坐力，可随意变换射击方向，精确打击目标的要害部位。具有快速、灵活、精确和抗电磁干扰等优异性能，在光电对抗、防空和战略防御中可发挥独特作用。它分为战术激光武器和战略激光武器两种，是一种常规威慑力量。由于激光武器的速度是光速，因此在使用时一般不需要提前量，但因激光易受天气的影响，所以时至今日激光武器也没有得到普及。

四、人民防空工程的防护作用

按标准建造的人防工程是人员的安全防护设施。它能在一定程度上抵御冲击波、光热辐射、核辐射、毒剂、放射性和生物战剂污染空气及常规爆炸碎片等各种杀伤因素的危害。例如，工程最外面的防护门，可使冲击波杀伤半径减少 2/3。防护密闭门和密闭门上的橡胶密封圈能有效防止烟尘、毒剂污染空气渗入。在工程口部两道密闭门之间是防毒通道或洗消间。在进风口处有滤毒通风设施，能将污染空气过滤成清洁空气，供工程内的人员使用。在排风口一侧设有洗消间，能保障人员在染毒情况下进入工程时的安全。另外，人防工程还有很好的抗地震效果。

加强民用防空建设，是许多国家的战备策略。享有"世界花园"美誉的瑞士，在 1815 年维也纳会议上被确认为永久中立国。此后 180 多年来，瑞士以和平中立著称于世。然而，在这没有战争的 180 多年里，中立国瑞士不仅没有停止备战，而且建成了世界上最完善的地下掩蔽系统。访问过瑞士的人发现，这个国家不仅在地下有许多民防工事，地上还有许多伪装成山丘的飞机坦克洞库。据说，第二次世界大战时，纳粹德国并非不想入侵瑞士，只是因为瑞士备战扎实，才不敢轻率入侵。

历史的经验证明，人口或工业高度集中的城市。往往是战时敌人空袭的目标。为了减少空袭造成的损失，就应该构筑相应的防空设施。第二次世界大战中，德国的斯图加特市，人口 50 万，由于构筑了大量防空地下室，虽然遭到 53 次空袭，投下 2.5 万 t 炸弹，只死亡 4000 人，死亡率只有 0.8%。然而，同样是德国的普福尔茨海姆市，人口只有 8 万，由于没有足够的防空设施，仅仅一次空袭（投下 1600t 炸弹），就死了 1.7 万人，死亡率竟高达 22%，相当于斯图加特市的 27.5 倍。又例如我国重庆市，在抗战初期，由于没有足够数量的防空洞，平均每颗炸弹要炸死 22 人，但到 1937 年 8 月 15 日以后，因为有了能容纳 60 万人的各种防空洞（当时重庆人口为 110 万），平均每颗炸弹只能炸死 1 人。

可见，有人防措施和没有人防措施在战时是大不一样的。特别是随着核武器、化学武器、细菌武器、激光武器等现代大规模杀伤性武器的出现，人防工程的作用就显得更加突出了。所以人民防空工程是国防的组成部分，是现代化城市建设的重要方面，是城市抗灾减灾不可缺少的生命线工程，是防备敌人空中袭击，有效掩蔽人员和物资，保证战争潜力的重要设施。

国外曾有资料表明：人防工程的构筑，只需用 10 亿美元就可保护 4900 万人的安全，但用 180 亿美元建造 22 个城市的反导弹防御系统，则只能有效地保护 2700 万人的安全。近代几场战争也证明，再先进的防空兵器，有效的预防效果也只达到 70%，仍有 30%空袭会对城市和经济目标造成破坏。有专家作过统计分析：在现代战争中，直接伤亡于炮火之下的人口仅占 20%，而间接伤亡于次生灾害的占 80%。军事专家用计算机模拟预测：一个城市如果没有人防设施，它的人口生存概率只有 30%；而有人防设施的，再加上有效的人防措施和计划，它的人口生存概率可达到 90%以上。

目前，世界上有 130 多个国家和地区设有民防机构，担负战时防空平时防灾双重任务。国外民防发展的主要特点：在指导思想上，把民防建设置于重要的战略位置。世界不少国家认为，民防是"现代战争条件下的重要战略措施"，是"战时的决定性战略因素"和"有效的威慑力量"，是国家战略的重要组成部分。俄罗斯认为，民防是保卫国家安危最重要的战略措施，没有强大的民防，任何国家在现代核战争中都无法生存，明确"必须不断改善居民的防御工作，加强民防体制"。美国视民防为其核威慑战略的重要组成部分，认为核时代威胁的可靠性不仅取决于国家的战略进攻能力，而且取决于保存自己的能力。西欧诸国虽然依靠美国的核保护伞和北约联盟的集体防护，但仍按"军民兼顾"的总防御战略积极发展民防。瑞士和瑞典虽长期处于和平环境，但始终把民防与军事防御、心理防御、经济防御视为总体防御的重要组成部分，从战略上给予足够的关注和重视。第二次世界大战后，许多国家不惜花费大量资金修建人（民）防工程，并仍在继续修建当中。据资料介绍，目前美国民防掩蔽部可容纳人数占总人口的 70%，俄罗斯民防工程可掩蔽全国人口的 80%左右，瑞士民防掩蔽部可容纳人数占总人口的 89%，而以色列民防掩蔽部可掩蔽 100%的人口。

据对地震后的调查，凡有地下室的楼房，地震破坏就小。唐山地震后，在地面建筑一片废墟的情况下，防空地下室基本完整无损，震后有很多人在地下室内生活和避震，保护了居民的生命和财产安全。事实表明，人防工程不仅在战时，而且在平时和自然灾害来临时显示出它的防护作用。

第二节　我国人防工程的建设原则和措施

一、我国人防工程的建设原则

1986年国家颁布了《人民防空条例》，1996年又颁布了《中华人民共和国人民防空法》，强制性规定城市新建民用建筑必须结合地面建筑修建可用于战时防空的地下室，即所谓的结建工程，其功能主要体现在远可以应对战争，防患于未然，近可以防灾减灾，提高城市应急能力。国家对结建工程颁布了严格的技术战术标准，使防空地下室建设，不仅要具备防核武器、化学武器、生物武器等各种破坏性打击的能力，同时要为战时和和平时期人员的掩蔽提供必备的生存条件。

人民防空建设的原则，是指导人民防空建设的基本法则，是人民防空建设方针的具体化，也是组织实施人民防空建设的基本依据。《人民防空法》明确提出，我国人民防空建设"贯彻与经济建设协调发展，与城市建设相结合的原则"。其精神实质是：要求经济建设发展的水平，与城市建设的规模相适应，把人民防空建设规划纳入经济建设和城市建设的统一规划，同步建设。同时，在经济建设和城市建设中要贯彻人民防空的要求，兼顾人民防空的需要，从建设、维护、使用、管理上等力求做到一笔投资，多种效益。

我国人民防空遵循的是长期准备、重点建设、平战结合的原则。

（一）长期准备

在和平时期，居安思危，有计划、有步骤地实施人防建设。经过国防建设，外交努力，战争也许几年、十几年遇不上，但天灾人祸却几乎年年有，而且往往难以预测。因此把防空建设与城市长期防灾减灾工作结合起来，进行一体化建设和管理，就可以充分利用和发挥其防护功能，减少灾害和各种事故造成的破坏损失，保护人民生命安全，保障经济建设的顺利进行。人民防空工程应当从规划，建设、维护、使用，管理等方面，力求做到统一规划，同步建设，节省投资，提高效益，符合经济规律。既要为国家节约人力、物力、财力，又要依法进行人民防空建设。

（二）重点建设

由于人民防空建设涉及面广，工作量大，而且建设周期长，规模大，投入高，必须在统一规划的基础上，突出重点，分步实施。在服从经济建设大局的前提下，区分轻重缓急，有重点、分层次地实施人防建设。

（三）平战结合

人民防空各项建设和准备，既符合战备的需求，又能在平时经济建设中发挥作用，把战备效益、社会效益和经济效益统一起来。

人防工程有防灾抗毁和应付突发事件的功能，也是发展经济和现代化城市建设的需要。随着经济发展，现代化的城市人口膨胀、交通拥挤、地皮紧张、生态失衡等问题日益严重。要解决这些问题，城市建设必须开辟新的空间，向立体化发展。结合民用建筑修建的防空地下室在平时可开发利用，充分发挥社会效益和经济效益，进一步完善城市功能。另外，人防工程为经济建设和城市建设服务，有自己的独特优势。一是冬暖夏凉，节省能源；二是没有噪声、尘土，免受震动影响；三是温湿度适当，易于储藏、保鲜。据统计，地下搞科研、商场、医院、仓库，不仅安全，而且便于管理，还可降低成本。

二、人民防空的防护措施

人民防空的防护措施是一个含义非常宽泛的概念。它涉及与防空和减轻空袭危害相关的各个方面。概括起来说，有两个大的方面：一是人民群众自身采取的防护措施，二是政府动员和组织群众采取的防护措施。

人民群众自身采取的防护措施，是接受各种形式的人民防空知识教育，使广大群众熟悉人民防空的基本知识技能，学会自救互救器材的使用，熟悉掩蔽地点和疏散方案，学会在特殊情况下自救求生的技能，从而达到自救互救、自我保护的目的。

政府动员和组织群众采取的防护措施，主要是指按照人民防空要求，修建各类人民防空工程、通信警报设施，组建群众性防空组织，做好城市人口疏散和安置的准备等等。

1）建立完善的空情预报、警报报知和指挥通信系统，及时通报空情，及时快速地传递和报知敌人的空袭行动，使战时人民群众能够获得充分的预警时间，采取相应的疏散、掩蔽等防护措施，是最大限度地避免和减轻空袭损失的重要一环。

2）构筑人员、物资防护工程，是高技术空袭条件下人民防空最基本、最有效的防护方法。设施完善的防护工程，可以防护多种杀伤因素危害，有效地保护人员和各种生产、生活物资的安全。

3）储备生活、医疗、救护和防护器材。利用各种防护设施，储备充足的生活、医疗、急救和防护器材，是保证防空袭斗争能够长期坚持下去，最终夺取战争胜利的前提。

4）进行适当的城市人口疏散。高技术条件下进行的空袭作战，虽然不以消灭对方有生力量为重点，但作为城市防空袭行动，适当地进行人口疏散，可以减轻战时城市人口压力，减少物资消耗，提高城市支持战争的能力。

5）进行人民防空知识教育，使居民掌握防护技能。政府要采取各种可能的手段，特别是充分利用各种现代媒体，对广大群众进行人民防空知识教育和技能的传授，这是提高战时人民防空防护有效性的基本措施。

6）组织训练群众防空队伍，组织抢险、抢修、抢救。群众防空队伍是人民防空的专业保障力量，是战时完成急难险重任务的主要力量，担负着抢险、抢修、抢救、抢运、灭火、堵漏等多种任务。

城市人防工程是用以保护人员、物资免受空袭杀伤破坏的工程建筑物。它对核、化、生武器的杀伤因素和普通炸弹都有较好的防护作用。假如某城市遭到 500 万 t 数量的核弹地爆袭击，人防工程可使核弹对人员的伤害半径缩小到 1/5。唐山地震时，地下工程的损坏要比地上建筑轻得多。事实表明，人防工程在战时、平时都有防护效果，它是人民防空的重要措施。

第三节　城市人防工程规划

人防是国防的重要组成部分，是一项全民性的长期的战备工作。在和平建设的新时期，我们更要重视人防建设，尤其是城市人防建设。这是因为：城市不仅是政治文化中心，而且是国家工业生产、经济设施、交通枢纽、通信设施、公众居住的中心，是国家战争潜力聚集地。当今以空袭为主要作战模式的全局或局部战争，其打击的重点都集中在以城市为中心的工业区、交通枢纽等经济目标上。据联合国估计，在 2030 年，全世界将有

2/3 的人口生活在城市地区。这意味今后如发生战争和冲突，客观上会有很多是在城市内展开。这一点已经引起军事学者、战略专家的广泛关注。美国国防问题专家就认为：城市是 21 世纪最可能成为战场的地区。从朝鲜战争、越南战争、两伊战争、海湾战争、北约对南联盟的军事打击以美英攻打伊拉克以及 2011 年美英等国空袭利比亚的战争，都把大中城市作为袭击的重要目标。正因如此，我国于 1997 年 1 月 1 日正式颁布实施了《中华人民共和国人民防空法》，并提出"城市是人民防空的重点"，要求"城市人民政府应当制定人民防空工程建设规划，并纳入城市总体规划"。

人防工程规划作为城市资源开发利用规划的重要组成部分，在编制人防建设规划时，应根据城市发展需要，具有前瞻性和可操作性。规划内容包括：人防工程现状及发展预测，发展战略，开发层次、内容、期限、规模与布局，实施步骤，人防工程的具体位置，各地下空间之间的相互连通方式，与地面建筑的关系，配套工程的综合布置方案，战备、社会、经济效益指标等。

一、城市人防工程的内容

人防工程主要起隐蔽和防护作用，为人民群众的生命财产提供安全保障，是人民防空中最重要的物质基础。

（一）人民防空指挥工程

人民防空指挥工程是人民防空指挥机构在战时实施安全、稳定、有效指挥的重要场所，在人民防空工程中居于核心位置。它不仅要求有较高的抗常规武器直接打击和抗核武器效应的能力，还要求采取防生化武器、防震和减震措施。为保证指挥活动的顺利进行，工程内部除必须配齐生活设施外，还需要配备人民防空指挥自动化系统。

（二）公用的人员掩蔽工程和疏散干道工程

公用的人员掩蔽工程和疏散干道工程，是解决城市公共场所和人口密集地区人员掩蔽疏散的公共防护设施，对确保战时人民生命安全极为重要。公用的人员掩蔽工程建设，要符合城市人口分布情况和就地就近掩蔽的要求。通常是划区分片进行，并结合改造，利用城市地下空间（如城市地下交通干线、地下公共设施和地下建筑等），达到建设标准。疏散干道工程要求经过城市人口稠密区域，市一级应设置疏散干道工程，区一级应设置支干道工程。重要人民防空工程、居民区人员掩蔽工程应通过支干道工程彼此相连，干道工程则连通不同区域的人民防空工程群。

（三）医疗救护和物资储备等专用工程

医疗救护和物资储备等专用工程，是指地下医院、救护站（所），各类为战时储备物资的仓库、车库，人民防空专业队伍集结掩蔽部等。它是保障战时各级人民政府统一组织医疗救护、物资供应、集结人民防空专业队伍的专用工程。这一工程建设对于战时消除空袭后果，减少空袭所造成的损失，意义十分重大。

（四）民用建筑地下室

民用建筑地下室，是指住宅、旅馆、招待所、商店、大专院校教学楼和办公、科研、医疗用房等民用建筑，按照国家有关规定修建可用于战时防空的地下室。由于防空地下室便于进出和防护，设计抗力不高，而投资效费比高，所以结合城市民用建筑，修建可用于战时防空的地下室，是战时保障城市居民就近就地掩蔽，减少伤亡损失的重要途径，也是世界各国普遍采用的做法。国务院、中央军委和国家有关部门先后颁发了一系列关于结合民用建筑修建防空地下室的规定。目前，国家规定：新建 10 层(含)以上或基础埋置深度达 3m 以上(含)的民用建筑，应建"满堂红"(即与地面建筑底层相等的面积)防空地下室；开发区、工业园区、保税区和重要经济目标区的新建民用建筑，按照一次性规划地面总建筑面积的 2%~5%集中修建防空地下室。该项工程建设由建设单位负责，所需资金列入项目的设计任务书和概(预)算，并纳入基本建设投资计划。

(五)城市的地下交通干线以及其他地下工程的人民防空配套工程

城市的地下交通干线以及其他地下工程，无论平时还是战时，对城市的稳定都起着极其重要的作用，是保障城市正常运转和人民群众生产、生活的"生命线"工程。《人民防空法》规定："城市的地下交通干线以及其他地下工程的建设，应当兼顾人民防空的需要。"据此，城市的地下交通干线以及其他地下工程的人民防空配套建设就成为人民防空工程建设的重要内容。地下交通干线是指地铁、隧道、地下公路等，如图 10-1 所示。其他地下工程是指地下管网和供水、供电、供气、供热、通信等公用基础设施。这些地下设施都要根据人民防空的需要，修建人民防空配套工程。该项工程建设应由建设单位负责，所需经费列入城市的地下交通干线以及其他地下工程建设的概(预)算，纳入基本建设投资计划。

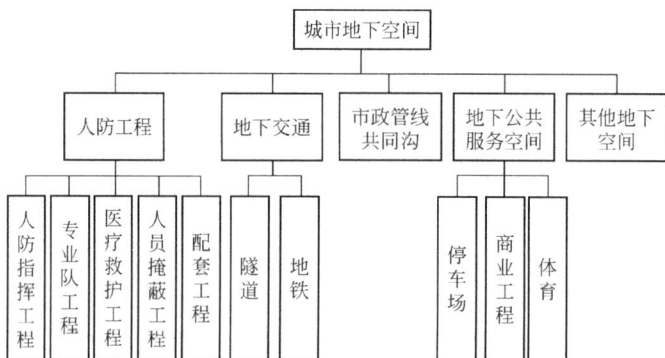

图 10-1　地下空间组成

二、人防工程规划布局应考虑的问题

(一)整体布局

我国人防工程的建设基本是结合城市地面建筑进行，各类人防工程之间缺乏整体规划布局和功能与形态上的联系，对今后的人防工程建设和地下空间开发也造成极大困难。另外，人民防空的规划布局应与城市其他专项规划相协调，目前在我国各城市建设中基本上没有形成合理的人防工程体系布局。

(二)城市人员防护布局

人员防护是人防的重要任务之一，主要是由人员掩蔽、医疗救护等工程组成。对人防指挥工程和人员掩蔽工程等建设的选址要有专门的论证，确保战争期间人防工程的整体防护效率。但目前城市人口密集的住宅小区，由于大部分是多层建筑，建设防空地下室需增加较多投资，开发商主要通过以缴代建方式履行义务，造成了人员掩蔽工程布局不合理。

(三)重要经济目标防护

根据现代战争的特点，重要经济目标是敌空袭打击的重点。人防工程中战时能为重要经济目标服务的工程主要是防空专业队工程。防空专业队建设的布局要求应主要围绕其保障的重要经济目标进行人防工程建设，但如果重要经济目标附近没有地面建筑或地面建筑已完成，就很难进行相应的防空专业队工程建设。

三、人防工程规划布局的基本原则

（一）协调发展的原则

人防工程协调发展主要是指各类人防工程面积应按适当比例进行建设，提高人防工程的数量与质量，使之合乎防护人口和防护等级要求。同时还要考虑物质储备工程、医疗工程和其他配套工程的建设，使各类工程建设保持适当比例，协调发展。

（二）各防护片区人防工程自成体系的原则

自成体系是指每个防护片区都应有独立的指挥工程、医疗救护工程、人员掩蔽工程、防空专业队工程和配套工程。以就近分散掩蔽代替集中掩蔽，加强对常规武器直接命中的防护，以适应现代战争突发性强、打击精度高的特点。大型的单项人防工程中要划分防护单元，各防护单元自成体系，提高单个工程的防空抗毁能力。城市划分防护片区时，应尽可能与城市的各行政区设置相一致，以利于各防护片区形成独立、完备的人防工程体系。

（三）平战结合的原则

由于平时防灾与战时防空在预警、应急反应、救灾物资储备及抢险救灾等方面有天然的相似性，综合利用城市地下设施，将城市各类地下空间纳入人防工程体系，研究平战功能转换的措施与方法。实现真正意义上的平战结合。

（四）功能相适应原则

根据城市总体规划，在居住用地上以安排人员掩蔽工程建设为主，在工业用地内以布置防空专业队工程建设为主。加强人防工事间的连通，使之更有利于对战时次生灾害的防御，并便于平战结合和防御其他灾害。

（五）人口防护与重要目标防护并重原则

突出人防工程的防护重点，人口和重要目标的防护是人防工程建设的两项基本任务。选择一批重点防护城市和重点防护目标，并提高城市防护等级，以保障重要目标城市与设施的安全。因此人防工程规划布局时，应优先保证这两项基本任务的完成。

城市人防工程建设布局还没有成熟的理论，认识也还不完全统一，需进一步加强人防工程规划布局的研究和探讨。

四、城市地下空间与人防工程的转换

城市的其他地下空间，通过一定的处理与转换措施后可以转换为人防工程。同样，人防工程在平时也可行使其他功能。

1. 指挥通信系统（图 10-2）

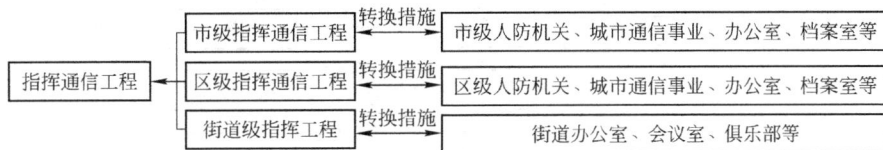

图 10-2　指挥通信系统的平战结合

2. 人防医疗救护工程(图 10-3)

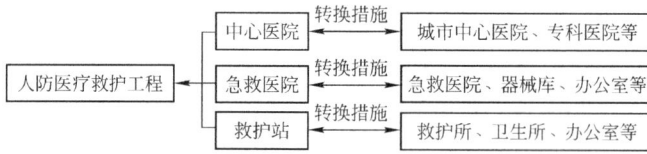

图 10-3　人防医疗救护的平战转换

3. 人防专业队伍车库(图 10-4)

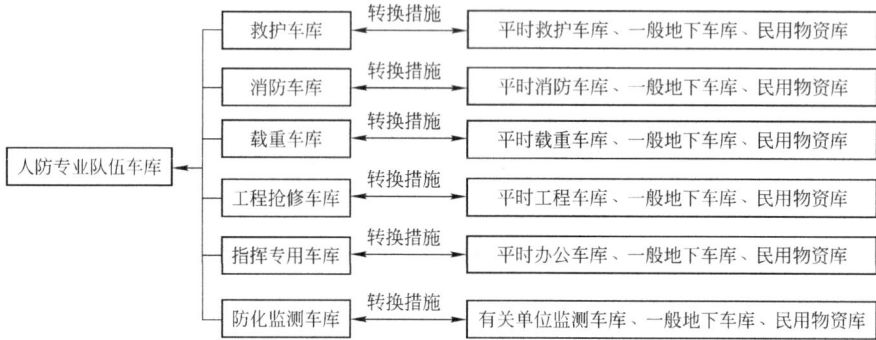

图 10-4　人防专业队伍车库工程的转换关系

4. 人员掩蔽部、后勤保障(图 10-5、图 10-6)

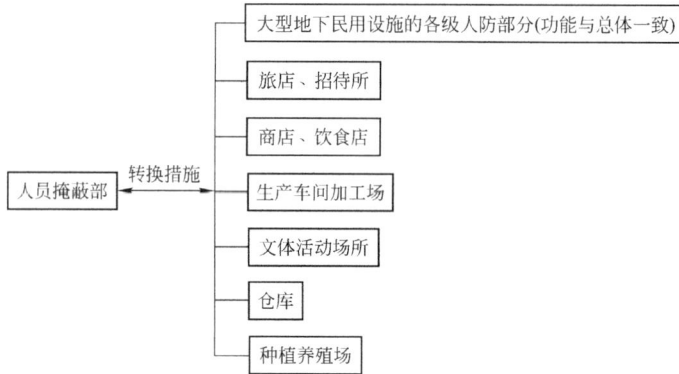

图 10-5　人员掩蔽部的平战转换

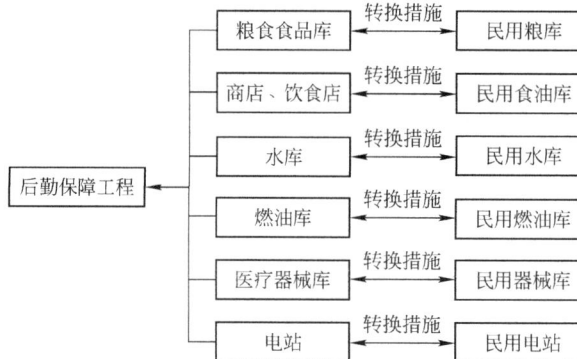

图 10-6　物资储备的转换关系

5. 人防通道工程转换(图 10-7)

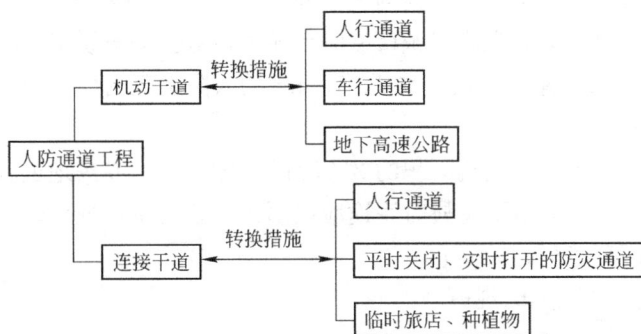

图 10-7　人防通道工程的转换关系

第四节　城市人防工程的建设标准

一、城市人防工程的分类

（一）人民防空重点城市分类

人民防空重点城市分为国家一类、二类、三类防空重点城市，以及大军区和省定防空重点城市。

国家一类防空重点城市，如省会；

国家二类防空重点城市，如省辖地级市；

国家三类防空重点城市，如县级市。

（二）人防工程分类

1. 按功能分

1）指挥、通信。

2）中心医院及急救医院。

3）人员掩蔽部：专业队员、一等人员（局级和局级以上）、二等人员。

4）专业队装备部。

5）配套工程：区域水源、电源、监测中心、食品加工、物资加工、物资库、人防通道等。

2. 按抗力分

按抗力分为 1、2、2B、3、4、4B、5、6 八个等级，其中 5 级人防抗力为 0.1MPa，6级人防抗力为 0.05MPa。

3. 按防化等级分

按防化等级分为甲、乙、丙、丁四个等级。根据人民防空战术技术要求，防空地下室分为甲类和乙类。甲类防空地下室设计必须满足其预定的战时对核武器、常规武器和生化武器的各项防护要求。乙类防空地下室设计必须满足其预定的战时对常规武器和生化武器的各项防护要求。

二、城市人防工程建设标准

（一）城市人防工程总面积的确定

城市人防规划首先要确定人防工程的大致总量规模，然后才能确定人防设施的布局。而预测城市人防工程总量又需先确定城市战时留城人口数。一般说来，战时留城人口约占城市总人口的 30%～40% 左右。按人均 1～1.5m² 的人防工程面积标准，就可推算出城市所需的人防工程面积。

在居住区规划中，应按总建筑面积的 2% 设置人防工程，或按地面建筑总投资的 6% 左右进行安排。居住区防灾地下室战时用途应以居民掩蔽为主，规模较大的居住区的防灾地下室项目应尽量配套齐全。

（二）城市专业人防工程的规模

城市防灾专业工程的规模见表 10-1 所列。

城市防灾专业工程规模要求　　　　　　　　　　　　　　表 10-1

项目 名称		使用面积(m²)	参考标准
医疗救护工程	中心医院	3000～5000	200～300 张病床
	急救医院	2000～2500	100～150 张病床
	救护站	1000～1300	10～30 张病床
连队、专业队工程	救护	600～700	救护车 8～10 台
	消防	1000～1200	消防车 8～10 台，小车 1～2 台
	防化	1500～1600	大车 15～18 台，小车 8～10 台
	运输	1800～2000	大车 25～30 台，小车 2～3 台
	通信	800～1000	大车 6～7 台，小车 2～3 台
	治安	700～800	摩托车 20～30 台，小车 8～10 台
	抢险抢修	1300·-1500	大车 5·-6 台，施工机械 8～10 台

（三）城市人防工事的抗力标准

根据抗地面超压(指动压)的不同，城市人防工事的抗力标准分为五级：一级为 240t/m²，二级为 120t/m²，三级为 60t/m²，四级为 30t/m²，五级为 10t/m²。

（四）城市人防工事防早期核辐射的标准

通过防空地下室顶部、外墙和出入口进入室内的早期核辐射总剂量不得超过 50R。防早期核辐射的土壤保护层和临空墙(系按照钢筋混凝土或混凝土墙计算；如按砖墙，表 10-2 中所列的数值应乘以修正系数 1.4)的最小厚度(见表 10-2 所列)。

防早期核辐射防空保护层的最小厚度(cm)　　　　　　　　表 10-2

防护等级	三级	四级	五级
土壤防护层厚度	130	105	65
室内出入口临空墙	70	55	25
室内出入口临空墙	35	25	20

（五）城市防空地下室使用面积标准和房间净高

城市防空地下室使用面积标准和房间净高见表10-3所列。

城市防空地下室使用面积标准和房间净高 表10-3

项目 类别	使用面积(m²/人)	房间净高(m)
人员隐蔽室	1.0	2.4
全国人防重点城市、直辖市区的指挥所、通信工程	2.0~3.0	2.4~2.8
医院、救护所	4.0~5.0	2.4~2.8
防空专业队伍隐蔽室	1.0~1.2	2.4~2.6

（六）城市各类防空地下室战时新鲜空气量标准

城市各类防空地下室战时新鲜空气量标准见表10-4所列，城市人防工事生活用水量标准见表10-5所列。

城市各类防空地下室战时新鲜空气量标准 表10-4

类别	清洁式通风量 [m³/(人·h)]	过滤式通风量 [m³/(人·h)]
人员隐蔽室	3~7	1.5~3
全国人防重点城市、直辖市区的指挥所、通信工程	10~20	3~5
医院、救护所	15~20	3~5
防空专业队伍隐蔽室	10~15	2~3

城市人防工事生活用水量标准 表10-5

用水项目	用水量(L/人·d)	用水项目		用水量(L/人·d)
饮用水	3~5	伤病员用水	住院	60~80(含以上用水)
洗漱用水	5~10		门诊	4~6
冲洗厕所用水	24	煮食物用水		4~6

《人民防空法》规定："城市新建民用建筑，按照国家有关规定修建战时可用于防空的地下室。"

人防地下室主要功能是战时作为人员掩蔽之用，有防常规武器和防核武器之分。防常规武器抗力级别5级和6级(简称为常5级和常6级)；防核武器抗力级别4级、4B级、5级、6级和6B级(简称为核4级、核4B级、核5级、核6级和核6B级)。

国家四部委〔2003〕18号文件对城市新建民用建筑修建防空地下室作出了明确规定和具体要求：

1）城市规划区内，新建10层(含)以上或者基础埋深3m(含)以上的民用建筑，按照地面首层建筑面积修建6级(含)以上防空地下室。

2）新建除一款规定和居民住宅以外的其他民用建筑，地面建筑面积在2000m²以上的，按照地面建筑面积的2%~5%修建6级(含)以上防空地下室。

3）开发区、工业园区、保税区和重要经济目标区除一款规定和居民住宅以外的新建民用建筑，按照一次性规划地面总建筑面积的2%~5%集中修建6级(含)以上防空地下室。

4）新建除一款规定以外的人民防空重点城市的居民住宅楼，按照地面首层建筑面积修建 6B 级防空地下室。

5）人民防空重点城市危房翻新住宅项目，按照翻新住宅地面首层建筑面积修建 6B 级防空地下室。

按照规定应同步修建防空地下室的新建民用建筑，因地质、地形等原因不宜修建的，或者规定应建面积小于新建民用建筑首层建筑面积的，经人民防空主管部门批准，可以不修建，但必须按规定缴纳防空地下室易地建设费。

按照《人民防空法》规定，重要的经济目标主要包括：重要的工矿企业、科研基地、交通枢纽、通信枢纽、桥梁、水库、仓库、电站等。

人防建设与城市建设相结合的平战两用项目有：地下街、地下停车场（车库）、地下旅游服务设施、地下物资库、地下医疗设施、地下生产车间、地下通信枢纽、电站、水源、地下室等。

城市规划区内新建民用建筑应按照下列标准同步修建防空地下室：

1）在人防重点城市的市区（中央直辖市含近郊区）新建民用建筑（指住宅、旅馆、招待所、商店、大专院校教学楼和办公、科研、医疗用房）按下列标准修建防空地下室：

（1）一、二、三类人防重点城市新建 10 层以上或基础埋置深度达 3m（含 3m）以上的 9 层以下民用建筑，应利用地下空间建设"满堂红"防空地下室。

（2）一、二类人防重点城市，城市规划确定新建的住宅区、小区和统建住宅，按一次下达的规划设计任务地面新建总面积（不含执行第 1 条规定的楼房面积）的 2%统一规划修建防空地下室。

（3）中央和地方各企业、事业、行政单位和部队，在一、二类人防重点城市新建的 9 层以下，基础埋置深度小于 3m 的民用建筑项目，其总建筑面积达 7000m² 以上的，按地面总建筑面积的 2%修建防空地下室。按此标准修建职工家属住宅的防空地下室面积不足一个楼门地基面积的，按一个楼门的地基面积另加室外出入口进行安排；其他民用建筑防空地下室面积不足 150m² 的，按 150m² 另加室外出入口进行安排。

（4）三类人防重点城市，除符合第 1 条规定者外，原则上暂不修建防空地下室。

2）结合民用建筑修建防空地下室，应贯彻平战结合的原则，确保工程质量，提高投资效果。防空地下室的设计既要符合战时防空的要求，又要充分考虑平时使用的需要，使其具有战时能防空，平时能为生产、生活服务的双重功能。在报批民用建筑的设计任务书时，要明确防空地下室的平时用途。

3）结合民用建筑修建防空地下室，一律由建设单位负责修建。所需的资金，列入建设项目的设计任务书和概（预）算之内，纳入基本建设投资计划。所需材料，按现行规定，根据建设项目的不同所有制、不同隶属关系、不同投资渠道，分别由部门、地方和企事业单位安排。

4）各级基建管理部门，在审批民用建筑项目的设计和概（预）算时，对防空地下室的部分要吸收人防和城建部门参加。凡不按规定修建防空地下室的，城建部门不得发给施工执照。

第五节 城市人防工事设计

一、城市人防工事设施布局的要求与模式

（一）布局要求

1）避开易遭袭击的重要军事目标，如军事基地、机场、码头等；

2）避开易燃易爆品生产、储运单位和设施，控制距离应大于50m；

3）避开有害液体和有毒气体储罐，距离应大于100m；

4）人员掩蔽所距人员的工作、生活地点不宜大于200m；

5）面上分散，点上集中，有重点地组成集团或群体，便于开发利用，便于连通，使单建式与附建式结合，地上、地下统一安排，注意人防工程经济效益的充分发挥。

（二）布局模式

1. 建于较大型公共绿地的地下（单建式）

一般在此处布置单建式综合人防工事，战时便于人员集结，同时也有利于人员、物资的疏散。平时可充分利用，作为商业空间，与绿地结合，为人们提供休闲娱乐场所和商业服务网点。

2. 与大型公共建筑相结合（附建式）

大型公共建筑一般位于各分区中心位置，附建人防工事可满足服务半径要求，且大型公建一般层数较高，面积较大，本身就需要一定的地下空间，这样在和平时期即可得到充分利用，经济效益十分显著。

3. 建于大型企业中（单建式、附建式）

城市大型企业较多，这些企业大多占地面积大，防护重点较多，在此布置综合人防工事一方面可在战时对大型企业提供必要的防护，且便于统一指挥、协调作战；另一方面在平时亦可为企业提供服务。

二、各类城市人防工事的设计

（一）指挥通信工事

它包括中心指挥所和各专业队指挥所、通信站、广播站等工事，要求有完善的通信联络系统，坚固的掩蔽工事且标准要高一些，其布局原则为：

1）根据人民防空部署，从便于保障指挥、组织群众疏散以及物资调度，便于组织对空及地面的警戒任务，保障通信联络顺畅出发，综合比较，慎重选定布局方案。尽可能避开火车站、飞机场、码头、电厂、广播电台等敌人空袭目标，以及影响无线电通信的金属矿区。

2）充分利用地形、地物、地质条件，提高工程防护能力，对地下水位较高的城市宜建掘开式工事和结合地面建筑修建防空地下室。

3）市、区级工程宜建在政府所在地附近，便于临战转入地下指挥。街道指挥所结合小区建设布置。

4）指挥所定员一般为30~50人，大城市要到100人，面积按每人2~3m² 计。全国重点城市和直辖市的区级指挥所的抗力等级一般为四级，特别重要的定为三级。

（二）医疗救护工事

包括急救医院和救护站，负责战时救护医疗工作，其布局原则为：

1）除应从本城市所处的战略地位，预计敌人可能采取的袭击方式，城市人口构成和分布情况，人员掩蔽条件以及现有地面医疗设施及其发展情况等因素进行综合分析外，还应考虑：

（1）根据城市发展规划，与地面新建医院结合修建，按人员比例设置；

（2）救护站应在满足平时使用需要的前提下，尽量分散布置；

（3）急救医院、中心医院应避开战时敌人袭击的主要目标及容易发生次生灾害的地带；

（4）尽量设置在宽阔道路或广场等较开阔地带，以利于战时解决交通运输，主要出入口应不致被堵塞，并设置明显标志，便于辨认；

（5）尽量选在地势高、通风良好及有害气体和污水不致集聚的地方；

（6）尽量靠近城市人防干道，并使之连通；

（7）避开河流堤岸或水库下游以及在战时遭到破坏时可能被淹没的地带；

（8）各级医疗设施的服务范围，在没有更可靠资料作为依据时可参考表10-6。

各级医疗设施服务范围 表10-6

序号	设施类型	服务人口（人）	备注
1	救护站	0.5～1万	
2	急救中心	3～5万	按战时城市人口计
3	中心医院	10万左右	

2）地下医疗设施的建筑形式应结合当地地形、工程地质和水文条件以及地面建筑布局确定，与新建地面医疗设施结合，或在地面建筑密集区采用附建式，平原空旷地带、地下水位低、地质条件有利时可采用单建式或地道式，在丘陵和山区可采用坑道式。

3）医疗救护工程的抗力等级为五级，个别重要的可为四级。其面积应按伤员和医护人员数量计，每人4～5m²。

（三）专业队工事

指为消防、抢修、防化、救灾等各专业队提供的掩蔽场所和物资基地。其中，车库的布局尤为重要，应遵循以下原则：

1）各种地下专用车库应根据人防工程总体规划，形成一个以各级指挥所直属地下车库为中心的、大体上均匀分布的地下专用车库网点，并尽可能以能通行车辆的疏散机动干道在地下互相连通起来。

2）各级指挥所直属的地下车库应布置在指挥所附近，并能从地下互相连通。在有条件时，车辆应能开到指挥所门前。

3）各级和各种地下专用车库应尽可能结合内容相同的现有车场或车队布置在其服务范围的中心位置，使所服务的各个方向上的行车距离大致相等。

4）地下公共小客车库宜充分利用城市的公用社会地下车库。

5）地下公共载重车库宜布置在城市边缘地区，特别应布置在通向其他省、市的重要公路的终点附近，同时应与市内公共交通网联系起来，并在地下或地上附设生活服务设施，战时则可作为所在区域内的防灾专业队的专用车库。

6）地下车库宜设置在出露于地面以上的建筑物附近，如加油站、出入口等。其位置应与周围建筑物和其他易燃、易爆设施保持必要的防火和防爆间距，具体要求见《汽车库建筑设计防火规范》及有关防爆规定。

7）地下车库应选择在水文、地质条件比较有利的位置，避开地下水位过高或地质构造特别复杂的地段。地下消防车库的位置应尽可能选择有较充分的地下水源的地段。

8）地下车库的排风口位置应尽可能避免对附近建筑物、广场、公园等造成污染。

9）地下车库的位置宜临近比较宽阔的、不易堵塞的道路，并使出入口与道路直接相通，以保证战时车辆出入的方便。

（四）后勤保障工事

包括物资仓库、车库、电站、给水设施等，为战时人防设施提供后勤保障。后勤保障工事中各类仓库的布局原则为：

1）粮食库工程应避开重度破坏区的重要目标，并结合地面粮店进行规划。

2）食油库工程应结合地面油库修建地下油库。

3）水库工程应结合自来水厂或其他城市平时用给水水库建造，在可能情况下规划建设地下水池。

4）燃油库工程应避开重点目标和重度破坏区。

5）药品及医疗器械工程应结合地下医疗保护工程建造。

6）其面积应根据留守人员和防卫计划预定的储食、储水及物资数量来确定。

（五）人员掩蔽工事

指掩蔽部和生活必需的房间，由多个防护单元组成，形式多种多样，包括各种单建或附建的地下室、地道、隧道等，为平民和战斗人员提供掩蔽场所。其布局原则为：

1）规划布局以市区为主，根据人防工程技术、人口密度、预警时间、合理的服务半径，进行优化设置，其分布应便于掩蔽人员的安全，快捷使用。

2）结合城市建设情况，修建人员掩蔽工程，对地铁车站、区间段、地下商业街、共同沟等市政工程作适当的转换处理，皆可作为人员掩蔽工程。

3）结合小区开发、高层建筑、重点目标及大型建筑修建防空地下室，作为人员掩蔽工程，使人员就近掩蔽。凡建筑面积达 $7000m^2$ 的城市居民小区，新建 10 层或 10 层以上，基础埋深达 3m 以上的高层建筑，都应配建防空地下室。

4）通过地下通道加强各掩体之间的联系。

5）临时人员掩体可考虑使用地下通道等设施。当遇常规武器袭击时，应充分利用各类非等级人防附建式地下空间和单建式地下建筑的深层。

6）专业队掩体应结合各类专业车库和指挥通信设施布置。

7）人员掩体应以就地分散掩蔽为原则，尽量避开敌方重要袭击地点，布局适当均匀，避免过分集中。

8）人员掩蔽工事的面积按留守人员每人 $1m^2$ 计，抗力等级一般为五级。

（六）人防疏散干道

包括地铁、公路隧道、人行地道、人防坑道、大型管道沟等，用于人员的隐蔽、疏散和转移，负责各战斗人防片之间的交通联系。其布局原则如下：

1）结合城市地铁建设、城市市政隧道建设，建造疏散连通工程及连接通道，联网成片，形成以地铁为网络的城市有机战斗整体，增强城市防护机动性。浅埋的疏散机动干道的走向应考虑城市地面情况，使其从城市人口较密集的地区通过，以便一旦发生警报，群众能迅速疏散，并尽可能沿街道或空旷地带，避开大型建筑物的基础和大型管道。

2）结合城市小区建设，使小区人防工程体系联网，通过城市机动干道与城市整体连接。

3）其抗力等级一般为五级，内部装修、防潮等标准可低一些。当通道较宽时，在满足人员通行外，还应设一排座位供掩蔽用，其面积指标可列入掩蔽工事。

（七）射击工事

规划时，应确定其数量和具体位置，平时不一定要全部建成，可在临战前修建。

三、人防工事的平面布置形式

城市人防工事的平面布置形式多种多样（图10-8），合理的布置形式应使用方便、经济合理，且有利于防护能力的提高。

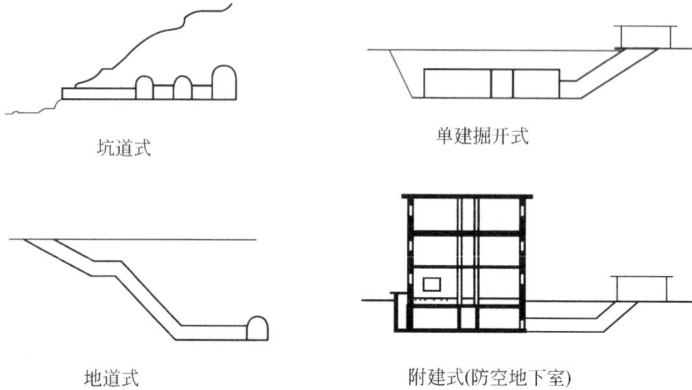

坑道式　　　　　　　　　　单建掘开式

地道式　　　　　　　　　附建式(防空地下室)

图10-8　人防工事的布置形式

（一）掘开式工事

它为采用掘开方式施工，其上部无较坚固的自然防护层或地面建筑物的单建式工事。工事顶部只有一定厚度的覆土，称为单层掘开式工事。顶层构筑遮弹层的，称为双层掘开式工事。这类工事有以下特点：

1）受地质条件限制少。

2）作业面大，便于快速施工。

3）一般需要足够大的空地，且土方量较大。

4）自然防护能力较低。若抵抗力要求较高时，则需耗费较多材料，造价较高。它大体上可分3种布置形式（图10-9）：

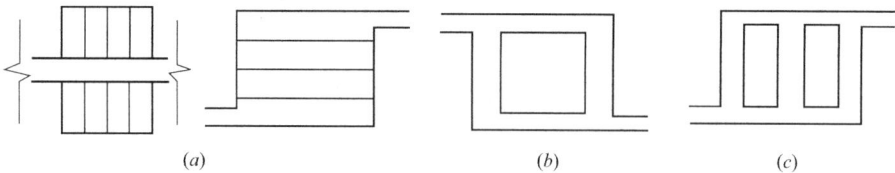

(a)　　　　　　　　　(b)　　　　　　　　　(c)

图10-9　掘开式工事示意
(a)集中式；(b)分散式；(c)混合式

1）集中式：其优点是工作联系方便，防水面积、土方量较少，作业面较大，结构较复杂，不便于自然通风。

2）分散式：其优缺点和集中式正好相反。

3）混合式：其优缺点介于集中式和分散式之间。

单层式工事宜采用分散或混合式。

（二）附建式工事（防空地下室）

按防护要求，在高大或坚固的建筑物底部修建的地下室，称防空地下室。

1）不受地形条件影响，不单独占用城市用地，并便于平时利用。

2）可利用地面建筑物增加工事的防护能力。

3）地下室与地面建筑基础合为一体，降低了工程造价。

4）能有效地增强地面建筑的抗震能力。

其特点如下：

受地面建筑物平面形状和承重墙分布的制约，防空地下室的布置形式基本上和地面建筑物一样，即多属集中式。

（三）坑道式工事

系在山地岩石或土中暗挖构筑，其基本平面形式是由若干通道相连，然后沿通道按一定的方式布置房间而形成。该通道中心线称为轴线。轴线长度主要决定于地形和工事的使用要求。在满足使用的前提下，为节省人力和材料，轴线的长度愈短愈好。其特点是：

1）自然防护层厚，防护能力强。

2）利用自然防护层，可减少人工被覆厚度或不作被覆，大大节省材料。

3）便于自然排水和实现自然通风。

4）施工、使用较方便。

5）受地形条件的限制，作业面小，不利于快速施工。

坑道工事房间的布局形式有两种：即平行通道式和垂直通道式（图 10-10）。

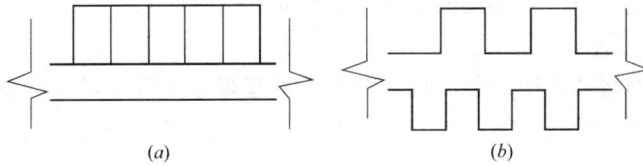

图 10-10　坑道工事示意

(a)平行通道式；(b)垂直通道式

1）平行通道式：优点是形式简单，表面积小，便于施工和通风，内部隔墙可根据使用要求的变化灵活分隔。缺点是跨度较大，岩石条件差时不便施工。

2）垂直通道式：优缺点正好和前者相反。岩石条件许可时，应尽量采用平行通道式。

（四）地道式工事

在平地或小起伏地区，采用暗挖或掘开方法构筑的线形单建式工事，称地道工事。其出入口坡向内部，特点如下：

1）能充分利用地形、地质条件，增加工事防护能力。

2）不受地面建筑物和地下管线影响，但受地质条件影响较大。高水位和软土质地区构筑工事较困难。

3）防水、排水和自然通风较坑道工事困难。

4）施工工作面小，不便于快速施工。

5）工事多构筑于土中，故支撑结构耗费材料较高，增加了工程造价。

6）跨度受限制，平时利用范围有限。

其布置形式基本上与坑道工事相同，房间尽可能采用平行通道式。

四、防空地下室的设计

（一）防空地下室的防护要求

1. 防御的武器

1）甲类防空地下室：防常规武器、化学武器、生物武器和核武器。

2）乙类防空地下室：防常规武器、化学武器和生物武器。

2. 武器效应与工程防护原则

（1）常规武器：指非精确制导的依靠炸药爆炸作用杀伤人员、破坏建筑的武器；炸药爆炸产生空气冲击波和土中压缩波。

（2）化学武器：依靠化学毒剂杀伤人员的武器。

（3）生物武器：依靠致病性微生物杀伤人员的武器。

（4）核武器：依靠瞬间核爆炸杀伤人员、破坏建筑的武器，即原子弹、氢弹的总称。核爆炸产生的五种杀伤破坏因素：

a. 热辐射：爆炸瞬间火球辐射的。

b. 早期核辐射：主要是 γ 射线和中子流等贯穿能力极强的辐射线。

c. 核电磁脉冲：瞬间强电场。

d. 冲击波：空气中传播的具有强间断面的纵波。

e. 放射性灰尘：具有放射性的核爆炸产物及感生放射性灰尘。

（5）火灾：全城性火灾形成的长时间的高温烘烤。

（6）倒塌：地面建筑倒塌形成的倒塌荷载和对孔口的堵塞。

（二）工程防护要求

（1）防爆波：对爆炸波防护的简称。对乙类工程爆炸波指常规武器非直接命中爆炸形成的空气冲击波和土中压缩波，对甲类工程爆炸波还包括核爆炸形成的空气冲击波和土中压缩波的防护。

（2）防命中：对常规武器命中防护的简称。防命中主要指非精确制导的常规武器，如普通炸弹命中。由于常规武器命中会产生强烈的冲击、贯穿等局部破坏作用，一般防空地下室都未按抗常规武器直接命中设计，因此需要采取其他有效的防常规武器命中的技术措施。

（3）防倒塌：对地面建筑倒塌防护的简称。地面建筑倒塌不仅会对防空地下室结构产生倒塌荷载，而且会造成口部的堵塞。

（4）防毒剂：对化学毒剂防护的简称。对于甲类工程"毒剂"包括化学毒剂、生物战剂和放射性灰尘；对于乙类工程"毒剂"包括化学毒剂和生物战剂。

（5）防辐射：对核辐射、热辐射防护的简称。对于甲类工程"辐射"包括早期核辐射、热辐射和城市火灾；对于乙类工程"辐射"指城市火灾。

（三）防空地下室的组成

1. 主体

主体是防空地下室中能满足战时防护及其主要功能要求的部分。设计时主要考虑以下问题：

1）空袭时主体内有无人员停留，其防护要求、使用要求均不同。有人员停留的主体应为清洁区；无人员停留的主体为染毒区。

2）主体除主要功能房间(如人员掩蔽所的人员掩蔽空间)外，还包括必要的辅助房间。

3）主体的范围：有人员停留的防空地下室，其主体为最里面一道密闭门以内的部分。无人员停留的防空地下室，其主体为防护密闭门以内的部分。

2. 口部

口部是防空地下室的主体与地表面，或与其他地下建筑的连接部分。口部主要指战时出入口、战时通风口等。主要考虑以下问题：

1）口部的范围：对于有人员停留的防空地下室，其口部不仅包括防护密闭门（防爆波活门）以外的通道、竖井，而且还包括防护密闭门（防爆波活门）与密闭门之间的房间、通道等。

2）室内、室外出入口的界定：按通道的出地面段是处在上部地面建筑投影范围的内、外确定。

3）战时出入口的分工：

（1）主要出入口：指战时空袭前、空袭后都要使用的出入口。因此是设计中尤其要重点保证空袭后的出入口使用，如在出入口位置、结构抗力、防毒剂、洗消设施以及出入口防堵塞等方面均应根据战时需要，采取相应的措施。一个防护单元应该设置一个主要出入口。

（2）次要出入口：指战时主要供空袭前使用，空袭后可不使用的出入口。因此该出入口除了需要满足口部的强度及密闭以外，其防护密闭门外的结构抗力、防堵塞等方面问题都不必考虑。一个防护单元需要设置一个或几个次要出入口。

（3）备用出入口：指战时空袭前一般不使用，空袭后当其他出入口无法使用时，应急使用的出入口。备用出入口一般采用竖井式，而且通常与通风竖井相结合设置。

（四）防空地下室设计

1. 人防主体设计

1）防护单元

（1）根据使用功能，按照一定的面积划分防护单元，每个防护单元的防护设施和内部设备自成体系；

（2）防护单元的面积：专业队员掩蔽部、一般人员掩蔽部不超过 $800m^2$，专业队装备掩蔽部不超过 $2000m^2$，配套工程不超过 $2400m^2$。

2）抗爆单元

（1）根据使用功能，按照一定面积，在防护单元内划分抗爆单元。

（2）抗爆单元的面积：专业队员掩蔽部、一般人员掩蔽部不超过 $400m^2$，专业队装备掩蔽部不超过 $1000m^2$，配套工程不超过 $1200m^2$。

（3）当人防内部用墙体进行小房间布置时，可不划分抗爆单元；人防设置位于多层建筑地下二层及二层以下，可不划分防护单元和抗爆单元；人防设置位于高层建筑地下三层及三层以下时，可不划分防护单元和抗爆单位。

（4）抗爆单元之间应设置抗爆隔墙，连通口处设置抗爆挡墙，可在临战时砌筑。钢筋混凝土墙厚度大于等于 200mm；砖墙厚度大于等于 370mm，高度方向每 500mm 配 3 根 $\phi6$ 通长钢筋。

3）净面积标准和净高

一等人员掩蔽所 $1.3\ m^2/$人，房间净高大于等于 2.4m，梁底大于等于 2.0m；

二等人员掩蔽所 $1.0\ m^2/$人，房间净高大于等于 2.4m，梁底大于等于 2.0m；

专业队员掩蔽所 $3.0\ m^2/$人，房间净高大于等于 2.4m，梁底大于等于 2.0m；

专业装备掩蔽部小型车辆 2.5～4.5m²/台，中型车辆 5.0～8.0m²/台，梁底管道底净高为车高加 0.20m。

4）防护单元之间的关系

（1）各防护单元建筑设备自成体系，相邻防护单元之间应设置防护密闭隔墙，当相互之间连通时，应在两侧设置防护密闭门。对防护单元而言，防护密闭门根据本单元的抗力要求，设置在本单元的外侧，此处墙的厚度根据门的构造形式而定，一般大于等于 500mm。

（2）防护单元内部不应设缝，相邻防护单元之间设缝需要开连通口时，要增加一段小走道，以便设置防护密闭门。

5）防护单元和地面的关系

（1）人防顶板底层一般不高出室外地面；

（2）6 级人防，当上部为砖混结构（上海规范为 6 层以下不超过 18m 的框架结构）可高出不超过 1.0m；

（3）5 级人防，当上部为砖混结构（上海规范为 6 层以下不超过 18m 的框架结构）并有取土条件时，可高出不超过 0.5m，并在临战时覆土。

6）防护单元与管道的关系

与防空地下室无关的管道，不宜穿过人防围护结构，需划出人防防护单元，当条件限制需穿过其顶板时，只允许水、暖、空调冷媒等，直径不大于 75mm 的管道穿过，且应采取防护密闭措施。

2. 人防口部设计

人防口部是指防空地下室主体与地表面连接部分，包括人员出入口、物资出入口、进排风口。

1）出入口形式

出入口是人防工事与外界联系的部分，其形式是指防护门前部分的基本形状，它与防护效果有密切关系，常见出入口形式按照平面方向划分有直通式、单向式（拐弯）和穿廊式，按照垂直方向划分有水平式、倾斜式和竖井式（图 10-11）。

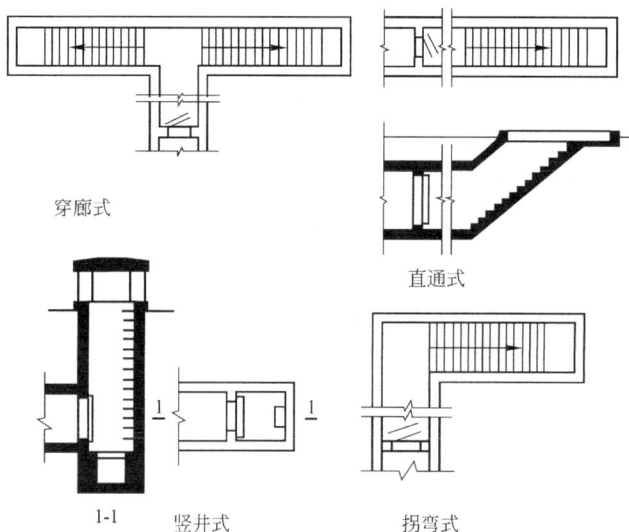

图 10-11　出入口形式

（1）直通式：优点是人员、设备的进出及施工均较方便，结构简单，材料节省。缺点是冲击波自正前方来时，防护门上的荷载较大，自卫性能差。

（2）单向式：优点是自卫能力较好，人员进出方便，结构简单，且节省材料。缺点是大设施（如柱架、电机等）进出不便，冲击波从侧前方来时，防护门荷载较穿廊式大。

（3）穿廊式：优点是冲击波无论从何方来，作用于防护门上的荷载均较小，自卫性能较好，人员出入方便。缺点是结构较复杂，耗费材料多，大设施进出不便。

（4）竖井式：优点是节省材料，无论冲击波来自何方，作用在门上的荷载均较小。缺点是出入不方便。

2）出入口的数量和要求

（1）每个防护单元不应少于两个出入口（不包括连通口），战时使用的主要出入口应设在室外，不应采用竖井式。

（2）人员掩蔽部中相邻两个防护单元可在防护密闭门外共设一个室外出入口，两者防地面超压不同时，其设的室外出入口应按抗力高的等级设计。

（3）消防车库、大型物资库应分别设置两个室外出入口，中心医院急救医院宜分别设置两个室外出入口，并宜设置在不同的方向并保持最大距离。

（4）室外出入口敞开段宜布置在地面建筑倒塌范围以外。

（5）地面建筑倒塌范围：4、4B级人防上部建筑为砖混或钢筋混凝土时，倒塌范围为建筑高度；5、6级人防上部砖混倒塌范围为 0.5 倍建筑高度；5、6级人防上部为钢筋混凝土不考虑倒塌范围。

（6）倒塌范围以外的室外出入口宜采用单层轻型结构，倒塌范围以内的室外出入口应采用防倒塌栅架。

（7）备用出入口可采用竖井式，宜与通风竖井合并设置，竖井平面净尺寸不宜小于 1.0m，如在倒塌范围内时，应设防倒塌栅架。

3）出入口通道、楼梯和门洞尺寸

应满足平时和战时的需要，并和防护密闭门和密闭门的尺寸有关。

（1）门洞最小尺寸，人员掩蔽所门洞宽 0.8m，门洞高 1.8m，走道宽 1.2m，走道高 2.2m，楼梯宽 1.0m；医疗工程和专业队员掩蔽所门洞宽 1.0m，门洞高 2.0m，走道宽 1.5m，走道高 2.2m，楼梯宽 1.2m。

（2）人员掩蔽所战时出入口门洞宽度之和按每 100 人 0.375m 计算，每樘门通过人数不超过 500 人。

4）出入口的伪装

人防工事的抗力，不仅取决于工事结构和各种孔口防护设备的强度，还和工事隐蔽条件密切相关。工事结构程度很高，但十分暴露，这样就易被发现而遭破坏。这种工事的实际防护能力不能算高。所以，必须重视人防工事的伪装，即出入口部分的伪装。

出入口的伪装主要由当地地形、地貌环境所决定，应做到就地取材、灵活多种。如平坦地区可用轻便、防火的建筑物进行伪装，坑道工事出入口接通道路时可用接近道路的伪装。

5）清洁区和染毒区

有防毒要求的人防防护单元最内侧的一道密闭门以内，能满足防毒要求的区域为清洁区，此密闭门以外能抵御预定的核爆动荷载作用的区域为染毒区。染毒区应包括下列房间或通道：

（1）扩散室、密闭通道、防毒通道、除尘室、滤毒室、简易洗消间或洗消间；

（2）医疗救护工程的分类厅及其所属的急救室、厕所、染毒衣物间；

（3）柴油发电机室及其进排风机室、储油室；

（4）汽车库停车部分；

（5）战时无需防毒的房间或通道。

6）防护密闭门、密闭门，防毒通道和洗消间的设置

（1）医疗工程、专业队员、一等人员掩蔽所设主要出入口，设一道防护密闭门，二个防毒通道和洗消间，二道密闭门。次要出入口设一道防护密闭门，一个防毒通道，一道密闭门。

（2）二等人员掩蔽所，有防毒要求的配套工程设一道防护密闭门，一个防毒通道和简易洗消间，一道密闭门。

（3）汽车库等不需要防毒的配套工程只设一道防护密闭门。

（4）防毒通道应由防护密闭门与密闭门或密闭门与密闭门的通道组成，并应在通道内设置能满足换气次数要求的通风换气设备，在满足使用前提下缩小通道容积。

（5）人防门设置由外向内的顺序为：防护密闭门、密闭门，防护密闭门应向外开启，密闭门宜向外开启。

（6）洗消间设置位于防毒通道一侧，由脱衣、淋浴、检查、穿衣室组成。从室外至内部的顺序为防护密闭门、第一防毒通道、脱衣室、淋浴室、检查穿衣室、第二防毒通道、第二道密闭门。医疗救护工程：脱衣室、淋浴室、穿衣室，每一淋浴器 $6m^2$。其他工程：脱衣室、检查穿衣室，每一淋浴器 $3m^2$，淋浴室每一淋浴器 $2m^2$。

（7）简易洗消间设置宜在防毒通道一侧单独设置，其使用面积宜为 $5\sim10m^2$，亦可与适当加宽的防毒通道合并设置。

7）进、排风口，防爆波活门，扩散室，扩散箱，滤毒室和进风机房

（1）进、排风口宜在室外单独设置。

（2）设有洗消间或者简易洗消间的防空地下室，其战时排风口应设置在室外主要出入口。只有一个室外出入口时，进风口宜在室外单独设置。5、6级人防室外确无进风条件时，可结合室内出入口设置进风口，但防爆波活门外侧应采取防堵塞措施。

（3）不设洗消间和简易洗消间的防空地下室，当只有一个室外出入口时，战时进风口宜结合室外出入口设置，战时排风宜通过厕所排出。

（4）进风口、排风口、排烟口的防爆活门、扩散室和扩散箱等消波设施按相应规范要求设置。

（5）门式悬板活门的嵌入深度：正面冲击波嵌入200mm；侧面冲击波嵌入300mm。

（6）扩散室横截面净面积大于等于9倍悬板活门通风面积，当有困难时横截面净面积大于等于7倍悬板活门通风面积，净宽与净高比大于等于0.4且≤2.5，通风管与扩散室的连接口在侧墙上时应设在后1/3，通风管与扩散室的连接口在后墙上时应设在弯头中心距离后墙后1/3。常用扩散室的内部空间取最小尺寸。

（7）扩散箱宜采用不小于3mm的钢板制作。

216

（8）滤毒室设置在染毒区，滤毒室门宜为密闭门，设置在密闭通道或防毒通道内。进风机室应设置在清洁区。150人以下的二等人员掩蔽所，滤毒室和进风机室可合并布置为滤毒风机房，滤毒风机房宜设在清洁区，并应设密闭门。

8）洗消污水集水坑

防护密闭门外以及防爆波活门外应设洗消污水集水坑。

3. 其他要求

1）重要出入口附近应设置能控制出入口部的火力点（视情况在临战前修建），并与主体工事连通，有条件的应与附近的城防、国防工事衔接连通，以便相互支援。

2）人防工事应按照工事用途、防护等级以及行政地位等划分为若干防护单元，分片进行保护。每个防护单元应自成防护体系，有2个以上的出入口（包括连通口），有独立的通风系统。防护单元之间的连接通道内应设置1~2道防护密闭门。

3）疏散机动干道分为主干道和支干道两种类型：主干道可构筑人行通道和车行通道，作为前运粮弹，后运伤员和机动疏散之用；支干道是贯通各片工事与主干道相连接的人行隧道。保护单元之间、防护单元与支干道之间均应构筑连接通道。

主干道、支干道和连接通道的走向，应根据工事分布情况、战时机动疏散的需要和有利于平时使用来确定。主干道宜从人口稠密区通过，并连接重要工事。地上、地下要统一安排，避免与地面建筑、地下管线及其他地下构筑物相互影响和矛盾。

人行主干道、支干道每600~800m设置迂回通道和管理站，内设指挥、救护、隐蔽、饮水、厕所和出入口等设施。车行主干道的单车道每隔一定距离设置错车道。主干道、支干道和连接通道的交叉口应设置路牌。

采取自流排水时，应使防护单元和连接道的地面标高高于支干道，而支干道的地面标高高于主干道。

4）人防工事一般在半径为300~500m范围内设置给水点，无内水源的人防工事可设置储水池。

5）重点人防工事应设置独立的内部电源。一般人防工事应因地制宜，采取多种方式，优先保障战时工事照明。人防工事照明用电应做到分片、分段控制，有条件时可集中构筑较大的平战两用区域性的地下电站和变电站，战时统一向地下工程供电，平时在地面用电高峰时投入电网。

6）应将全部或部分通信枢纽站的机线转入地下。重点单位均应具备地下通信手段，形成通信骨干，保障战时指挥、警报畅通。防空战斗片和主干道、支干道内部应设置有线通信设备或广播对讲机设备的预装设施。

7）人防工事的消防应以防为主，制定防火管理规定，主干道、支干道和连接通道内应按照分段防毒、防烟、防灌水的要求进行分段防火且密闭。多层工事宜采用封闭防火楼梯间，并设置防火门。工事的重要部位，必要时可装置灭火设备和消防器材。

人防的地位与作用正在被世界各国所进一步认识。20世纪90年代以来，人防的概念在发展，它不仅限于军事意义，不仅是防空措施，不仅在战时发挥作用，在许多国家，它正发挥着保证城市综合防护和促进城市建设的作用。目前世界上已有100多个国家开展了民防工作，各军事大国以及保持中立的发达国家民防建设已具相当规模。有一组数字可证：将全国国民隐蔽于地下的能力，以色列是100%，瑞士是89%，瑞典是85%，美国是 70%。像俄罗斯的莫斯科其重要部门和重要目标的人防工程，通过战备地铁已实现了四通八达、快速机动与转移的程度。只不过各国今天的"防空洞"早已摆脱了昔日潮湿、阴冷，以"防"、"藏"为主的被动局面，代之以"能打能防"、"能藏能储"、"平战结合"的全维系统的综合构建，将战争与建设、国防与发展、军用与民用有机地结合起来，将人防(民防)建设与城市规划和开发地下资源有机地结合起来，使人防(民防)工程为国家经济建设和战争准备发挥出综合的效能。

第十一章　城市无障碍设计

第一节　概　　述

一个现代文明的社会，必然体现对老年人、残疾人的关爱，而城市的无障碍设计就是这种关爱的具体体现。无障碍设计的目的在于确保残疾人、老年人等弱势人群行动的自由，扩大其行动范围，使其能平等地充分参与社会生活，共享社会物质文化成果，成为同样可以贡献社会的公民。

按照联合国的规定，中国已进入老年型国家。2025 年是中国人口老龄化的高峰，老年人将达到 3 亿，残疾人将达到 1 亿。由于众多老年人、残疾人的存在和影响，就形成了人类社会中的一个特殊困难的群体。这个困难的群体渴望得到社会的理解和支持，要求充分参与社会生活，能够获得与健全公民一样具有的平等权利和机会，并共同分享社会的科学、经济、文化发展成果而改善的生活条件，诸如教育和工作机会、住房和交通、物质和文化环境、社区和保健服务以及体育运动和娱乐设施。因此无障碍设计的意义非同小可。

一、国际无障碍设计的发展概况

由于人道主义的呼唤，20 世纪初，建筑学界产生了一种新的建筑设计方法——无障碍设计。它运用现代技术建设和改造环境，为广大残疾人提供方便行动的安全空间，创造"平等、参与"的环境。国际上对于物质环境无障碍的研究，可以追溯到 20 世纪 30 年代初，当时在瑞典、丹麦等国家已建有专供残疾人使用的设施。1961 年，美国制定了世界上第一个《无障碍标准》。此后，英国、加拿大、日本等几十个国家和地区，相继制定了有关法规。联合国从 20 世纪 70 年代起就先后制定了《无障碍设计指导大纲》、《关于残疾人的世界行动纲领》等法规。很多国家都在城市、环境、道路、建筑等领域进行了大量无障碍环境设计和实践。

1968 年和 1973 年，美国国会分别通过《建筑无障碍条例》和《康复法》，提出使残疾人平等参与社会生活，在公共建筑、交通设施及住宅中，实施无障碍设计的要求，并规定所有联邦政府投资的项目，必须实施无障碍设计。为了从根本上转变观念，美国许多高等院校建筑系，已专门设立无障碍设计技术课程，作为必须训练的一项基本功。现在，新建道路和建筑物基本能做到无障碍建设，改造项目也考虑无障碍，尤以残疾人居住的建筑最为突出，针对使用者的特殊要求，采取了更多措施，包括建筑设施的灵活调整等，使残疾人通行安全和使用方便。

美国于 2001 年开始设立"美国无障碍设计奖"，专门奖励那些为行动不便人士日常生活做出特殊设计，使他们没有行动上的障碍个人。美国建筑师西萨·佩里获得了 2003 年"美国无障碍设计奖"。佩里设计的华盛顿国家机场 B 航站楼与 C 航站楼于 1997 年 7 月 27 日开放，到 2002 年已经有 1.32 亿乘客经过这座机场。

日本目前为残疾人、老年人增设的无障碍设施比较普及，该国制定的统一建设法规中，包括残疾人、老年人的无障碍设计。每一幢建筑物竣工时，有专门部门验收其是否符合残疾人、老年人的无障碍设计。在一些公共设施中，尤其商店是按商业建筑面积大小，实现不同等级的无障碍设计，建筑面积大于 $1500m^2$ 的大中型商业建筑，要为残疾人、老年人提供专用停车场、厕所、电梯等设施。在机场、火车站以及道路等地方的无障碍设施、服务也较为完善。

瑞典无障碍设计是全部环境的设计标准，而不是只针对老年住宅或者残疾人住宅才做无障碍设计。因为他们的考虑是，任何人都有可能踢足球踢断腿，或者偶尔会因为一些其他的原因而有一段残疾的时间，而残疾人也有权利到达城市的任何地方。因此那里的建筑跟中国很大的区别就在于室内外没有很大的高差，基本都是平的。电梯的尺寸设计都能保证让轮椅进去。别墅往往是在一楼要有一个卫生间非常大，能够满足轮椅进去而且可以转弯。因为万一有人病了，他们肯定是住在一楼而不是三楼。

二、我国无障碍设施发展概况

我国无障碍设施的建设，是从无障碍设计规范的提出与制定开始的。1985 年 3 月，在"残疾人与社会环境研讨会"上，中国残疾人福利基金会、北京市残疾人协会、北京市建筑设计院联合发出"为残疾人创造便利的生活环境"的倡议。北京市政府决定将西单至西四等 4 条街道，作为无障碍改造试点。1985 年 4 月，在全国人大六届三次会议和全国政协六届三次会议上，部分人大代表、政协委员提出，在建筑设计规范和市政设计规范中，考虑残疾人需要的特殊设施的建议和提案。1986 年 7 月，建设部、民政部、中国残联共同编制了我国第一部《方便残疾人使用的城市道路和建筑物设计规范（试行）》，于1989 年 4 月 1 日颁布实施。1990 年 12 月，全国人大常委会颁布的《中华人民共和国残疾人保障法》规定："国家和社会逐步实行方便残疾人的城市道路和建筑物设计规范，采取无障碍措施。"国务院批准执行的中国残疾人事业的五年工作纲要、"八五"、"九五"、"十五"计划纲要，也都规定了建设无障碍设施的任务与措施。1998 年 4 月，建设部发出《关于做好城市无障碍设施建设的通知》（建规〔1998〕93 号），主要内容是有关部门应加强城市道路、大型公共建筑、居住区等建设的无障碍规划、设计审查以及管理、监督。1998 年 6 月，建设部、民政部、中国残联联合发布《关于贯彻实施方便残疾人使用的城市道路和建筑物设计规范的若干补充规定的通知》（建标〔1998〕177 号），主要内容是切实有效地加强工程审批管理，严格把好工程验收关，公共建筑和公共设施的入口、室内，新建、在建高层住宅，新建道路和立体交叉中的人行道，各个道路路口、单位门口，人行天桥和人行地道，居住小区等均应进行有关无障碍设计。

近 20 年来，我国的无障碍设施建设取得了一定的成绩，大中城市比较突出。在城市道路中，为方便盲人行走修建了盲道，为方便乘轮椅残疾人修建了缘石坡道。在建筑物方面，大型公共建筑修建了许多方便乘轮椅残疾人和老年人从室外进入室内的坡道，以及方便使用的无障碍设施，包括楼梯、电梯、电话间、洗手间、扶手、轮椅位、客房等（图 11-1～图 11-4），保证了我国众多的残疾人、老年人以"平等"、"参与"、"共享"为宗旨，享有与其他公民平等的权利，并保护其不受侵害。但总的来看，有的地方设计规范没有得到很好执行，同残疾人的需求及一些发达国家和地区的情况相比，我国的无障碍设施建设还较为落后，有较大差距。

图 11-1　残疾人通道

图 11-2　残疾人车位

图 11-3　低位置电话亭

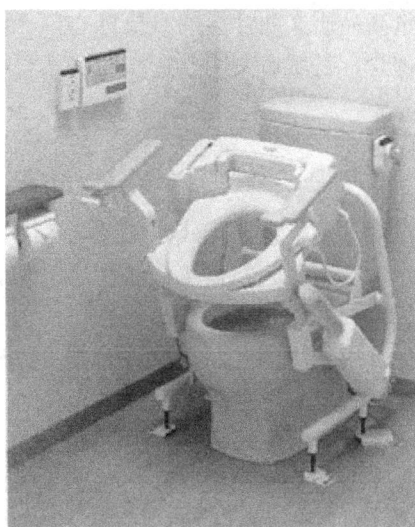

图 11-4　卫生洁具

　　深圳是中国最早开展无障碍建设的城市之一。早在 1985 年，市政府就发文要求在公共场所设置无障碍设施，开始了深圳无障碍环境的建设历程。目前深圳市内各主要道路兴建了坡道；火车站、机场和海关联检大楼内修建了坡道或残疾人专用电梯；博物馆、体育馆、大剧院等设置了残疾人专用通道；各大酒店建有方便残疾人使用的客房和洗手间；公园、旅游区除在设计上保证残疾人能观赏到主要景点外，还备有轮椅等设备；越来越多的住宅区拥有了无障碍环境；中心区六大重点工程，国际会展中心和地铁的建设，也全部实现了无障碍化。

　　北京市在继续加大无障碍环境建设和改造的同时，已经将无障碍设计纳入对规划师、建筑师的培训、考核工作当中，同时将无障碍设计纳入大专院校相关专业的教学内容中。与此同时，北京市规划委等部门正着手规划无障碍的盲道系统、行车路线、步行路线、购物网点、旅游景点、文化娱乐网点等，并在此基础上根据现状编制无障碍地图。到 2008 年前，北京市区的主要公共设施、重要地区城市道路和高层住宅已基本实现无障碍。

　　香港地区为残疾人提供的交通服务主要有两大类：一类是服务中心安排的交通服务，

来往于康复机构之间，例如为庇护工厂及特殊学校的残疾人而设；一类是复康巴士服务，这是一个遍及全港的交通网络，让行动不便的残疾人可以往来上班、上学或参与各项活动。尤其值得介绍和学习的是复康巴士服务。香港复康巴士服务隶属于香港康复会，是由香港卫生福利局资助的。复康巴士服务是自1978年开始专门为残疾人提供按户接送的交通服务，凡是不能使用公共交通工具或使用有困难的残疾人，均可选乘复康巴士。

我国是残疾人最多的国家，我们希望建立的城市，是任何人没有任何不方便和障碍，能够共同地自由生活与活动的城市。"城市环境无障碍化"不仅体现了这一原则，而且也是一项新的内容，它具有相对的独立性和广泛的实用价值。无障碍环境，是残疾人走出家门、参与社会生活的基本条件，也是方便老年人、妇女儿童和其他"少数派"社会成员的重要措施。无障碍环境，不仅为残疾人、老年人参与社会生活提供了必要的安全和方便，同时也是衡量高品质文明社会的重要标志。无障碍设计的课题研究是针对所有大众，这种广泛的设计理念，是城市文明、进步的必然要求。

第二节　无障碍设计的内容

无障碍设计，是指为保障残疾人、老年人、伤病人、儿童和其他社会成员的通行安全和使用便利，在道路、公共建筑、居住建筑和居住区等建设工程中配套建设的服务设施所进行的设计。

无障碍设计所涉猎的方面很广，而在具体设计内容中，无论在哪方面设计，都应体现一定的原则，其内容如下：

1）易操作（方便）原则。不论使用者的经验、知识、语言能力或集中力如何，都可以简单、有效、不费力地使用。

2）安全使用原则。对任何使用者都不造成危害或使其受窘。

3）易识别性原则。具体功能、使用方法一目了然，容易了解。

4）传递必要资讯原则。不论周围状况和使用者能力如何，都有效地对使用者传达了必要的资讯。

5）空间及尺度适当原则。不论使用者体型、姿势或移动性如何都提供大小适当的操作空间。

6）舒适性原则。有效、舒适及不费力地使用。舒适是使用后理想效果之一。

7）容错原则。将危险及意外或不经意的动作所导致之不利后果降至最低。

城市无障碍设计包括物质环境无障碍设计、信息和交流的无障碍设计。

物质环境无障碍的主要要求是：城市道路、公共建筑物和居住区的规划、设计、建设应方便残疾人通行和使用。如城市道路应满足坐轮椅者、挂拐杖者通行和方便视力残疾者通行，建筑物应考虑在出入口、地面、电梯、扶手、厕所、房间、柜台等地方设置残疾人可使用的相应设施以方便残疾人。

信息和交流无障碍主要要求是：公共传媒应使听力言语残疾和视力残疾者能够无障碍地获得信息，进行交流，如影视作品、电视节目的字幕和解说，电视手语，盲人有声读物等。从人们在城市中的水平和垂直交通的行动轨迹，到使用各种设施的空间，处处关联着无障碍的内涵，并需要形成系列化和相应完整的配套类型。为此，由建设部、民政部、中国残联联合发布的《城市道路和建筑物无障碍设计规范》于2001年8月1日正式实施，这是全国范围实施的强制性规范，主要内容是城市道路、居住区、房屋建筑要进行无障碍设计。2008年奥运期间，我国建立了一系列无障碍建筑和设施。如在青岛市区主干道、主要商业街、城市中心道路、广场、步行街、商场等公共场所进行无障碍设施建设，并设置无障碍标志牌，这是为奥运会帆船赛期间残疾人来青岛旅游观光而配备的。目前已建成无障碍设施道路175条，缘石坡道2680个，新建和改造无障碍居住小区125个，残疾人专用公厕149个，安装触摸式人行横道感应灯和盲人过路提示器近200处。此外青岛市残联还与交通部门共同推行公交无障碍交通。

一、城市道路

城市道路实施无障碍的范围是人行道、过街天桥与过街地道、桥梁、隧道、立体交叉的人行道、人行道口等。无障碍的内容是，设有路缘石（马路沿）的人行道，在各种路口应设缘石坡道；城市中心区、政府机关地段、商业街及交通建筑等重点地段应设盲道，公交候车站地段应设提示盲道；城市中心区、商业区、居住区及主要公共建筑设置的人行天桥和人行地道，应设符合轮椅通行的轮椅坡道或电梯，坡道和台阶的两侧应设扶手，上口和下口及桥下防护区应设提示盲道；桥梁、隧道入口的人行道应设缘石坡道，桥梁、隧道的人行道应设盲道；立体交叉的人行道口应设缘石坡道，立体交叉的人行道应设盲道。

二、居住区

居住区实施无障碍的范围主要是道路、绿地等。无障碍要求，设有路缘石的人行道，在各路口应设缘石坡道；主要公共服务设施地段的人行道应设盲道，公交候车站应设提示盲道；公园、小游乐园及儿童活动场的通路应符合轮椅通行要求，公园、小游乐园及儿童活动场通路的入口，应设提示盲道。

1）居住区道路进行无障碍设计应包括以下范围：

（1）居住区路的人行道（居住区级）；

（2）小区路的人行道（小区级）；

（3）组团路的人行道（组团级）；

（4）宅间小路的人行道。

2）居住区公共绿地进行无障碍设计应包括以下范围：

（1）居住区公园（居住区级）；

（2）小游园（小区级）；

（3）组团绿地（组团级）；

（4）儿童活动场。

三、房屋建筑

房屋建筑实施无障碍的范围是办公、科研、商业、服务、文化、纪念、观演、体育、交通、医疗、学校、园林、居住建筑等。无障碍要求建筑入口、走道、平台、门、门厅、楼梯、电梯、公共厕所、浴室、电话、客房、住房、标志、盲道、轮椅席等，应依据建筑性能配有相关无障碍设施。

1）办公、科研建筑进行无障碍设计的范围应符合表11-1。

<table>
<tr><td colspan="2" align="center">办公、科研建筑</td><td align="right">表 11-1</td></tr>
</table>

建筑类别		设计部位
办公、科研建筑	1. 各级政府办公建筑 2. 各级司法部门建筑 3. 企、事业办公建筑 4. 各类科研建筑 5. 其他招商、办公、社区服务建筑	1. 建筑基地(人行通道、停车车位) 2. 建筑入口、入口平台及门 3. 水平与垂直交通 4. 接待用房(一般接待室、贵宾接待室) 5. 公共用房(会议室、报告厅、审判厅等) 6. 公共厕所 7. 服务台、公共电话、饮水器等相应设施

注：县级及县级以上的政府机关与司法部门，必须设无障碍专用厕所。

2）商业、服务建筑进行无障碍设计的范围应符合表 11-2 的规定。

<table>
<tr><td colspan="2" align="center">商业与服务建筑</td><td align="right">表 11-2</td></tr>
</table>

建筑类别		设计部位
商业建筑	1. 百货商店、综合商场建筑 2. 自选超市、菜市场类建筑 3. 餐馆、饮食店、食品店建筑	1. 建筑水平入口及门 2. 水平与垂直交通 3. 普通营业区、自选营业区 4. 饮食厅、游乐用房 5. 顾客休息与服务用房 6. 公共厕所、公共浴室 7. 宾馆、饭店、招待所的公共部分与客房部分 8. 总服务台、业务台、取款机、查询台、结算通道、公用电话、饮水器、停车车位等相应设施
服务建筑	1. 金融、邮电建筑 2. 招待所、培训中心建筑 3. 宾馆、饭店、旅馆 4. 洗浴、美容美发建筑 5. 殡仪馆建筑等	

注：1. 商业与服务建筑的入口宜设无障碍入口。
    2. 设有公共厕所的大型商业与服务建筑，必须设无障碍专用厕所。
    3. 有楼层的大型商业与服务建筑应设无障碍电梯。

3）文化、纪念建筑进行无障碍设计的范围应符合表 11-3 的规定。

<table>
<tr><td colspan="2" align="center">文化、纪念建筑</td><td align="right">表 11-3</td></tr>
</table>

建筑类别		设计部位
文化建筑	1. 文化馆建筑 2. 图书馆建筑 3. 科技馆建筑 4. 博物馆、展览馆建筑 5. 档案馆建筑	1. 建筑基地(庭院、人行通路、停车车位) 2. 建筑入口、入口平台及门 3. 水平与垂直交通 4. 接待室、休息室、信息及查询服务 5. 出纳、目录厅、阅览室、阅读室 6. 展览厅、报告厅、陈列室、视听室等 7. 公共厕所 8. 售票处、总服务台、公共电话、饮水器等相应设施
纪念性建筑	1. 纪念馆 2. 纪念塔 3. 纪念碑 4. 纪念物等	

注：1. 设有公共厕所的大型文化与纪念建筑，必须设无障碍专用厕所。
    2. 有楼层的大型文化与纪念建筑应设无障碍电梯。

4）观演、体育建筑进行无障碍设计的范围应符合表 11-4 的规定。

	建筑类别	设计部位
观演建筑	1. 剧场、剧院建筑 2. 电影院建筑 3. 音乐厅建筑 4. 礼堂、会议中心建筑	1. 建筑基地(人行通路、停车车位) 2. 建筑入口、入口平台及门 3. 水平与垂直交通 4. 前厅、休息厅、观众席 5. 主席台、贵宾休息室
体育建筑	1. 体育场、体育馆建筑 2. 游泳馆建筑 3. 溜冰馆、溜冰场建筑 4. 健身房(风雨操场)	6. 舞台、后台、排练房、化妆室 7. 训练场地、比赛场地 8. 观众厕所 9. 演员、运动员厕所与浴室 10. 售票处、公共电话、饮水器等相应设施

注：1. 观演与体育建筑的观众席、听众席和主席台，必须设轮椅席位。

　　2. 大型观演与体育建筑的观众厕所和贵宾室，必须设无障碍专用厕所。

5）交通与医疗建筑进行无障碍设计的范围应符合表 11-5 的规定。

	建筑类别	设计部位
交通建筑	1. 空港航站楼建筑 2. 铁路旅客客运站建筑 3. 汽车客运站建筑 4. 地铁客运站建筑 5. 港口客运站建筑	1. 站前广场、人行通路、庭院、停车车位 2. 建筑入口及门 3. 水平与垂直交通 4. 售票，联检通道，旅客候机、车、船厅及中转区 5. 行李托运、提取、寄存及商业服务区
医疗建筑	1. 综合医院、专科医院建筑 2. 疗养院建筑 3. 康复中心建筑 4. 急救中心建筑 5. 其他医疗、休养建筑	6. 登机桥、天桥、地道、站台、引桥及旅客到达区 7. 门诊用房、急诊用房、住院病房、疗养用房 8. 放射、检验及功能检查用房、理疗用房等 9. 公共厕所 10. 服务台、挂号、取药、公共电话、饮水器及查询台等

注：1. 交通与医疗建筑的入口应设无障碍入口。

　　2. 交通与医疗建筑必须设无障碍专用厕所。

　　3. 有楼层的交通与医疗建筑应设无障碍电梯。

6）学校、园林建筑进行无障碍设计的范围应符合表 11-6 的规定。

	建筑类别	设计部位
学校建筑	1. 高等院校 2. 专业学校 3. 职业高中与中、小学及托幼建筑 4. 培智学校 5. 聋哑学校 6. 盲人学校	1. 建筑基地（人行通路、停车车位） 2. 建筑入口、入口平台及门 3. 水平与垂直交通 4. 普通教室、合班教室、电教室 5. 实验室、图书阅览室
园林建筑	1. 城市广场 2. 城市公园 3. 街心花园 4. 动物园、植物园 5. 海洋馆 6. 游乐园与旅游景点	6. 自然、史地、美术、书法、音乐教室 7. 风雨操场、游泳馆 8. 观展区、表演区、儿童活动区 9. 室内外公共厕所 10. 售票处、服务台、公用电话、饮水器等相应设施

注：大型园林建筑及主要旅游地段必须设无障碍专用厕所。

7) 高层、中高层住宅及公寓建筑进行无障碍设计的范围应符合表11-7的规定。

高层、中高层住宅及公寓建筑 表 11-7

建筑类别	设计部位
1. 高层住宅 2. 中高层住宅 3. 高层公寓 4. 中高层公寓	1. 建筑入口 2. 入口平台 3. 候梯厅 4. 电梯轿厢 5. 公共走道 6. 无障碍住房

注：高层、中高层住宅及公共建筑，每50套住房宜设两套符合乘轮椅者居住的无障碍住房套型。

第三节 无障碍设施的设计要求

无障碍设施，是指为保障残疾人、老年人、伤病人、儿童和其他社会成员的通行安全和使用便利，在道路、公共建筑、居住建筑和居住区等建设工程中配套建设的服务设施。这些设施可以分为人行道路设施和建筑物设施。道路和建筑物的修建是为满足人们的工作和生活的需要，不同的需要应有与之相适应的条件，因此道路和建筑物的使用功能以及相应设施，应能方便全社会的使用。

一、城市人行道路无障碍设施

城市道路中无障碍设施的内容主要是：人行道中的盲道、坡道、缘石坡道，人行横道的音响及安全岛，人行过街天桥与人行过街地道中的盲道、坡道或升降平台、扶手、标志等(表11-8)。

城市道路的无障碍设施 表 11-8

项目	主要内容
城市广场	人行通路、盲道、坡道、饮水处、公共厕所、标志、缘石坡道
城市公园	人行通路、盲路、坡道、饮水处、休息服务、公用电话、公共厕所、标志、缘石坡道、扶手
街心公园	人行通路、盲道、坡道、公用电话、公共厕所、标志、缘石坡道
人行步道	盲道、缘石坡道、外立缘石
人行横道	缘石坡道、盲道、安全岛
过街音响	位置、高度、盲道
安全岛	高度、坡度、宽度、颜色
过街天桥	台阶和坡道、盲道、扶手、颜色、标志
过街地道	台阶和坡道、盲道、扶手、颜色、标志
公交站台	位置、盲道、标志
公交站牌	位置、盲道、盲文站牌
地下铁道	电梯、盲道、台阶和坡道、扶手、售票、标志
标志	位置、形式、高度、颜色、规格(国际通用无障碍标志)
停车车位	位置、面积、标志、人行通道
公共汽车	升降平台、轮椅位置、扶手
旅游景点	人行通路、盲道、坡道、扶手、休息服务、饮水处、公用电话、公共厕所、标志、缘石坡道

社区道路无障碍设施的内容主要是：方便肢残人乘轮椅在室外通行的道路。在小区的道路、广场、公园、庭院等处设置便于残疾人顺利到达目的地的坡道，并使室外无障碍环境形成系统。

人行道是城市道路的重要组成部分，也是人们在行走中最方便和最安全的地带。据有关资料统计，在我国许多城市，人们近距离的步行约占城市居民出行量的30％～40％。人行道的地面为了与车道区分及排水，均高出车行道地面15～20cm，当人们通过人行横道时，需下一步台阶再上一步台阶继续行走，这种现象给乘轮椅残疾人的通行带来了困难，通常在旁人的帮助下才能解决。因此，在各种路口的人行道及城市广场、大型公共建筑入口等处，应设置可供轮椅通行的缘石坡道。

1. 人行道路

人行道路的无障碍设施设置与设计要求应符合表11-9的规定。图11-6～图11～8。

道 路 设 施 要 求　　　　　　　　　　　　　表11-9

序号	设施类别	设计要求
1	缘石坡道	人行道在交叉路口、街坊路口、单位出口、广场入口、人行横道及桥梁、隧道、立体交叉等路口应设缘石坡道
2	坡道与梯道	城市主要道路、建筑物和居住区的人行天桥和人行地道，应设轮椅坡道和安全梯道；在坡道和梯道两侧应设扶手；城市中心地区可设垂直升降梯取代轮椅坡道
3	盲道	1. 城市中心区道路、广场、步行街、商业街、桥梁、隧道、立体交叉及主要建筑物地段的人行道应设盲道； 2. 人行天桥、人行地道、人行横道及主要公交车站应设提示盲道
4	人行横道	1. 人行横道的安全岛应能使轮椅通行； 2. 城市主要道路的人行横道宜设过街音响信号
5	标志	1. 在城市广场、步行街、商业街、人行天桥、人行地道等无障碍设施的位置，应设国际通用无障碍标志牌； 2. 城市主要地段的道路和建筑物宜设盲文位置图

图11-5　缘石坡道　　　　　　　　　　　图11-6　过街天桥

2. 人行道的路面和净空

选择人行道路面构造的原则是坚实、平整和防滑，应避免沼泽地、松软地、没有固结的碎石、动摇的面砖，务使残疾人有脚踏实地的安全感；预制块砌平整，预埋于块体中的

图 11-7　盲文站牌

图 11-8　语音提示

吊钩要作下沉或置平处理，篦式井盖不利于挂拐杖的残疾人，篦孔的尺度应小于拐杖或手杖端部直径。

侵入人行道上部间的树枝、电线、广告牌的悬挂下沿高度不能低于 2.20m。电杆拉线不得侵入人行道中。

在人行道中需要保留的古树、遗迹等处，应采取防护措施，便于视力残疾人用手杖探测到。

临时施工处要设防护设施，晚上要点红灯。

在人行横道与缘石坡道处不得设雨水口或明沟。

室外人行路面防滑是十分重要的，光滑的路面虽然能减少轮椅行驶时的阻力，但步行和挂拐杖的残疾人却容易滑倒。

（一）坡道

在建筑物出入口、城市立交桥、地下通道、地下及多层车库等处都要设坡道（图 11-9）。

（二）缘石坡道

在人行道的交叉口、交通信号口、停车区接合处及交叉点，人行道路缘高出车行道，需用路缘坡道作过渡处理，以便于轮椅和残疾人通过（图 11-10）。

图 11-9　坡道

图 11-10　缘石坡道

路缘石又称路边石或牙道石，一般高 150mm，是坐轮椅者的一个障碍。强壮的护理人员可以勉强抬起前轮或后轮来通过，但推动轮椅的护理者，有很多是老伴、病友或有残障的老年人，就很难使轮椅通过 150mm 的高差了。缘石坡道的形式如图 11-11 所示。

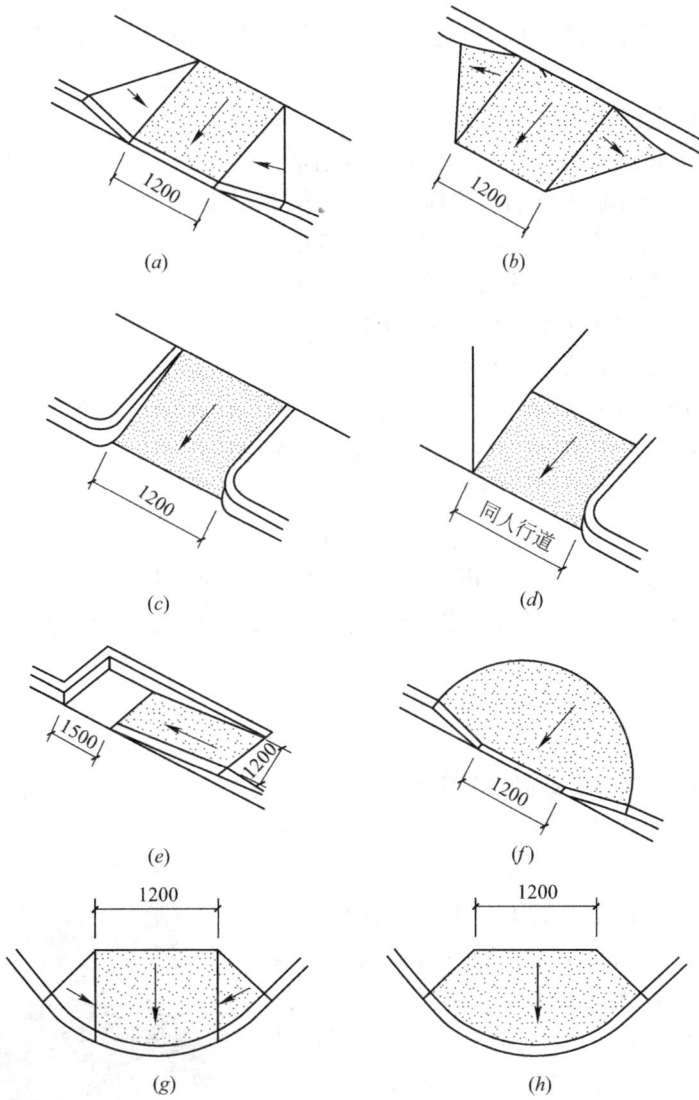

图 11-11　缘石坡道的形式

(a)三面坡缘石坡道；(b)组合式缘石坡道；(c)单面坡缘石坡道；

(d)同宽式缘石坡道；(e)平行式缘石坡道；(f)扇面式缘石坡道；

(g)转角处三面坡缘石坡道；(h)转角处扇面缘石坡道

　　缘石坡道的坡面可设计成单面坡形、三面坡形及扇面形等多种形式。通常缘石坡道设在人行道的范围内。道路交叉口是缘石坡道重点设置的地方，特别是要与人行横道和安全岛结合好，将乘轮椅残疾人安全、方便地输送到马路对面的人行道上去。大多数残疾人欢迎缘石坡道的设置，但有些健全人怀疑缘石坡道的存在，是否会使盲人人行道上行走时，不知不觉地走到车行道上去，从而面临车辆撞击的危险。这种怀疑是没必要的，因为盲人对行动路线上的每一交叉口及其细节已经熟悉了。对于初次路过某些路段的盲人，必能十分仔细地探索，对路缘坡道上斜坡会很敏感，不至于毫无准备地闯入车行道，如果在路缘坡道的入口前方设置路面导向标志，用以提醒盲人坡道的存在，那就更安全了。

对于越过路缘有困难的老年人，能行动的残疾人以及推儿童车的母亲等等，缘石坡道也是很方便的。

缘石坡道设计应符合下列规定：

1) 单面坡缘石坡道可采用方形、长方形或扇形。

2) 方形、长方形单面坡缘石坡道应与人行道的宽度相对应。

3) 扇形单面缘石坡道下口宽度不应小于1.50m。

4) 设在道路转角处单面坡缘石坡道上口宽度不宜小于2.00m。

5) 单面坡缘石坡道的坡度不应大于1：12。

6) 正面坡的坡度不得大于1：12。

7) 侧面坡沿道路方向的坡度，不得大于1：12，这是国际通用的坡道坡度，经北京市市政设计院研究结果，这个坡度也适用于手摇三轮车使用。

8) 正面坡的宽度不得小于1200mm。

9) 正面坡下端最低处不能比车行道高20mm。

10) 各种缘石坡道处的人行道宽，最小为2000mm，其他地段人行道宽最小为2500mm。我国北方地区冬季路面结冰，坡道又滑又有斜度，应留2000mm作为正常人通行的人行道宽度。

11) 缘石转角处最小半径为500mm。

（三）盲道

视觉残疾者在行进与活动时，最需要的是对环境的感知和方向上的判定，通常是依靠触觉、听觉、嗅觉等来帮助其行动，对空间特性的认识，首先表现在具有准确的定位能力上，但是在人行道路上行走时，往往没有准确的和规律性的直线空间定位条件，只能时左时右敲打地面困难地慢慢走。在遇到各种人为的障碍物而无法行走时，为了避免碰撞的危险，只好选择在车行道上用盲杖敲打人行道边的路缘石（高出车行道地面15～20cm）行走。但这种行进方式对残疾人是危险的，容易发生交通事故，造成人员伤亡。因此在城市广场、主要通道、主要建筑物及商业街、居住区等的人行道路需设置盲道，协助视觉残疾者通过盲杖和脚底的触觉，方便安全地直线向前行走(图11-12)。

图11-12　人行盲道

城市中主要的公共建筑，如政府机关、交通建筑、文化建筑、商业及服务建筑、医疗建筑、老年人建筑、音乐厅、公园及旅游景点等，在入口、服务台、门厅、楼梯、电梯、电话、洗手间等部位，应设置盲道。

盲道的宽度随人行道的宽度而定。在大城市中，根据地段的不同性质，规定人行道最小的宽度为3～6m，而盲道的宽度可定为40～60cm。中小城市人行道最小的宽度为2～5m，其中盲道的宽度一般为30～50cm(表11-10)。

盲 道 宽 度

表 11-10

类别	大城市		中、小城市	
	人行道最小宽度(m)	盲道宽度(cm)	人行道最小宽度(m)	盲道宽度(cm)
各级道路	3	30～50	2	30～50
政府机关、商业建筑、文化建筑、医疗建筑、老年建筑、广场公园等路段	6	50～60	5	40～60
火车站、码头路段	5	50～60	4	40～60
公交车站、长途汽车站路段	4	40～50	3	40～50
居住区	3	30～50	2	30～50

为了指引视觉残疾者向前行走和告知前方路线的空间环境将出现变化或已到达的位置，盲道铺设有行进块（导向砖）和停顿块（位置砖）两种（图 11-13）。

盲道设计应符合下列规定：

1）人行道设置的盲道位置和走向，应方便视残者安全行走和顺利到达无障碍设施位置；

2）指引残疾者向前行走的盲道应为条形的行进盲道，在行进盲道的起点、终点及拐弯处应设圆点形的提示盲道（图 11-14～图 11-16）；

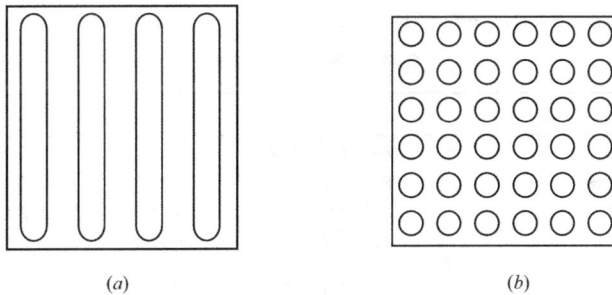

(a)   *(b)*

图 11-13 导盲块

(a)行进块；(b)停顿块

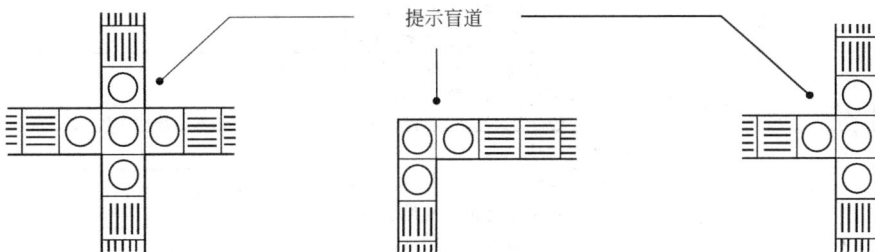

图 11-14 盲道交叉提示盲道

3）盲道表面触感部分以下的厚度应与人行道砖一致；

4）盲道应连续，中途不得有电线杆、拉线、树木等障碍物；

5）盲道宜避开井盖铺设；

231

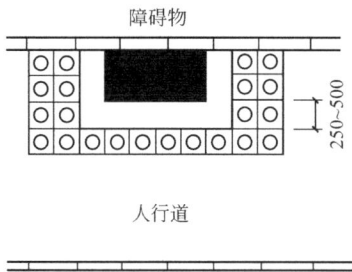

图 11-15　人行道障碍物提示盲道

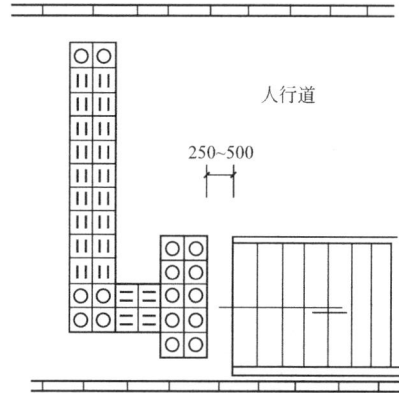

图 11-16　地下通道入口提示盲道

6) 盲道的颜色宜为中黄色;

7) 城市主要道路和居住区的公交车站,应设提示盲道和盲文站牌;

8) 人行天桥下面的三角空间区,在 2m 高度以下应安装防护栅栏,并应在结构边缘外设宽 0.30~0.60m 提示盲道。

二、城市建筑物无障碍设施

由于残疾人的身体状况不同,对建筑物设施的要求也不同。所以在进行无障碍设计时,应考虑不同残疾状况的不同对策(表 11-11)。

残疾障碍与设计对策　　　　　　　　　　　　表 11-11

人员类别		设计对策
视力残疾者	盲	1. 简化行动线,布局平直; 2. 人行空间内无意外变动; 3. 强化听觉、嗅觉及触觉信息环境,以利引导(如扶手、盲文标志、音响信号等); 4. 电器开关有安全措施,易于辨别,不得用拉线开关; 5. 已习惯的环境不轻易变动
	低视力	1. 加大标志图形,加强光照,有效利用反差,强化视觉信息; 2. 其余参考盲人的设计对策
肢体残疾者	上肢残疾	1. 选用有利于减缓操作节奏,减少程序,缩小操作半径的设施; 2. 采用肘式开关、长柄执手、大号按键,以简化操作
	偏瘫	1. 楼梯安装双侧扶手并连贯始终; 2. 抓杆与优势侧相应或双向设置; 3. 采用平整不滑的地面做法(下肢残疾)
	下肢残疾独立乘轮椅者	1. 门、走道及所行动的空间均以轮椅通行为准; 2. 上楼应有适当升降设备; 3. 按轮椅使用者的需要设计残疾人专用卫生间设备及有关设施; 4. 地面平整,尽可能不选用长绒地毯
	下肢残疾拄杖者	1. 地面平坦、坚固、不滑、不积水、无缝隙及大孔洞; 2. 尽量避免用旋转门及弹簧门; 3. 台阶、坡道平缓,设有适宜扶手; 4. 卫生间设备安装支持物; 5. 利用电梯解决; 6. 各项设施安装要考虑残疾人的行动特点和安全需要; 7. 通行空间要满足拄双杖者所需宽度
听力语言障碍		1. 改善音响信息系统,如在各类观演厅、会议厅增设增音环形天线,使配备助听器者改善收音效果; 2. 在安全疏散方面,配备音响信号的同时,完善同步视觉和振动报警

232

国际通行无障碍设计标准，大致有 6 个方面：

1）在一切公共建筑的入口处设置取代台阶的坡道，其坡度应不大于 1/12；

2）在盲人经常出入处设置盲道，在十字路口设置利于盲人辨向的音响设施；

3）门的净空宽度要在 0.8m 以上，采用旋转门的需另设残疾人入口；

4）所有建筑物走廊的净空宽度应在 1.3m 以上；

5）公厕应设有带扶手的坐式便器，门隔断应做成外开式或推拉式，以保证内部空间便于轮椅进入；

6）电梯的入口净宽均应在 0.8m 以上。

进行建筑设计时，应该以我国现行《城市道路和建筑物无障碍设计规范》（JGJ 50—2001）里的规定为标准。

建筑物无障碍设计分两大部分：即公共建筑和居住建筑。公共建筑是城市建设的主要组成部分，其功能不仅要满足人们的物质需要，而且还要满足人们的精神需要。对建筑物的公共设施，如坡道、台阶、门、楼梯、电梯、电话、扶手、洗手间、服务台、饮水器、取款机、售票机、轮椅席位、轮椅客房及卫生间、停车车位、标志等，在形式及规格上要求能符合乘轮椅者及拄拐杖者方便使用的条件。居住建筑是人们经常活动的主要场所。中高层住宅、公寓的住户较多，而且经常是老年人、妇女、幼儿及携带重物者的通行要道，因此这部分的无障碍设计显得格外重要。

（一）外部环境的无障碍设计

1. 人行道、入口、大门周围

人行道、入口、大门周围道路应设置有防护设施等安全的人车分离形式。电线杆、渗井盖、矗立式标志牌等应尽量不设置在人行道上，或者将其规划好，使其不成为阻碍人行的要素。从道路至建筑物出入口的通路部分应做成水平面或者平缓的斜面。人行道或出入口的通路部分不应都设置有高低差的台阶，在非设不可的情况下，要特别注意考虑其安全性。人行道或出入口的通路部分的路面应平坦且不打滑。室外通路的最小宽度不小于 1.5m，最大坡度为 1/20。大门口或入口的前面需设置轮椅可以停止或回转的空间。在门前应设置遮阳雨棚。如需要还可在门厅前设置轮椅清洗装置。

2. 停车场、车库

应在建筑物的主要出入口附近设置残疾人专用停车场。残疾人专用停车车位的坡度不应大于 1/50，停车位一侧设宽不小于 1.2m 的轮椅通道，使乘轮椅者从轮椅通道直接进入人行通道到达建筑入口。残疾人专用停车车位应明显地标出其用途。

3. 屋顶、平台、阳台

屋顶平台、阳台也应设计成残疾人可用的空间，其面积不应小于残疾人轮椅可以回转的范围。室内外的结合部应设计成便于轮椅通行。门扇开启净宽度应大于 0.8m，室内外高差不大于 150mm。栏杆和扶手应注意防护设计（针对幼儿）。

4. 公园、游乐场

公园、游乐场出入口的宽度应大于 1.5m，不设台阶，如有高低差时应设置斜面坡道。游园路应该至少有一条可以使用轮椅。游园路上的排水沟、集水槽应加盖。公园的椅凳、桌子、饮水器等应设计成便于轮椅者使用，同时，其位置不要阻碍视觉障碍者的通行。

5. 娱乐休息设施

在住宅小区内设公共健身娱乐设施现在已成为时尚。这些设施色彩明亮、醒目，设计时应注意它们的安全性。对于儿童使用者来说不安全的设施就是障碍。在设有娱乐设施的地方，地面不宜使用地面砖等硬质材料，宜于使用塑胶块、细纱、软木屑等有弹性或松软材料。在较长距离的步行道中间应设休息场所，如亭子、座凳等。休息场所应有足够的空间让坐轮椅者与别人交谈，让它成为良好的交往空间，同时应突出人性化设计。对于弱视者、盲人来说，喷泉、座凳、垃圾箱、电话亭或其他小品可能是一种障碍，在设计时需特别注意位置安排。

6. 防风雪通道

在北方冬季，经常出现的风雪天气给行人带来了很多出行的不便。如果在住宅小区内，商业街上合理地布置一些防风雪通道，便可给行人一个良好的步行环境，形成很好的交往空间。在日本北海道，由于经常下雪，就配有相应的设施——防风雪通道；在马来西亚的吉隆坡，一些主要马路上就有为行人遮阳的通道，使得行人在烈日下行走自如，充分体现了建筑应关心人的理念。

7. 标志物

听觉较弱和聋哑人一般问路都不方便。对于他们来说，路标、指示牌、地图等标识物很重要。标识物的色彩应明亮和谐，适当部位使用鲜艳的色彩，以刺激人的视觉，易引起残疾人或老年人的注意。标志物的另一含义是建筑物有一定标志性，使人易于识别。建筑物表面设计不同的肌理或分格，分格的尺度和形状给视力障碍者或儿童以信息，以区别于其他建筑。

(二) 室内无障碍设计

1. 入口

残疾人进入建筑物内的入口应为主要入口，从入口大厅要能够看到建筑物内的主要部分，特别是楼梯、电梯等垂直交通设施。乘轮椅者和挂拐杖者在到达和离开出入口时，需要进行开门、关门、等候和停留等一系列动作，因此在出入口的内外要留有不小于1.5m×1.5m平坦的轮椅的回旋空间（图 11-17）。城市中主要建筑物的出入口及服务台等处应设置盲道和盲道提示标志，以方便视觉残疾者通行和使用。供残疾人使用的出入口及门，应在门旁安装国际无障碍通用标志和盲文说

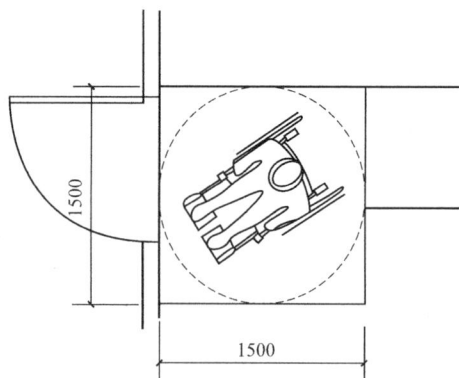

图 11-17　建筑入口平台最小面积

明牌。在一般人经常出入的建筑物入口大厅也应设置便于视觉障碍者使用的内部信息板。出入口设有两道门时，门扇开启后应留有不小于1.2m的轮椅通行净距。供残疾人使用的门厅、过厅及走道等地面有高差时应设坡道，坡道的净宽度不应小于1.2m。台阶、坡道、入口形式如图 11-18 所示。公共建筑与高层、中高层居住建筑入口设台阶时，必须设轮椅坡道和扶手。建筑入口轮椅通行平台最小宽度应符合表 11-12 的规定。

建筑入口轮椅通行平台最小宽度	表 11-12
建筑类别	入口平台最小宽度(m)
大、中型公共建筑	≥2.00
小型公共建筑	≥1.50
中、高层建筑、公寓建筑	≥2.00
多、低层无障碍住宅、公寓建筑	≥1.50
无障碍宿舍建筑	≥1.50

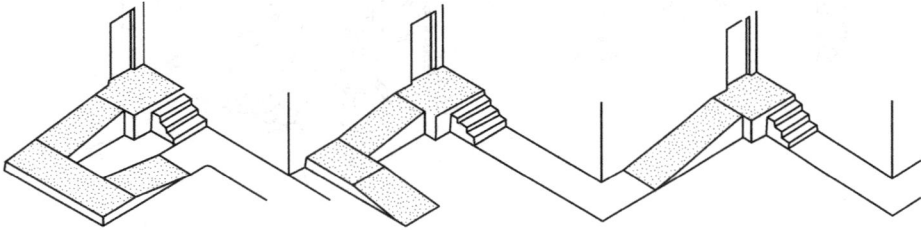

图 11-18 台阶与坡道入口形式

门扇的形式、规格、大小各异。但是对于肢体残疾者和视觉残疾者来说，门扇的开启和关闭则是很困难的动作，还容易发生碰撞的危险，因此对门的部位和开启方式的设计，需要考虑残疾人在使用上的方便与安全(图 11-19)。适用于残疾人的门在顺序上是：自动门、推拉门、折叠门、平开门、轻度弹簧门。

供残疾人使用的通道门和房间门，在门扇中部宜设有观察玻璃，可提前知晓门扇另一面的动态情况，以免发生碰撞。

供残疾人使用的门应符合下列规定：

1) 供残疾人通行的门不得采用旋转门和不宜采用弹簧门，在旋转门一侧应另设残疾人使用的门；

2) 应采用自动门，也可采用推拉门、折叠门或平开门，不应采用力度大的弹簧门；

3) 自动门扇开启后的净宽度不小于 100cm，其他门应不小于 80cm。

轮椅通行门的净宽应符合表 11-13 的规定。

轮椅通行门的净宽	表 11-13
类别	净宽(m)
自动门	≥1.00
推拉门、折叠门	≥0.80
平开门	≥0.80
弹簧门(小力度)	≥1.00

4) 乘轮椅者开启的推拉门和平开门，在门把手一侧的墙面，应留有不小于 500mm 的墙面宽度(图 11-19)。

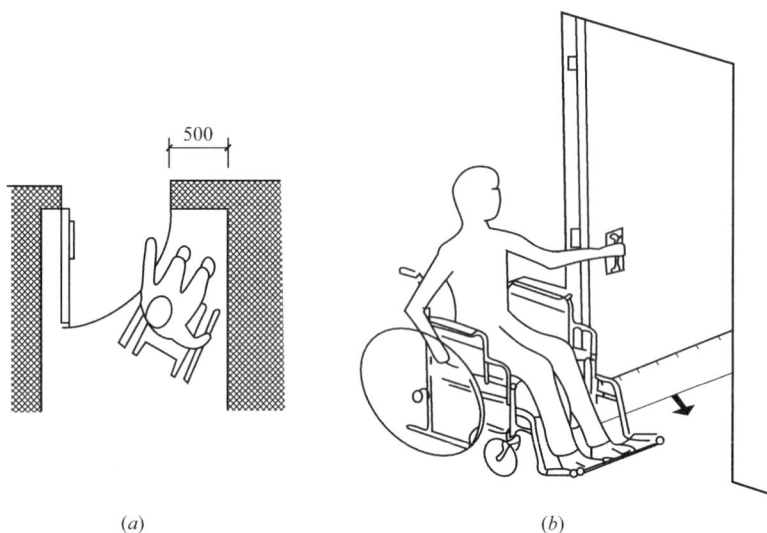

图 11-19 门的要求

(a)门把手一侧墙面宽度；(b)门扇关门拉开

5）乘轮椅者开启的门扇，应安装观察口、横执把手和关门拉手，在门扇的下方设置高35cm的护门板，防止轮椅搁脚板将门扇碰坏（图11-20）。

6）门扇在一只手操纵下应易于开启，门槛高度及门内外地面高差不应大于15mm，并以斜面过渡。

7）出入口及窗户周围，在门前应确保进深1.5m以上的水平面。自由开启式门上应设置可视窗。门把手应便于使用。门槛及门内外地面高差不应大于15mm。在设计防火门时，防

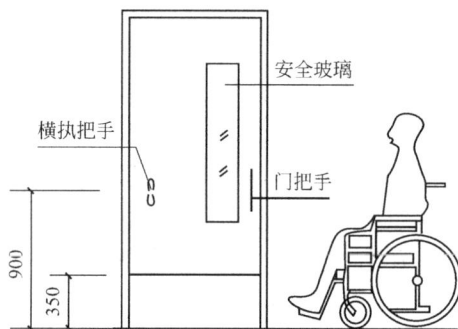

图 11-20 轮椅通过门的要求

火门的自动关闭部分，应设计成关闭后仍可以使轮椅使用者通行的形式。

窗台不宜过高，以便坐轮椅的残疾人能观看室外景色；窗户既要便于开启和擦洗，又要挡风和保证安全。视觉障碍者对窗户的要求更为强烈，推拉式窗户容易使用，旋转式窗户容易撞伤视觉障碍者。玻璃窗应容易擦拭，并注意铝合金等尖角刃状的细部处理。遮阳板、百叶窗、窗帘等的控制应该方便乘坐轮椅者的操作。

2. 走廊、过道

供轮椅通行的走道宽度，应按照人流的通行量和轮椅行驶的宽度而定。一辆轮椅通行的净宽一般为90cm，一股人流通行的净宽为55cm。如果将走道的宽度定为120cm，只能满足一辆轮椅和一个人侧身相互通过。走道的宽度定为150cm时，可满足一辆轮椅和一个人正面相互通过，也能满足两辆对行的轮椅勉强通过。走道的宽度定为180cm，即可满足两辆轮椅顺利对行外，还能满足一辆轮椅和挂双拐者在对行时对走道宽度的最低要求。

因此，大型公共建筑走道的净宽度不应小于180cm，中型公共建筑走道的净宽度不应小于150cm，小型公共建筑走道的净宽度不应小于120cm。当走道宽度小于150cm时，在走道的末端要设有150cm×150cm的轮椅回旋面积，以便轮椅调头继续行驶。在观演建筑、交通建筑及医疗建筑等地方，在走道两侧应设高85cm的扶手。扶手要安装坚固，要易于抓握，能承受健全成人的重量。为了避免轮椅的搁脚踏板在行进中损坏墙面，在走道两侧墙面的下方设高35cm的护墙挡板，护墙挡板可用木材、塑料、水泥等材料制作。

走廊、过道尽可能地做成直交形式。非常时的避难通道应尽可能地缩短，并且应便于轮椅通行。走廊的拐角做成斜面或曲面。如有高差，不应大于150mm，并应以斜面过渡。走廊的两侧设置扶手，地面应平整、不光滑、不松动、不积水。层数或房间名等标志应该同时便于视觉障碍者使用。

乘轮椅者通行的走道和通道最小宽度应符合表11-14的规定。

走道和通道最小宽度 表11-14

建筑类别	最小宽度（m）
大型公共建筑走道	≥1.50
中小型公共建筑走道	≥0.90
检票口、结算口轮椅通道	≥1.20
居住建筑走廊	≥1.50
建筑基地人行通道	≥1.80

3. 卫生间

卫生间是与人们生活关系非常密切的地方，也是残疾人和老年人感到最不方便的地方。据统计，每年在厕所、浴室发生的事故远远超过其他地方发生的事故。目前公共厕所、浴室对残疾人来说还存在着许多问题。如入口的台阶使轮椅无法进入；室内空间过小，轮椅无法回旋和接近所需使用的设施；缺少使身体保持平衡和转移的安全抓杆，造成乘轮椅者转换的不便；没有坐式便器，地面积水和地面光滑，造成残疾人、老年人摔倒等等。因此许多残疾人在出门办事又无法进入和使用公共厕所时，不得不提前长时间不饮水，这不仅影响了他们在外面的活动范围，又加重损伤了残疾人的身心健康。

供残疾人使用的公共厕所及浴室要易于寻找和接近，并应有无障碍标志作为引导，入口的坡道设计应便于轮椅出入，坡度不应大于1/12，坡道宽度为120cm，入口平台和门的净宽应不小于120cm和90cm。室内要有直径不小于150cm的轮椅回转空间，且地面防滑和不积水。

1）公共厕所

公共厕所应设残疾人厕位，厕所内应留有1.50m×1.50m轮椅回转面积（图11-21）。

无障碍厕位的门应向外开启，厕位面积不小于1.8m×1.4m，并在两侧设安全抓杆。

公共卫生间无障碍设施与设计要求应符合表11-15、表11-16的规定。

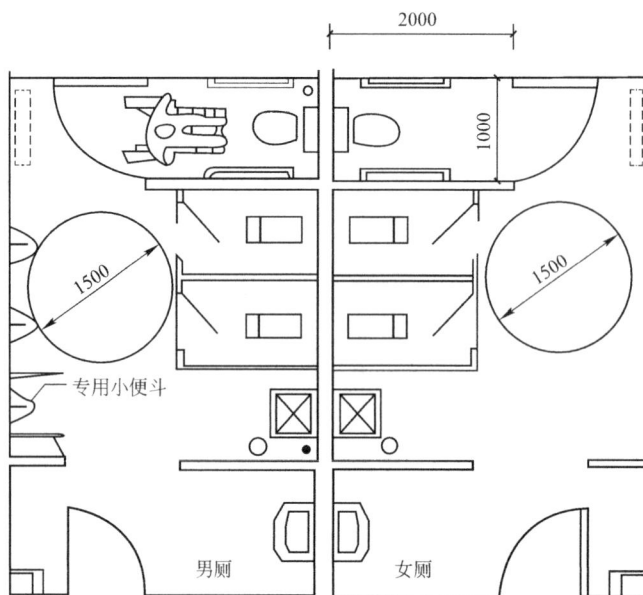

图 11-21　公共厕所

公共卫生间设计对策　　　　　　　　　　　　　　　　　表 11-15

行动不便者类别			设计对策
肢体残疾	上肢残疾者		1. 选用操作简便的五金配件； 2. 注意操作半径的范围(适度、方便)
	下肢残疾者	乘轮椅者	1. 门的位置适宜，净宽不小于 80cm，内部应有轮椅活动空间； 2. 上下轮椅或转换位置应有安全可靠的抓杆或其他支持物； 3. 身高范围内热水管道应有隔离保护层，出水温度不超过 49℃； 4. 地面采用遇水不滑材料，所有可触及处无尖锐棱角； 5. 浴室、厕所或其隔间门上闩后，可自外部开启，以便救援； 6. 建筑及设备配件应与轮椅、空间尺寸配套考虑
		拄杖者	1. 脱离杖类支持或转换位置时，应有抓杆或其他支持物； 2. 地面采用遇水不滑材料； 3. 浴室、厕所或其隔间门上闩后，可自外部开启，以便救援
	偏瘫者		1. 各洁具的布置要与偏瘫者的使用习惯方向一致，应有安全可靠的抓杆或支持物； 2. 地面采用遇水不滑材料； 3. 浴室、厕所或其隔间门上闩后，可自外部开启，以便救援
视力残疾	全盲者		1. 门外设置盲文室名牌及地面触感提示设施； 2. 主要卫生洁具前应有地面触感提示设施； 3. 小便器宜为落地式或小便槽
	低视力者		1. 门外设大字室名牌； 2. 卫生洁具及其周围墙面、地面应有较强的明暗色彩反差； 3. 小便器宜为落地式或小便槽

卫生间设计要求 表 11-16

设施类别	设计要求
入口	入口的坡道应便于轮椅出入,坡度不应大于 1/12,坡道宽度为 120cm
门扇	在门扇的内侧要设高 90cm 的水平关门拉手
通道	地面应防滑和不积水,宽度不应小于 1.50m
洗手盆	1. 距洗手盆两侧和前缘 50mm 应设安全抓杆; 2. 洗手盆前应有 1.10m×0.80m 乘轮椅者使用面积
男厕所	1. 小便器两侧和上方应设宽 0.60~0.70m,高 1.20m 的安全抓杆; 2. 小便器下口距地面不应大于 0.50m
无障碍厕位	1. 男、女公共厕所应各设一个无障碍隔间厕位; 2. 新建无障碍厕位面积不应小于 1.80m×1.40m; 3. 改建无障碍厕位面积不应小于 2.00m×1.00m; 4. 厕位门扇向外开启后,入口净宽不应小于 0.80m,门扇内侧应设关门拉手; 5. 坐便器高 0.45m,两侧应设高 0.70m 水平抓杆,在墙面一侧应设高 1.40m 的垂直抓杆
安全抓杆	1. 安全抓杆直径应为 30~40mm; 2. 安全抓杆内侧应距墙面 40mm; 3. 抓杆应安装坚固

2)专用厕所

单独设置的残疾人专用厕所是指男女残疾者均可分别使用的厕所。应在公共建筑通行方便的地段设置,也可靠近男女公共厕所设置,用醒目的无障碍标志给以区分。专用厕所的面积一般要大于专用厕位,面积不宜小于 200cm×200cm。在厕所门向外开时轮椅可旋转 180°,轮椅可正面驶入厕所。专用厕所门开启后的净宽不应小于 80cm,在门牌号扇的内侧高 90cm 处设水平关门拉手。在厕所内除设有坐便器、洗手盆、安全抓杆外,还应设镜子和放物台及呼救装置。地面采用防滑材料并不得积水。专用厕所是一种深受残疾人、老年人欢迎的厕所。专用厕所无障碍设施与设计要求应符合表 11-17 的规定。

专用厕所设施与设计要求 表 11-17

设施类别	设计要求
设置位置	政府机关和大型公共建筑及城市的主要地段,应设无障碍专用厕所
入口	入口的坡道应便于轮椅出入,坡度不应大于 1/12,坡道宽度为 120cm
门扇	应采用门外可紧急开启的门插销,在门扇的内侧高 90cm 处设水平关门拉手
面积	≥2.00m×2.00m
坐便器	坐便器高应为 0.45m,两侧应设高 0.70m 水平抓杆,在墙面一侧应加设高 1.40m 的垂直抓杆
洗手盆	两侧和前缘 50mm 处应设置安全抓杆
放物台	长、宽、高为 0.80m×0.50m×0.60m,台面宜采用木制品或革制品
挂衣钩	可设高 1.20m 的挂衣钩
呼叫按钮	距地面高 0.40~0.50m 处应设求助呼叫按钮

小便器应设置扶手等支撑物(图 11-22)。轮椅使用者可使用的洗面器的下面,应设计成有能将膝盖伸进去的空间(图 11-23)。大便器或小便器的冲洗装置以及洗面器的水龙头等应设置成上肢残疾者也便于操作的形状。洗面器的供热水管应注意使用保温材料保温。

洗面器上方应设置轮椅使用者可使用的镜面。擦手巾也应便于轮椅使用者。残疾人使用的厕位应设置意外事故发生时使用的呼救警铃。浴室中应确保轮椅可以回转的空间。浴盆、淋浴器具等应设计成方便残疾人使用的形状，设置扶手、攥握棒等。

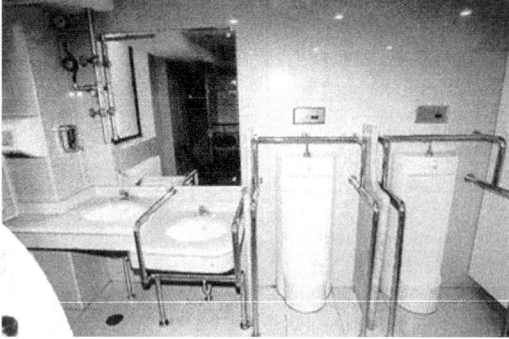

图 11-22　小便器应设置扶手等支撑物

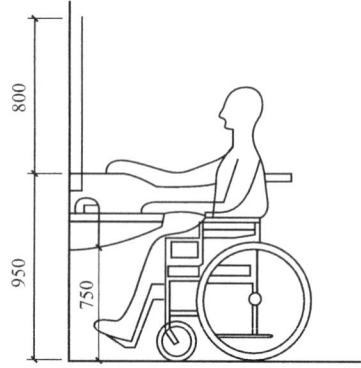

图 11-23　洗脸盆的高度

　　在残疾人和老年人住宅内的卫生间，马桶、浴缸、洗脸盆等易发生事故的部位，应设置有助于保护身体平衡的扶手、抓杆等设施。安全抓杆设在厕所的坐式便器、蹲式便器、小便器的周围及洗手盆、盆浴间、淋浴间的周围。安全抓杆是残疾人、老年人在厕所、浴室中保持身体平衡和进行转移不可缺少的安全与保护设施，其形式较多，一般有水平式、直立式、旋转式及吊环式等。安全抓杆要少占地面空间，使轮椅靠近各种设施，以达到方便的使用效果。安全抓杆采用不锈钢管材制作比较理想，管径为 30～40mm。安全抓杆要安装坚固，应能承受 100kg 以上的重量。安装在墙壁上的安全抓杆内侧距墙面为 40mm。设计时可根据房间面积大小及服务设施条件等因素考虑。同时地面要防滑。

　　4. 轮椅席

　　在会堂、法庭、图书馆、影剧院、音乐厅、优育场馆等观众席及阅览室，应设置残疾人方便到达和使用的轮椅席位，轮椅席位应设在便于到达和疏散的通道附近并不可以设在公共通道范围内，如靠近观众席和阅览室的入口处或安全出口处，但轮椅的位置不影响其他观众的视线，也不应对走道产生妨碍，其通行路线要便捷，能够方便地到达休息厅和厕所(图 11-24)。

　　影剧院的规模一般为 800～1200 个观众坐席，如按 400 个坐席设一个轮椅席位，可安排 2～3 个轮椅席位，最好将两个或两个以上的轮椅席位并列布置，以便残疾人能够结伴和便于服务人员集中照料，当轮椅席空闲时，服务人员可安排活动座椅供其他观众或工作人员就座，比较灵活易行。

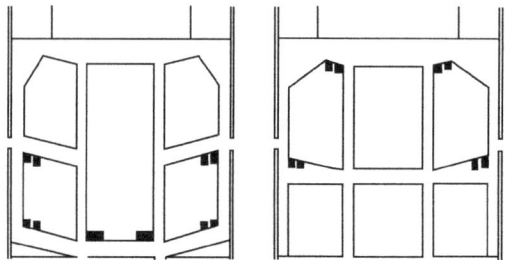

图 11-24　影剧院、会堂轮椅席位位置示意图，图中黑色为轮椅席位

轮椅席的深度为110cm，与标准轮椅的长度基本一致。一个轮椅席位的宽度为80cm，是乘轮椅者的手臂推动轮椅时所需要的最小宽度(图11-25)。两个轮椅席位的宽度约为三个观众固定座椅的宽度。

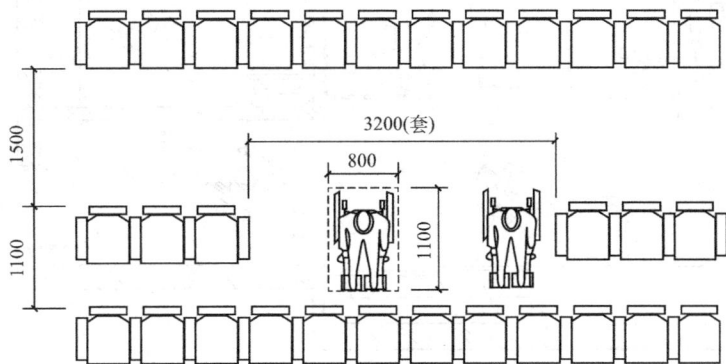

图11-25　每个轮椅面积为1000mm×800mm

影剧院、会堂等观众厅的地面有一定的坡度，但轮椅席的地面应要求平坦，否则轮椅会向前倾斜产生不安全感。为了防止乘轮椅者和其他观众座椅碰撞，在轮椅席的周围宜设置高18~80cm的栏杆或栏板。在轮椅席旁和地面上，安装和涂绘无障碍通用标志，指引乘轮椅者方便就位。

5. 专用客房

旅馆、饭店和招待所设置残疾人使用的客房，为残疾人参与社会生活和扩大社会活动范围提供了有利条件，也是提高客房使用率的一项措施。据调研资料，香港规定拥有100~200间客房的旅馆，需提供不少于两套设施完备的残疾人使用的客房，每增加100间客房时，还需提供一套残疾人使用的客房。美国奥兰多的马里奥特饭店有客房1500套，其中有15套可供乘轮椅者使用的设施完备的客房。我国北京、上海、广州、深圳等部分旅馆、饭店也设有供残疾人使用的客房。

标准间客房的室内通道是残疾人开门、关门及通行与活动的枢纽，其宽度不宜小于150cm(图11-26)，以方便乘轮椅者从房间内开门，在通道存取衣物和从通道进入卫生间。为节省卫生间使用面积，卫生间的门宜向外开启，开启后的净宽应达到80cm。卫生间内要提供轮椅的回旋空间。在坐便器一侧或两侧需安装安全抓杆，在浴盆的一端宜设宽40cm的洗浴坐台，便于残疾人从轮椅上转移到坐台上进行洗浴。在坐台墙面和浴盆内侧墙面上，安装安全抓杆。洗脸盆如设计为台式，可不安装抓杆，但在洗脸盆的下方应方便乘轮椅者靠近。

在客房内要留有直径不小于150cm的轮椅回转空间，以方便乘轮椅者进行各种活动和料理有关事务。客房床面的高度、坐便器的高度、浴盆或淋浴座椅的高度，应与标准轮椅坐高一致，即45cm，可方便残疾人进行转移。在卫生间及客房的适当部位，需设紧急呼叫按钮。

残疾人在行动能力和生理各方面与健全人有一定差距，供残疾人使用的客房应设在客房层的低层部位，靠近服务台和公共活动区及安全出口地段，以利残疾人方便到达客房和参与各种活动及安全疏散。

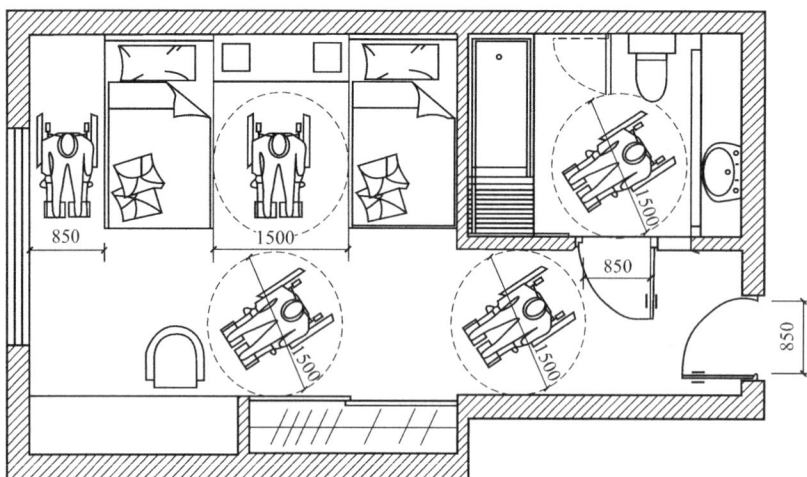

图 11-26　残疾人客房应考虑轮椅活动空间基本尺寸

6. 厨房、开水房

轮椅不便横向移动，因此厨房设备应布置成 L 形或 U 字形。如设计成一字形时需要考虑轮椅能够横向挪动的空间。厨房操作台面距地面 0.75～0.8m 的高度，操作台和洗碗池的下边应该有可以使操作者膝盖伸进去的空间。煤气灶的控制开关应设置在前面，控制阀调节火候应便于观察。碗橱柜等收藏空间的设置应考虑轮椅使用者伸手可及的范围。在使用煤气等危险物时，注意必须设置自动灭火装置或保险丝等安全装置。

7. 消防疏散

前面已作过介绍，不再赘述。

(三) 室内垂直交通设施无障碍设计

1. 垂直交通的一般原则

在供残疾人使用的建筑中，对于不能独立行动，上下楼梯有困难的人，离不开轮椅的残疾人，应以合适的坡道或电梯来作为垂直交通工具。

自己推动轮椅的残疾人只能在很平缓的斜坡上行动，因此坡道往往需要占据比楼梯多出很多的空间。臂力强的坐轮椅者可以操纵轮椅驶向下一步不高的台阶，更强的人可以上一步不高的台阶。极少数的残疾运动员可以操纵轮椅上下三四个台阶，所以后者不能作为设计的依据。

有护理员帮助推动轮椅时，护理员如果是老年人或体弱的人，上下台阶也不能遇到太大的阻力，因此设置具有平缓坡度的坡道是不可缺少的。

残疾人中，能行动的残疾人多于坐轮椅的残疾人，前者之中的大部分人宁愿上下楼梯而不愿走坡道。例如偏瘫和截肢患者，在坡道上把握不住身体的平衡，如果楼梯有适宜的踏步和坚固的扶手，他们就能够勉力爬上爬下，即令对于正常人来说，在有雾、有雨的天气下坡道，太滑了也易出问题。所以，使用坡道时，要考虑道面材料的防滑及坡度。

为能行动的残疾人或老年人专用的建筑，其楼梯必须设计成耗费最少精力便又能上下地活动。

2. 室内垂直交通设施设计

1) 室内坡道

室内坡道较长时应与楼梯、电梯等配合使用。坡道可设成直线形、L 形、U 字形，最大坡度应为 1/12，露天坡道应为 1/20 以下。根据不同坡度，当坡道水平长度过长时应设 1.50m 的休息平台(图 11-27)。在坡道的起始或终端应设置可供轮椅回转的水平空间。至少在单面设置连续的扶手，扶手的起始或终端部分应水平延长 0.3m 以上。坡道侧面凌空时，坡道的边缘应设置 50mm 以上的安全挡台。

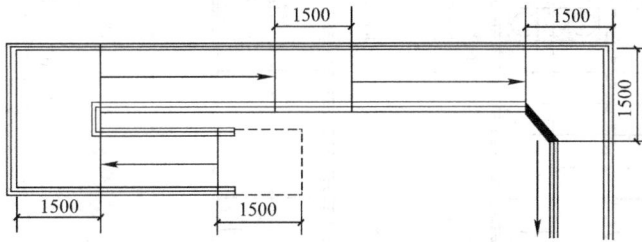

图 11-27　坡道起点、终点和休息平台要求

坡道坡度为 1/12，当坡道高度大于 0.75m(水平长度 9m)时，需设 1.5m 水平休息平台(图 11-28)。

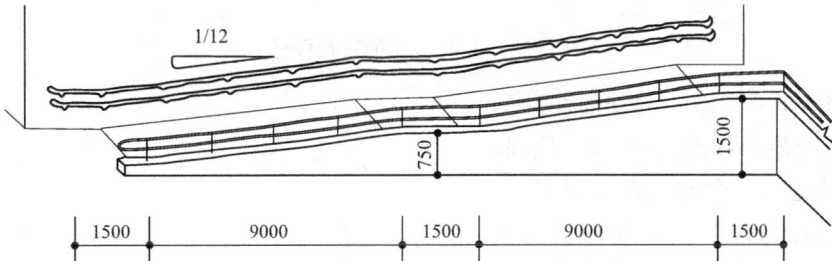

图 11-28　坡道

坡道在不同情况下，坡道高度和水平长度应符合表 11-18 的规定。

坡道高度和水平长度　　　　　　　　　　　　　　　　　表 11-18

坡度	1：20	1：16	1：12	1：10	1：8
最大高度(m)	1.50	1.00	0.75	0.60	0.35
水平长度(m)	30.00	16.00	9.00	6.00	2.80

2) 楼梯的安全设计

楼梯是垂直通行空间的重要设施。楼梯的设计不仅要考虑健全人的使用需要，同时更应考虑残疾人、老年人的使用要求。楼梯的形式以每层两跑或三跑直线形梯段为好。避免采用每层单跑式楼梯和弧形及螺旋形楼梯。这种类型的楼梯会给残疾人、老年人、妇女及幼儿产生恐惧感，容易产生劳累和摔倒事故。

公共建筑主要楼梯的位置要易于发现，楼梯间的光线要明亮，梯段的净宽度和休息平台的深度不应小于 150cm，以保障挂拐杖残疾人和健全人对行通过。在踏步起点前和终点前 30cm 处，应设置宽 40～60cm 宽的提示盲道，告之视觉残疾者楼梯所在位置和踏步的起点及终点(图 11-29)。

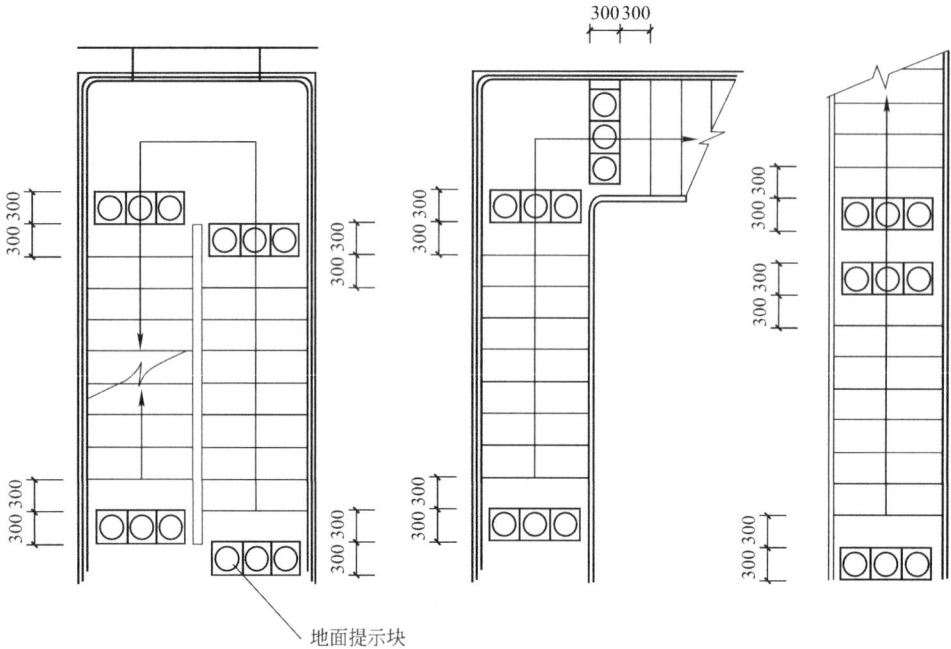

图 11-29　使用方便的直行楼梯

(1) 踏步形式。踏步的踏面和踏面的色彩要有明显的对比或变换，以引起使用者的警觉和协助弱视者辨别能力。踏面的宽度宜达到 30cm，踏面的高度不应超过 16cm。踏面的前缘如有突出部分，应设计成圆弧形，不应设计成直角形，以防将拐杖头绊落掉和对鞋面的刮碰。踏面应选用防滑材料并在前缘设置防滑条。只有踏面没有踢面的漏空梯步，对于老年人或其他容易目眩的人构成妨碍，还容易造成将拐杖向前滑出而摔倒致伤；对于站立不稳的人可能想利用鞋头顶住踢面来帮助爬梯时，也将是不可能的。避免踢脚板漏空或踏面过于突出的设计(图 11-30)。同时应注意楼梯的防滑设计。

在楼梯的两侧需设高 85～90cm 的扶手，扶手要保持连贯，在起点和终点处要水平延伸 30cm 以上，在上下楼梯

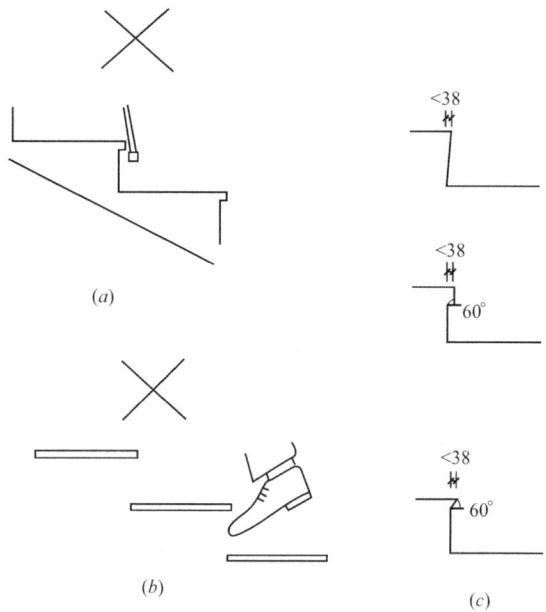

图 11-30　踏步的设计
(a)有直角突缘不可用；(b)踏步无踢面不可用；
(c)踏步线形光滑流畅，可用

的动作完毕时可协助身体保持平衡状态。在扶手面层贴上盲文说明牌,告之视觉残疾者所在层数及位置。扶手的形式要易于抓握,要安装坚固,能承受一人以上的重量。在扶手的下方要设高50mm的安全挡台,防止拐杖向侧面滑出造成摔伤(图11-31)。

(2)螺旋形与扇形踏步。主要楼梯不要设计成螺旋形、扇形(图11-32)。螺旋形楼梯和扇面形踏步不适用于残疾人使用,不可避免时,扇面形踏步可用于一跑楼段的底部而不能用于它的顶部。

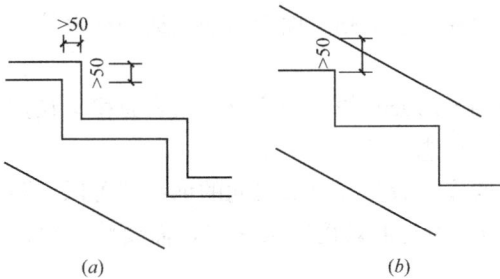

图11-31 楼梯边缘处理

(a)立缘;(b)踢脚板

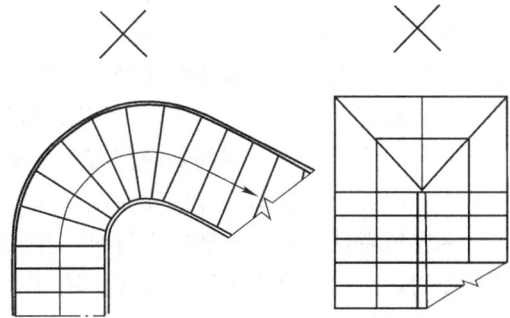

图11-32 扇形踏步不宜使用

3)电梯

电梯是人们使用最为频繁和理想的垂直通行设施,尤其是对残疾人、老年人及幼儿在公共建筑和居住建筑上下活动时,通过电梯可以方便地到达每一楼层。供残疾人使用的电梯,在规格和设施配备上均有所要求,如电梯门的宽度、关门的速度、轿厢的面积,在轿厢内安装扶手、镜子、低位选层按钮及报层声响等,并在电梯厅的显著位置安装国际无障碍通用标志。

为了方便轮椅进入电梯厢,电梯门开启后的净宽不应小于80cm。轮椅进入电梯厢的深度不应小于140cm。如果使用140cm×110cm小型电梯,轮椅进入电梯厢后不能回转,只能是正面进入倒退而出,或倒退进入正面而出。使用深170cm,宽140cm的电梯厢,轮椅正面进入后可直接旋转180°。正面驶出电梯。

乘轮椅者在到达电梯厅后,要进行回旋和等候,因此公共建筑电梯厅的深度不应小于180cm。电梯厅的呼叫按钮的高度为90～110cm。在电梯厅显示电梯运行中的层数标示的规格不应小于50mm×50mm,以方便弱视者了解电梯运行情况。在电梯入口的地面设置盲道提示标志,告知视觉残疾者电梯的准确位置和等候地点。

电梯厢内三面需设高85cm的扶手,扶手要易于抓握,安装要坚固。电梯厢内,如设置两套选层按钮,一套设在门扇一侧外,另一套应设在轿厢靠内部的位置,以便于在不同的位置都可以使用选层按钮。选层按钮要带有凸出的阿拉伯数字或盲文数字(图11-33),同时在轿厢中设有报层声响,以方便视觉残疾者使用。在轿厢正面扶手的上方要安装镜子,可以使乘轮椅者从镜子中看到电梯运行情况,为退出轿厢做好准备。

图11-33 盲文电梯按钮

4）自动扶梯

自动扶梯属斜向和水平通行的主要设施之一，当今在商业服务建筑、交通建筑及航站楼等建筑中已广为应用，很受大众欢迎，更受到残疾人和老年人的欣赏。一般性能和规格的自动扶梯对拄拐杖的残疾和老年人均可使用，供轮椅通用的自动扶梯规格则另有所要求。供乘轮椅者使用的自动扶梯，其净宽度要求为80cm，除适合标准轮椅的宽度外，乘轮椅者的双手或单手可方便地握住自动扶梯的扶手。自动扶梯上下入口的自动水平板要求在3片以上，使乘轮椅者能更好地配合扶梯使用。

自动扶梯一般踏步的宽度为40cm，高度为20cm，轮椅的大轮子正好坐落在踏步面上，并紧贴在上一个踏步的前缘处。小轮子则坐落在上一个踏步面上，加上适当地握住扶手，可使轮椅平稳地在自动扶梯上跟随着运行。

在自动扶梯的扶手端部外应留有不小于150cm×150cm的轮椅停留及回旋面积。在扶梯入口的栏板上或在适当部位安装国际无障碍通用标志。

乘轮椅者使用自动扶梯在上行时，比较容易操作，只需经过短时间的训练就可以单独进行使用，也可在有人协助下直接使用(图11-34)。下行时难度略大一点，需要将轮椅倒退进入自动扶梯。

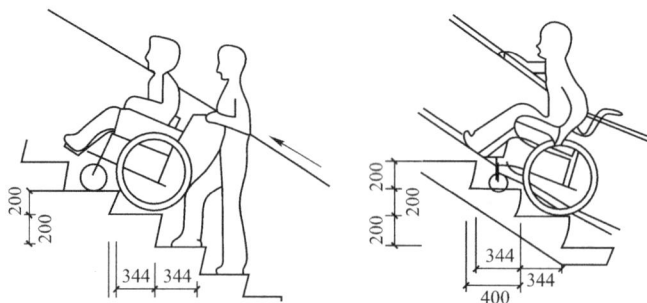

图11-34　自动扶梯踏步尺度

5）扶手

扶手是一种辅助设施，其目的是为了支持身体，防止跌倒或方便移动，避免接近危险物，连续设置扶手，起到导向作用。扶手应设计成容易抓握的形状(图11-35)。扶手的方向与身体的移动方向平行为宜。至少在单面设置连续的扶手。

在坡道、台阶、楼梯、走道的两侧应设扶手。扶手安装的高度为85～90cm。为了达到通行安全和平稳，在扶手的起点及终点处要水平延伸30～40cm。扶手的

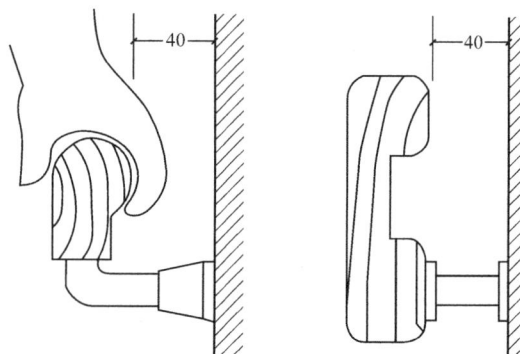

图11-35　扶手断面应便于抓握

末端应伸向墙面。在水平扶手两端应安装盲文标志，可向视残者提供所在位置及层数的信息。为了乘轮椅者及儿童的使用方便，在公众集中的场所和游乐场及幼儿园、托儿所等处，应安装上下两层扶手，下一层扶手的高度为65～70cm。

3. 消防疏散

残疾人的疏散速度比正常人要迟缓，因而在设计过程中对各项疏散距离的控制较之消防规范的规定更为严格，应尽量避免有可能在疏散过程中折返的袋形走廊的出现。对于轮椅使用者来说，建筑中的楼梯是疏散过程中不可逾越的障碍，而平时最适于使用的电梯在火灾时会被限制使用，因此，在大型公建中以及那些残疾人为主要受众人群的建筑中，设计避难区是最好的选择，条件允许的情况下，在每层靠近交通核的位置设计避难间，并通过易识别的手段，给予他们提示(图 11-36)，那么无法通过楼梯疏散的人员可以在此等待专业救援，为便于火灾时烟气的排出和专业人员从外部进行援救的需要，避难间可设置大面积的外窗或阳台，同时其位置也便于消防云梯的架设。

国际通用无障碍标志牌   指示轮椅可通过的火灾疏散通道的符号

图 11-36　无障碍标志牌

目前新科技、新技术在带给社会便利的同时，也为残疾人提供了很大的帮助，一些残疾人靠常规手段难以逾越的障碍，依靠新的技术手段就能轻易解决，同时，专为残疾人开发研制的产品也在越来越多地投入使用，为残疾人提供更多、更有效的帮助。如通过安装缓关装置、限制装置和迟关装置使门在人们穿越时不会立即关上，同时减少人们开门的力度，为手推车和轮椅使用者提供了方便，而目前使用较多的电子门禁系统若采用自动身份识别方式就可以避免所有的残疾人在开关门时所遇到的不便。另外，防火门控制系统可以使行动障碍者难以通过的防火门在平时处于常开状态，在火警时通过火灾报警系统发出指令，使防火门自动关闭。

在卫浴设备的选择方面，专门为重度肢残者设计的洗浴装置，通过高度自动化的手段解决了方便进入，水温调节，身体清理、干爽等一系列障碍，甚至可以做到残疾人能在无人帮助下自行完成整个洗浴过程。

"无障碍"在设计上可以体现为坡道、字幕、语音提示等一些特殊设施，更重要的是对人的需求的尊重，是给予弱势群体平等参与的机会。城市环境与建筑物的无障碍设计，已是当今城市建设的主要内容之一。它是全社会共同要求、共同受益的事情。现在，全世界很多国家都可以见到国际通用无障碍标志(图 11-37)。

以往的城市规划或房地产开发设计更多的还是停留在人的生存需要上，对于人的生活需要考虑得相对较少。今天，在城市规划和建筑设计时，应为残疾人及老年人等行动不便者创造生活和参与社会活动的便利条件，在各类建筑的公共活动部分及残疾人较集中的场所，尽可能消除人为环境中不利于行动不便者的各种障碍，使全体成员都能共享社会发展成果。其实，一个坡道，既可使残疾人走出家门，又可方便其他公民；影视字幕，既可使聋人走出无声世界，又利于社会信息传递。所以说，无障碍设施建设，是物质文明和精神文明的集中体现，是社会进步的重要标志。

指示带坡道入口的符号	指示轮椅进入卫生间的符号	指示残疾人停车场的符号
指示建筑中平行通道的符号	指示轮椅可进入电梯的符号	指示残疾人可独立进入的符号
指示有人援助的符号	指示感应闭合电路的符号	指示红外系统的符号
指示可使用导盲犬的符号	指示助听服务的符号	指示乘轮椅人可使用的电话的符号

图 11-37　各种残疾人使用标志

参 考 文 献

[1] 杨金铎. 建筑防灾与减灾 [M]. 北京：中国建筑工业出版社，2002.

[2] 李风. 工程安全与防灾减灾 [M]. 北京：中国建筑工业出版社，2005.

[3] 万艳华. 城市防灾学 [M]. 北京：中国建筑工业出版社，2003.

[4] 李治平. 工程地质学 [M]. 北京：人民交通出版社，2002.

[5] 金磊. 中国城市安全警告 [M]. 北京：中国城市出版，2004.

[6] 赵运铎等. 建筑安全学概论 [M]. 哈尔滨：哈尔滨工业大学出版社，2006.

[7] 中国建筑工业出版社编. 现行建筑设计规范大全(修订缩印本) [M]. 北京：中国建筑工业出版社，2009.

[8] 钟岳桦. 地震时防止建筑物破坏的免震建筑法 [J]. 城市与减灾，2001(2).

[9] 周云等. 土木工程防灾减灾概论 [M]. 北京：高等教育出版社，2005.

[10] 王根龙. 中国地震灾害现状及地震灾害系统工程研究 [J]. 灾害学，2006(3).

[11] 孔根红. 国际政治格局的新变化及我国的应对策略 [J]. 当代经济，2011(5).

[12] 詹姆斯·霍姆斯·西德尔. 无障碍设计：建筑设计师和建筑经理手册 [M]. 大连：大连理工大学出版社，2002.

[13] (日)荒木兵一郎. 国外建筑设计详图图集 3——无障碍建筑 [M]. 北京：中国建筑工业出版社，2000.

[14] 汪海津. 建筑与环境的无障碍设计 [D]. 上海：同济大学，2004.

[15] 齐丽艳. 人员密集公共建筑安全设计策略初探 [D]. 重庆：重庆大学，2006.